トランジスタ技術 SPECIAL

No.160

JN016922

電圧/電流/ひずみ/雑音/効率…テクニックあれこれ

アナログ回路入門！
サウンド&オーディオ回路集

CQ出版社

電圧 / 電流 / ひずみ / 雑音 / 効率…テクニックあれこれ

アナログ回路入門！
サウンド&オーディオ回路集

トランジスタ技術 SPECIAL 編集部 編

CONTENTS

表紙／扉デザイン：ナカヤ デザインスタジオ（柴田 幸男）
本文イラスト：神崎 真理子

▶本書は「トランジスタ技術」誌に掲載された記事を元に再編集したものです.

オーディオ回路の全体像

西村 康 Yasushi Nishimura

オーディオ回路製作の醍醐味

音楽は,演奏・制作・鑑賞などのさまざまな角度から,趣味として(または仕事として)関わる人が多数います.その中に,自分で作った機器で音楽を聴く「自作オーディオ」という分野があります.

オーディオ機器が高価だった昭和のころには,オーディオ・ブームと相まって,多くの人が自作を経験しました.その世代にとっては,今でも真空管アンプ製作は大人気です.

今では市販機器を購入した方が安価で,わざわざ機器を自作する人は少なくなってしまいました.それでも,初めて自作した機器から好きな音楽が流れてきたという経験は,自作した者にしか味わえない至極の喜びです.

この自作の喜びにはまった人の多くは,次は「出てくる音をもっと良くしよう」と考えます.先人たちが考えた高音質化回路やエフェクト回路を作ってみて,「なるほど効果がある」と感じたら,それをさらに良くしたいと思います.回路技術を勉強して,より低ひずみ率の回路を考えたり,OPアンプなどの部品の銘柄を変えることによって音色を自分好みに調整したりしたくなります.

オーディオ回路製作は,音が出るだけで満足するものではありません.より Hi-Fi(ハイファイ;high fidelity の略.原音に忠実な再生のこと)を目指したり,より音楽を楽しめる音を目指すなど,その欲求はとどまることを知りません.

オーディオ回路の今

● 「今どきオーディオ装置」は Bluetooth スピーカやヘッドホン

1970年代に一世を風靡したオーディオという趣味は,2000年以降に大きく変化しました(図1).音楽メディアはディスクなどの実体を伴わないディジタル・データが主流になり,再生機器もそれに合わせた形のものになってきました(図2).

現在では,ストリーミング・オーディオ再生が一般

図1　オーディオの聴き方は時代とともに変わってきた

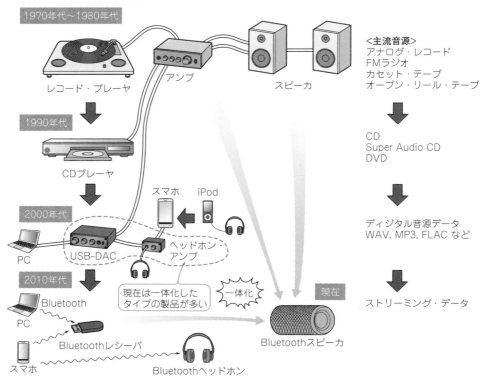

図2 音楽を聴く機器と手段の変遷

的になり，音楽を聴く手段は「スマートフォンで受け取った配信音楽データを Bluetooth スピーカやヘッドホンで再生する」形へと変化しています．

　より簡便な方に流れるのは世の常ですし，音楽を聴くためのハードウェアが小さくなっていくのは必然ですが，この10年間の変化はあまりに速かったように感じます．

　図3に，一般的なアンプ（プリアンプとパワー・アンプが一体化した「プリメイン・アンプ」）の構成を示します．USB入力が追加されたのは2000年代以降ですが，それ以外の基本的な構成はだいたい同じです．

　2000年代には，ディジタル音楽データを再生するためのUSB-DAC（写真1）という機器が流行りました．このときは複数のICが基板上に並んでいましたが，

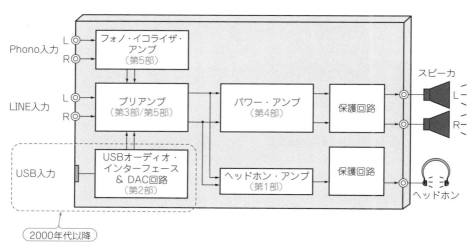

図3　オーディオ（アンプ）回路の一般的な構成
プリアンプには「ボリューム・コントロール回路」や「音質調整回路」，「グラフィック・イコライザ回路」なども含まれる

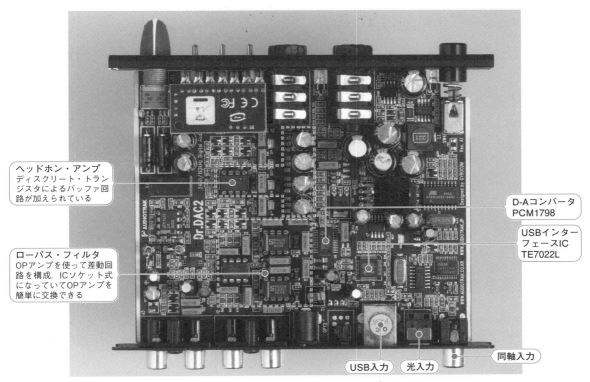

ヘッドホン・アンプ
ディスクリート・トランジスタによるバッファ回路が加えられている

ローパス・フィルタ
OPアンプを使って差動回路を構成. ICソケット式になっていてOPアンプを簡単に交換できる

D-Aコンバータ
PCM1798

USBインターフェースIC
TE7022L

USB入力　光入力　同軸入力

写真1　USB-DAC回路は作りがいがある
市販の「Dr.DAC2」（AUDIOTRAK社）. 2007年に発売された

その後，搭載された大半の機能はSoC（System on Chip）の中に取り込まれました．現在主流のBluetoothオーディオでは，USBという規格さえ必要としません．

● **Bluetoothオーディオは SoC に集約されている**

Bluetoothオーディオには，オーディオ専用コーデックを搭載したSoCや，そのSoCを載せて作られたモジュールが使われています（**図4，表1**）．

これらを使えば，簡単にワイヤレス・オーディオ・システムが構築できます．しかもオーディオ性能もコーデックの進化でどんどん向上しており，Qualcomm社が開発した最新コーデックAptX LLでは，CDと同

等の音質を低遅延無線伝送で実現できます．

コーデック（Codec）とは，限られた帯域での高効率通信技術です．オーディオ信号を効率良く伝送するために，送信側でオーディオ・データの圧縮等の処理を施して符号化し，それを受信側で復号化する技術です．どんどん進化を続けるオーディオ・コーデックは**表2**のように複数存在し，最新のコーデックに対応した機器もどんどん増えています．

このように全ての機能が集積化されてしまった現代のBluetoothオーディオ機器では，もはやアマチュアが何かアイデアを入れて自作するとか改造する余地がほとんどありません．

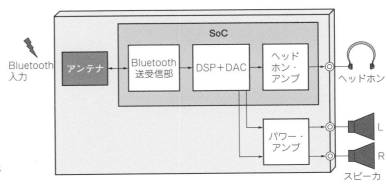

**図4　Bluetoothオーディオ機器は
SoCワンチップで済んでしまう**

表1 代表的なBluetoothオーディオSoC

デバイス	メーカ	形　態	Bluetooth バージョン	対応コーデック	ノイズ・キャンセリング
QCC51xxシリーズ	Qualcomm（米）	SoC	5.0, 5.1, 5.2, 5.3	SBC, AAC, aptX	○
BM83	Microchip（米）	基板モジュール	5.0	SBC, AAC	×
AB1562	Airoha（台）	SoC	5.2	SBC, AAC	○
BES2300	BesTechnic（中）	SoC	5.0	SBC, AAC	○
PAU1626	PixArt（台）	SoC	5.0	SBC, AAC	○

表2 ワンチップSoCに搭載されている主なBluetoothオーディオ用コーデック[1]

名　前	説　明	特　徴
SBC	標準コーデック．A2DPプロファイル（Bluetoothオーディオ用プロファイル）対応のワイヤレス製品全てが必ずSBCに対応している	● 遅延を感じる ● 標準的な音質
AAC	iPhoneで主に対応しているコーデック	● SBCより遅延が少ない ● データの劣化が少なくSBCよりも高音質
aptX（アプトエックス）	Androidで主に対応しているコーデック	● SBC，AACより遅延が少ない ● CD音源相当の高音質
aptX HD	SBC，AAC，aptXを上回る高音質コーデック	● ハイレゾ相当の高音質再生が可能
aptX LL	音楽ゲームができるほどの低遅延コーデック	● aptXよりさらに遅延が少ない
LC3	Bluetooth 5.2以降で使えるLE Audio（LEはLow Energy）の標準コーデック	● 低消費電力で高音質

それでもオーディオ回路はオススメ

● アナログ回路で自在にオーディオを改造する

　本書では，アナログ・オーディオ回路を多数紹介しています（図3に本書との対応を記載した）．これらの回路は，スマートフォンやBluetoothオーディオ・モジュールのアナログ出力（イヤホン出力を含む）にもつなぐことができます．

　アナログ回路ではさまざまな改造が可能です．ヘッドホン・アンプはOPアンプ1石から電流ドライブ能力の高いディスクリート構成の回路へ，パワー・アンプはより出力の大きな回路へ．また，トーン・コントロールやグラフィック・イコライザなども追加できます．SoC内のDSP（Digital Signal Processor）でもそのような機能を実現できますが，ソフトウェアでの制御に対して，ディスクリート部品を使った回路構成で実現することもできます．

　BluetoothオーディオのSoC内のDSPでは，高度なノイズ・キャンセリング機能も今では当たり前にできるようになってきました．さすがにこれは信号処理が複雑でアナログ回路での実現は無理ですが，簡単な機能であれば，ディジタルでもアナログでも同じ機能を作ることができます．

● 回路を読み解いてスキルアップ

　本書には，オーディオ信号の信号処理や増幅を考える上で，基本的な回路や凝った回路などさまざまな回路を載せています．ディジタル・オーディオ世代の若い人からベテランの電子工作マニアの方まで楽しめる内容になっています．

　また，若手エンジニアの方のスキルアップに繋がるような凝った回路もところどころに織り交ぜています．これらもオーディオ回路ならではの設計者の思想が感じられる面白い回路ばかりです．

　昨今，回路をモジュール化した製品が豊富で，それを組み合わせることが電子工作の主流になっていますが，まだICとトランジスタなどの電子部品は市場に豊富にあります．これを機にディスクリート回路で電子工作を楽しんでもらえれば幸いです．

◆参考・引用文献◆

(1) イヤホン・ヘッドホン専門店eイヤホンのブログ；Bluetoothイヤホン・ヘッドホンの「バージョン」や「コーデック」について，2019年4月19日，https://e-earphone.blog/?p=1309563/

第1部

ヘッドホン・アンプ回路

第1章　オーディオ回路の登竜門

1チップからはじめるヘッドホン・アンプ回路

佐藤 尚一／渡辺 明禎　Hisakazu Sato/Akiyoshi Watanabe

① オーディオ用OPアンプ1石で作るヘッドホン・アンプ

佐藤 尚一

● **オーディオ用OPアンプOPA2134とは**

　ヘッドホンの能率は100 dB(S.P.L)/mW前後で5 mWもあれば通常の音楽鑑賞には十分です．しかし，曲によっては録音レベルが平均−30 dBFS(dBFSはフルスケールを0 dBとしたもの)以下でも，最大録音レベルが0 dBFS近くとなることもあります．このときにひずまないようにするには，平均的に0.01 mW程度で鳴っていてもピーク時には10 mWの出力が必要です．この余裕をヘッドルームと呼びます．

　写真1のプロ・オーディオ用OPアンプOPA2134(テキサス・インスツルメンツ)は，ヘッドルームが23.6 dBu(標準)です．これはアナログ時代のプロ・オーディオのライン出力レベル(＋4 dBm基準，ヘッドルーム＋20 dB@600 Ω)に対応します．

　図1にOPA2134の内部等価回路を，**表1**に仕様を示します．

● **回路**

　図2はOPA2134と8個の部品で作れるヘッドホン・アンプです．ゲイン11倍の非反転アンプです．出力電流は標準で±35 mAです．

　OPアンプと負荷(ヘッドホン)の間に接続する51 Ωのアイソレーション抵抗は，帰還ループに対する負荷の影響を軽減します．同時に短絡時に出力電流を制限する役目も兼ねます．

　組み立て時には**図3**のグラウンド・ループや，配線の接続順序で発生する**図4**の共通インピーダンス，配線インピーダンスに配慮します．

● **V_{DD}≧7 V@63 Ωヘッドホンのとき出力能力を100 %引き出せる**

　電源回路を**図5**に示します．ヘッドホンの負荷をR_L

写真1　OPアンプ OPA2134(テキサス・インスツルメンツ)

OPA2134
(テキサス・インスツルメンツ)

OutA	1		8	$V+$
−InA	2	A	7	OutB
+InA	3	B	6	−INB
$V-$	4		5	+INB

図1　OP2134の内部等価回路

表1　OPアンプ OP2134の仕様

項　目	値
供給電圧	± 2.5 V 〜 ± 18 V
ひずみ	0.0000008 %
雑音	8 nV/√Hz
I_B	5 pA
スルー・レート	20 V/ms
周波数帯域	8 MHz
オープン・ループ・ゲイン	120 dB(600 W)

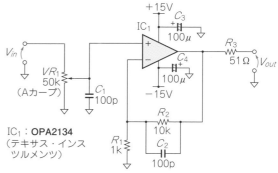

IC₁：OPA2134
(テキサス・インスツルメンツ)

図2　OPA2134を使ったヘッドホン・アンプ

ヘッドホン

USB&Bluetooth

音質調整回路

パワー・アンプ

電源&プリアンプ

サウンド回路

マイク&スピーカ

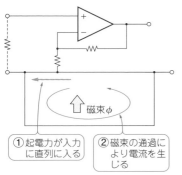

図3 起電力が入力に直列に入ると磁束が発生して電流が生じる（グラウンド・ループ）

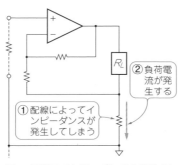

① 配線によってインピーダンスが発生してしまう

② 負荷電流が発生する

図4 配線のインピーダンスも共通インピーダンスとなりうる

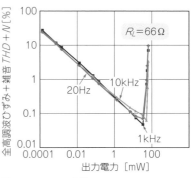

図6 OPA2134を使ったヘッドホン・アンプの $THD + N$ 対出力電力
パソコンで測定した

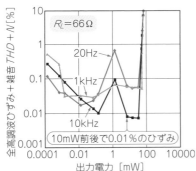

図5 絶縁型DC-DCコンバータ・モジュールZUW30515を使用して製作した±15Vの電源回路

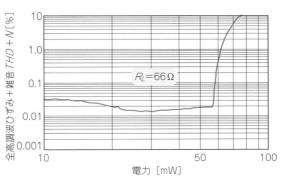

図7 OPA2134を使ったヘッドホン・アンプの THD 対出力電力
オーディオ・アナライザdScope Series III（Prism Sound社）を使用

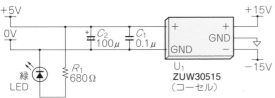

図8 OPA2134を使ったヘッドホン・アンプの THD 対出力電力
パソコンで測定した

測定

63 Ωのヘッドホンを負荷にした測定では出力電圧約2 V_{RMS} を超えると，ひずみが急増するハード・クリップ特性となりました．このときの出力電力は63 mW，電流は31 mA_{RMS}（ピーク電流43 mA）です．

図6にフリーの信号発生ソフトウェアWave Generatorとスペクトラム・アナライザ・ソフトウェアWaveSpectraを用いてパソコンで測定した $THD + N$ 対出力電力のグラフを示します．

$$THD + N = \frac{高調波電圧の総和＋雑音電圧}{信号電圧} \times 100\,\%$$

なので，ひずみの成分（高調波電圧）が小さい場合は雑音電圧と信号電圧の比になります．信号電圧が増加しても雑音は一定なので，ひずみ率は信号電圧に反比例します．つまり**図6**では雑音が支配的でひずみはほとんど見えていないと判断できます．

そこで，オーディオ・アナライザdScope Series IIIで測定した結果を**図7**に示します．参考までにパソコンで測定した THD 対出力電力のグラフを**図8**に示します．高調波成分のみを測定しています．

= 63 Ωとすると，電源からは15 V/63 Ω ≒ 240 mAのピーク電流を取り出せますが，OPA2134の出力電流は最大35 mAです．出力には51 Ωのアイソレーション抵抗と63 Ωヘッドホンが直列に接続されています．OPアンプの最大出力電圧は，

(51 Ω + 63 Ω) × 35 mA = 3.99 V

です．3 V程度の電圧降下を見込んで，必要な電源電圧は6.99 V（3.99 V + 3 V）です．

出力±9 V〜±10 VのDC-DCコンバータで十分ですが，入手しやすい±15 V出力の絶縁型DC-DCコンバータ・モジュールZUW30515（コーセル）を使用しました．

column 01　OPアンプを使ったヘッドホン・アンプ作りで考えること

佐藤　尚一

● STEP1　必要な出力電流と出力電力を決める

OPアンプは基本的に電圧増幅器なので，出力電圧が大きいものでも出力電流が取れないものもあります．

低周波用のOPアンプは数百Ω程度が最小の負荷ですが，ヘッドホンのインピーダンスは最大600Ωなので，使いづらいように見えます．しかし，出力電流が大きく連続時間の負荷に耐えるOPアンプを選べばヘッドホン・アンプへ応用できます．

出力電力はピーク電流I_{om}と負荷抵抗R_Lから，

$$P_o = (I_{om}/\sqrt{2})^2 \times R_L$$

です．例えば，$P_o = 12\,mW$，$R_L = 32\,Ω$とすると，$I_{om} = 27.3\,mA$なので，ピーク値で30 mA程度の出力電流があればよいのです．図Aのように出力電圧を取れればR_Lを倍にするとP_oも倍になります．

ヘッドホンの公称インピーダンスは8～600Ωの幅があるので回路定数の固定した1台のアンプで対応するのは無理があります．出力電圧も出力電流も大きなハイパワー・アンプを使えば低い負荷抵抗から高い負荷抵抗まで対応できますが，必要な出力電力に無駄が生じます．他の方法としては，負荷インピーダンスに応じて電源電圧を切り替えるなどが必要です．

● STEP2　発熱は大丈夫か

OPA2134は出力をショートすると$I_o = 40\,mA$ほど流れます．電源電圧が直接加わるとすると，1チャネルあたりの熱損失は40 mA × 15 V = 600 mWです．

OPA2134の最大接合部温度は$T_{Jmax} = 150\,℃$です．DIP8ピン・プラスチックの接合部-雰囲気間の熱抵抗$θ_{jA} = 100\,℃/W$なので，$P_D = 600\,mW$時の温度上昇は60℃と計算できます．片チャネルずつのショートには十分耐えます．LR両チャネルの長時間のショートや連続フルパワー，40℃を超える高温

下での使用などを避ければ日常的な動作には支障ないでしょう．

● STEP3　発振しないように仕上げる

一般のOPアンプでは負帰還ループのループ・ゲインが0 dBになる時点で位相遅れが−180°未満ならば発振しません．位相遅れの主な要因は，OPアンプのオープン・ループの出力インピーダンスとケーブルの線間容量など負荷の容量成分との積です．

図2の回路でループ・ゲインが0 dBになるのは図Bから$A_v = 21\,dB$の点です．このとき周波数1 MHz弱で位相遅れはおよそ−100°となり，位相余裕は80°です．ほとんど1次の遅れ系とみなせます．ここに負荷容量による1次の遅れが加算されても，それが原因の発振の危険は少ないでしょう．

OPA2134の出力抵抗R_oは10Ωなので，周波数$f = 1\,MHz$，位相遅れ$θ = 80°$となるCは90.2 nFと計算されます．この周波数でのゲインはCがないときより低下するので位相余裕はさらに上がります．

● STEP4　オシロスコープで発振を測定すべし

発振は数百kHz以上の高い周波数で起こるのでオシロスコープで確認します．異常なDCオフセット電圧が出たり発熱が大きかったりしている場合は発振している可能性があります．

端子にプローブを当てると測定状態が変わることがあるので，帰還回路を直接測定せず，数百Ωの抵抗を介して測ると発振を予防できます．

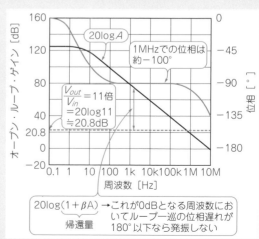

図B　位相余裕を計算する
OPA2134データシートから引用

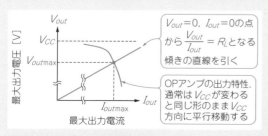

図A　OPアンプの出力電圧と電流

② 1チップICで作る極小ヘッドホン・アンプ

渡辺 明禎

ヘッドホン

小型ヘッドホン・アンプIC NCP2811を使う

● **最大出力27 mWで外形寸法2 mm × 1.5 mmのIC**

基板サイズが10 mm × 15 mmのヘッドホン・アンプ（**写真2**）を，**写真3**のIC NCP2811（オンセミ）を使って製作しました．

NCP2811はカップリング・コンデンサレス・ヘッドホン・アンプICです．2.7～5 V単電源で動作しますが，内部で負電圧を発生させてアンプを正負の電源で動作させるため，出力側に必要な2つの大容量カップリング・コンデンサが不要です．2つの小型セラミック・コンデンサだけで正負の電圧を発生しています．

表2に仕様を示します．電源電圧2.7 V，16 Ωの負荷，$THD + N$（全高調波ひずみ率＋雑音）が1 %時，最大出力は27 mWです．ノイズ・フロアは-100 dBです．

外部抵抗でゲインを設定できるNCP2811Aと，内部抵抗によりゲインを-1.5倍としたNCP2811Bがあります．

パッケージには，12ピンBGA（2×1.5 mm），12ピ

ンWQFN，14ピンのTSSOPがあります．

● **内部の回路構成**

図9にNCP2811の内部ブロックを示します．

電源管理回路では，V_{DD}に加えられた正の電圧から，対称的な正負の電圧V_{RP}，V_{RM}を発生します．単に正負電圧変換回路だけでなく，正負の定電圧化回路も内蔵しているようです．したがって，V_{DD}の電圧に関係なく一定の最大出力電圧が得られます．

雑音抑圧回路により，電源ON/OFF時に発生するブツッという音は発生しません．

出力端子をグラウンドに短絡した場合，出力電流を300 mAに制限する電流制限保護回路や，ICの温度が160 ℃を超えるとアンプの動作を停止し，その状態で，ICの温度が140 ℃以下になると再動作する過熱保護回路も内蔵しています．

電源電圧が2.3 V以下になると動作が停止する低電圧ロックアウト（UVLO；Under Voltage Lockout）も内蔵しています．ヒステリシス電圧は0.1 Vなので，2.4 Vになると再び動作します．

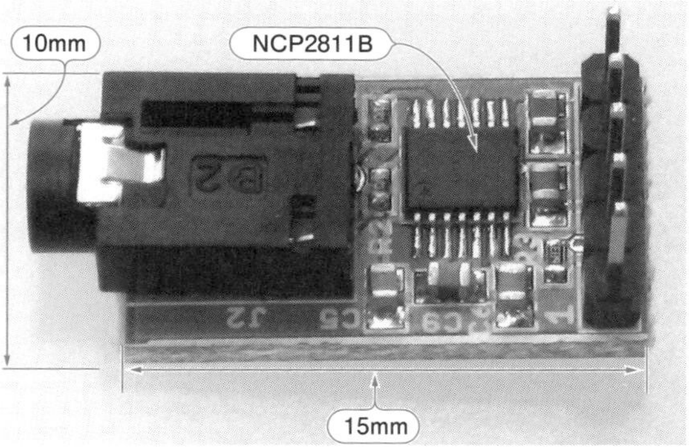

写真2 基板サイズは10×15 mm! 製作したヘッドホン・アンプの基板

表2 ヘッドホン・アンプIC NCP2811の仕様

項　目	仕　様
動作電圧	2.7 ～ 5 V
無音時の消費電流	6 mA（標準値）
待機時の消費電流	1 μA（最大値）
出力オフセット電圧	± 1 mV（標準値）
クロストーク	-80 dB（標準値）
$PSRR$	-95 dB（1 kHz，標準値）
$THD + N$	0.01 %（16 Ω，25 mW，標準値）
出力雑音電圧	7 μV_{RMS}（Aカーブ，標準値）

写真3 カップリング・コンデンサレス・ヘッドホン・アンプIC NCP2811（オンセミ）

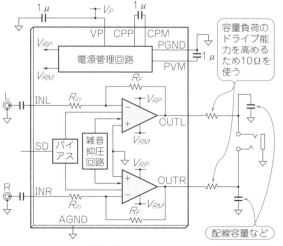

図9 NCP2811Bの内部ブロック

回路設計

● 固定ゲインにして設定用抵抗は不要に

図10に回路を示します．固定ゲイン1.5倍の
NCP2811Bを使用したので，ゲイン設定用の外部抵抗
は不要です．製作した基板の外観を写真2に示します．
出力のカップリング・コンデンサのように大型部品が
不要なので，コネクタなどを除き，15×10 mmの大
きさにできました．

NCP2811Aは外付け抵抗により次式でゲインを設定
できます．

$$A_V = \frac{R_f}{R_{in}}$$

A_Vを1に近くすると，$THD + N$（全高調波ひずみ率
＋雑音）は小さくなり，S/Nは大きくなります．アン
プ全体の性能を最適化するために，ゲインは1～10倍
に設定することを推奨されています．

● 入力のカップリング・コンデンサC_1，C_2の定数

入力のカップリング・コンデンサはアンプの入力端
子とオーディオ入力における直流分を遮断するために
必要です．信号経路に直列に接続されるので，ハイパ
ス・フィルタとなり，そのカットオフ周波数f_C［Hz］は，

$$f_C = \frac{1}{2\pi R_{in} C_{in}}$$

となります．ここでR_{in}はアンプの入力抵抗で，Aバ
ージョンではR_{in}の値，Bバージョンでは20 kΩとな
ります．f_Cは通常20 Hz以下とします．今回はC_1＝
C_2＝1 μFなので，f_Cは8 Hzです．

● チャージポンプ用コンデンサC_6，C_9の定数

C_9は負の電圧を作る際の電荷転送用に使われます．
負の電源レールのデカップリング用コンデンサC_6は，
最適な電荷の転送効率を得るために，容量値をC_9と
同じ値とします．C_6とC_9を1 μFとしましたが，1 μF

より小さいと最大出力電力が低下し，1 μFを超える
と過電流が流れてデバイスが壊れます．

これらは等価直列抵抗（ESR）が低く温度特性が
X5R/X7Rのセラミック・コンデンサを使ってくださ
い．積層セラミック・コンデンサの場合，形状が小さ
くなると印加電圧で容量が低下する場合があります．
今回，2012タイプの比較的大きな形状のコンデンサ
を使いましたが，1005などの小型チップを使う場合は，
推奨品のC1005X5R0J105K（TDK）やGRM155R60J105
K19（村田製作所）を選択するのが無難です．

● 電源用デカップリング・コンデンサC_5

ノイズと$THD + N$を最小にするために，電源用デ
カップリング・コンデンサC_5は1 μFでX5R/X7Rを
使い，極力V_{DD}の近くに配線してください．

● 負荷80 pF以上を駆動したい場合

通常動作時のNCP2811が駆動できる負荷容量は
80 pF程度です．この駆動能力は一般的なヘッドホ
ン・システムにおいて十分な能力です．しかし，
80 pFを超える負荷容量が接続される場合，NCP2811
の動作が不安定にならないように，出力端子に直列に
10 Ωの抵抗を接続します．

一方，この10 Ωの接続はシステムのダンピング・
ファクタを低下させます．したがって，ヘッドホン・
システムに余計な容量（主には配線容量）が加わらない
ようにし，この抵抗値を極力小さくして使うのが基本
です．

性能

● 片チャネル動作と両チャネル動作で特性が異なる

NCP2811は内蔵のDC - DCコンバータで負の電圧
を発生させるので，その電流供給能力には限界があり
ます．したがって，片チャネルだけ動作させた場合と，
両チャネル同時に動作させた場合，特性は異なります．

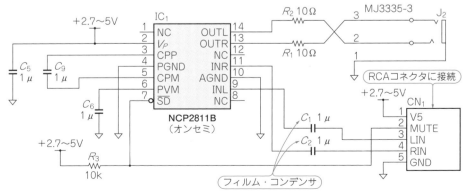

図10 製作した10×15 mmサイズのヘッドホン・アンプ

ステレオのヘッドホン・アンプとして使いたいので，基本は両チャネル動作で，片チャネル動作は参考として評価しました．

● **10 Hz～60 kHzの範囲でレベル偏差は±1 dB以内**

図11に周波数応答特性を示します．周波数1 kHzで0.7 V_{RMS} の入力電圧を加えると，アンプのゲインは1.5倍なので出力電圧は1.05 V_{RMS} です．10 Ωと負荷32Ωでアッテネータが形成されるので負荷端の出力電圧は0.8 V_{RMS} （= 1.05 V_{RMS} × 32 Ω/（10 Ω + 32 Ω））です．したがって負荷への出力は20 mWです．これを0 dBの基準として入力周波数を可変すると**図11**の結果が得られます．例えば入力周波数が10 Hzの場合，出力電力は－1 dB低下するので15.9 mW（= 20 mW × $10^{-1 dB/10}$）です．

10 Hz～60 kHzの範囲でそのレベル偏差は±1 dB以内に納まっており良好な特性を示しています．低域側の低下は入力側のカップリング・コンデンサ1 μFとアンプの入力抵抗20 kΩで形成されるハイパス・フィルタの影響で，カットオフ周波数は8.3 Hz（f_C = 1/2 π ×1 μF× 20 kΩ）です．コンデンサの値をさらに大容量化すれば低域特性はさらに改善されますが，人間の可聴帯域の下限は20 Hzなので，本アンプの周波数応答特性で十分です．

高域側はこのアンプの応答特性で決まりますが，20 kHz以上までフラットなので問題ありません．

● **ひずみ率**

▶ 出力電力とひずみ率

R_L = 16 Ωの場合をのひずみ率を**図12**に示します．Windowsでフリー・ソフトウェアのWaveGeneratorで入力側に1 kHzの信号（ひずみ率0.005%）を入力し，出力側はWaveSpectraでフーリエ変換後の周波数ス

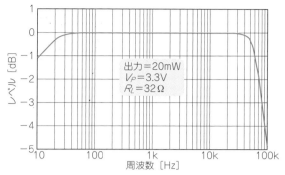

図11 NCP2811を使ったヘッドホン・アンプの周波数特性
負荷への出力は20 mW．これを0 dBの基準として入力周波数を可変して測定する

ペクトラムを測定してひずみ率を求めました．

出力電力 P_{out} が大きくなると出力信号が飽和し急激にひずみ率が悪化します．出力電力が小さくなるとひずみ率が悪くなりますが，これは信号電圧が小さくなるとS/Nが悪化し，見かけ上ひずみ率が大きく測定されるためです．

実線が両チャネル同時動作時で，点線が片チャネル動作時です．両チャネル動作では片チャネル動作に比較し，最大出力電力は低下し，特に電源電圧 V_{DD} が小さくなるほど顕著になります．しかし，出力が飽和するまでのひずみ率は0.1 %以下と良好です．人間の耳は，ひずみ率0.1 %以下を聴き分けできないことが分かっており，このひずみ率特性は十分良い特性と言えます．

R_L = 32 Ωの場合を**図13**に示します．負荷インピーダンスが大きくなると，電源電流が小さくなるので電源回路への負担が小さくなり，両チャネル動作でも最大出力電力の低下はあまり見られません．負荷16 Ωの結果と比較しても，ひずみ率の値はほとんど変化し

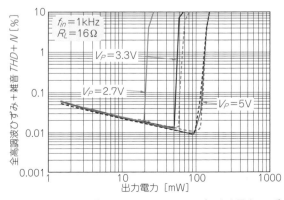

図12 NCP2811を使ったヘッドホン・アンプの出力電力-ひずみ率特性（R_L = 16 Ωで測定）
実線は両チャネル動作，点線は片チャネル動作
出力電力P_{out}が大きくなると出力信号が飽和し急激にひずみ率が悪化する

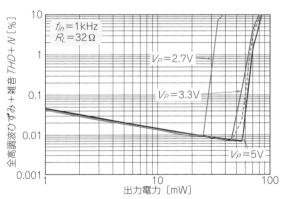

図13 NCP2811を使ったヘッドホン・アンプの出力電力-ひずみ率特性（R_L = 32 Ωで測定）
図12の負荷16 Ωの結果と比較しても，ひずみ率の値はほとんど変化していない

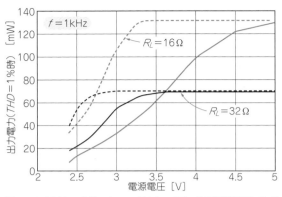

**図14　NCP2811を使ったヘッドホン・アンプの電源電圧とひず
み1%時の出力**
電源電圧を設定値にして入力電圧を上げていき，出力のひずみ率が1%
となったときの出力電力を求めてプロットした

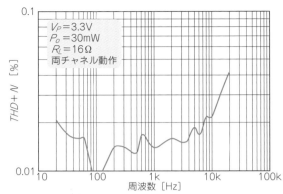

**図15　NCP2811を使ったヘッドホン・アンプのひずみ率の周波
数特性**
両チャネルに同じ信号を入力し，出力側はLチャネルの負荷端のひずみ
率を測定した

ていません．

▶**電源電圧とひずみの関係**

　図14は，電源電圧と$THD + N = 1$%時出力電力の
関係です．

　電源電圧を設定値にして入力電圧を上げていき，出
力のひずみ率が1%となったときの出力電力を求めて
プロットしました．

　$R_L = 16\,\Omega$の場合，$V_{DD} = 5\,V$では両チャネル動作
でも100 mWの出力が得られます．一方，V_{DD}が小さ
くなると両チャネル動作時の最大出力電力が著しく低
下します．この，電力低下が見られるまでは出力電力
が電源電圧に依存していないので，電源回路には定電
圧回路があることが予想できます．

　$R_L = 32\,\Omega$の場合，$V_{DD} = 3.5\,V$以上では両チャネル
動作でも70 mWの出力が得られます．

　ヘッドホンの感度にもよりますが，数mWの出力
で十分以上の音量が得られるので，今回の結果は，あ
らゆる動作条件で実用上全く問題ないレベルです．

▶**周波数全領域でひずみ率0.1%以下**

　図15にひずみ率の周波数依存性を示します．16 Ω
負荷で，$V_{DD} = 3.3\,V$，出力電力が30 mWの時の特性
です．測定方法は図12と同様です．両チャネルに同
じ信号を入力し，出力側はLチャネルの負荷端のひず
み率を測定しました．周波数全領域にわたり，ひずみ
率は0.1%以下でした．

　データシートのひずみ−周波数特性では，10 kHz
以上で急激にひずみが小さくなっています．これは，
高調波ひずみが可聴域の上限20 kHzを超えたためで，
今回の測定でも20 kHz以上をカットすれば，さらに
良好なひずみ特性となります．

● **電源特性**

　平均消費電流を図16に示します．V_{DD}を設定値にし，

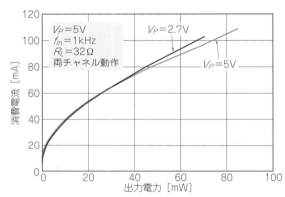

**図16　NCP2811を使ったヘッドホン・アンプの出力電力−消費
電流特性**
V_{DD}を設定値にし，入力側に1kHzの信号を入力し，出力電力を変えな
がら消費電流をプロットした

入力側に1 kHzの信号を入力し，出力電力を変えなが
らそのときの消費電流を測定しました．

　V_{DD}が2.7 Vのときと5 Vのときの両曲線が重なっ
ているため，同じ出力電力のとき電源電圧V_{DD}を変
えても消費電流は同じとわかります．つまり，電源電
圧が小さいほど消費電力は小さくなります．したがっ
て，電源電圧が小さいほど効率はアップします．特に
大きな出力電力が必要ない場合は，極力小さな電源電
圧で使うのがよいでしょう．

　$THD + N$が1%時の出力電力は，図14より70 mW
（$V_{DD} = 5\,V$），68 mW（$V_{DD} = 2.7\,V$）です．したがって
効率は，$V_{DD} = 5\,V$のとき28.8%（= 70 mW × 2チャ
ネル /5 V/97 mA），$V_{DD} = 2.7\,V$のとき50.4%（=
68 mW × 2チャネル /2.7 V/100 mA）でした．もとも
と出力電力は小さく，消費電力も小さいので，この効
率は特に気にしなくてもよいでしょう．

ステップ⓪…ヘッドホン&イヤホン駆動の基礎知識

大藤 武 Takeshi Ohfuji

　第2章～第5章では，ヘッドホン・アンプ回路の設計&製作をステップ・バイ・ステップで解説していきます．

　製作するポータブル・ヘッドホン・アンプの特徴は次のとおりです．

- 回路が一般的で，動作を理解しやすい
- 汎用的な部品を使用し，無調整で完成する
- ひずみ率，SN比[注1]，周波数特性[注2]が良いものを目指す
- ケースのデザインにもこだわる
- はんだ付けが初めての人でも組み立てができる

今回のポータブル・ヘッドホン・アンプ回路

● シンプルな回路構成

　図1に示すのは，製作するポータブル・ヘッドホン・アンプの信号増幅回路です．OPアンプとバッファ回路でイヤホンやヘッドホンを駆動します．電源に006P型乾電池を1個使用します．中点となるゼロ電位を電源回路で作り，±4.5Vの正負電源を信号増幅回路に供給します．

● 電気的な性能

　表1に示すのは，製作するポータブル・ヘッドホン・アンプの電気的な仕様です．入出力はアナログの

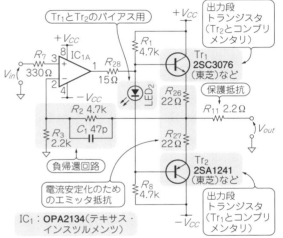

図1　ポータブル・ヘッドホン・アンプの心臓部「信号増幅回路」
OPアンプにバッファ回路を追加した最も一般的な回路構成である

（注1）　SN比：信号（Signal）とノイズ（Noise）の比率．SN比が大きいとは，信号レベルに比較してノイズが小さいことを意味する．電子機器の性能を示す重要な指標として使用されている．
（注2）　周波数特性：電子機器に一定の大きさの信号を入力して，周波数を変化させたときの出力の変化を表したもの．オーディオ・アンプの性能として，人間が聴きとれる周波数（20Hz～20kHz程度）の音を一定の大きさに増幅できることが求められる．

表1　今回のポータブル・ヘッドホン・アンプの電気的な仕様
どのようなイヤホンやヘッドホンを使用しても音量不足にならないことを目標に設計する

		仕　様	備　考
入力/出力		ステレオ・ミニジャック（φ3.5）	簡単に組み立てられるように，アナログ入出力のみ
ゲイン		3倍	音量を3倍まで大きくする
負荷インピーダンス		10Ω以上	スピーカの駆動はできない
ひずみ率		0.01％以下	スマートホンや携帯音楽プレーヤ以下を目指す
最大出力	電力	20mW @24Ω	110dB以上の音圧が得られることを目指す
	電圧	1V_{RMS}（2V_{RMS}）	（）内は理想値を表すが，実用的にはここまで必要ない
	電流	20mA$_{RMS}$（50mA$_{RMS}$）	
電源		006P型乾電池（9V）　1個	使用時間は10時間以上を目指す
ケース寸法		115（W）×69（D）×28（H）mm	タバコの箱をひと回り大きく，厚みも少し増した程度

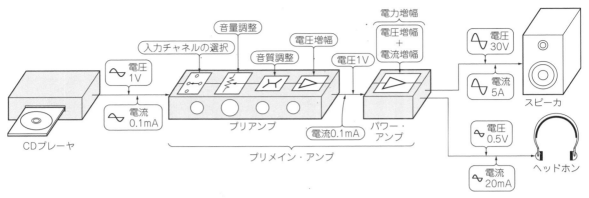

図2　一般的なオーディオ再生装置の接続例
プリアンプは主に信号の選択，音量調整，音質調整，電圧増幅を行い，パワー・アンプは電力増幅を行う．ヘッドホン・アンプも機能や構成は同じだが出力電圧と出力電流の値が異なる

みです．スマートフォンなどのステレオ・ミニジャックからアナログ信号をもらって，イヤホンやヘッドホンを駆動します．ゲインは3倍で設計します．一般にスマートフォンなどの出力電圧は1 V_{RMS}弱です．ゲインが3倍あれば，音量不足を感じることはありません．負荷インピーダンスは10 Ω以上で設計します．スピーカ（インピーダンス8 Ω）は感度が低いため駆動できません．イヤホンやヘッドホンは感度が良いので，インピーダンスが10 Ω以下のものでも電流が小さければ駆動できます．

　最大出力は，どのようなイヤホンやヘッドホンを使用しても音量不足にならないことを目標に設定します．出力電圧2 V_{RMS}，出力電流50 mA_{RMS}であれば理想的です．現実的には出力電圧1 V_{RMS}，出力電流20 mA_{RMS}であれば，十分な性能です．

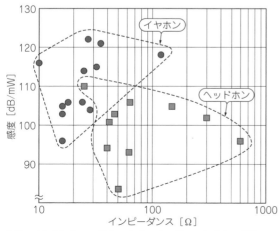

図3　イヤホンやヘッドホンのインピーダンスと感度の関係
イヤホンの方がインピーダンスが小さく感度が高いため，低い電圧で大きな音が得られやすい

ヘッドホン&イヤホン駆動の基礎知識

● スピーカを駆動するパワー・アンプとヘッドホン・アンプの違い

　図2に示すのは，一般的なオーディオ再生装置の接続例です．CDプレーヤなどの音源から出た信号は，まずプリアンプに入力されます．プリアンプでは，次に示す順番で信号が加工されます．

　(1)入力信号の選択
　(2)音量調整
　(3)音質調整
　(4)電圧増幅

　この後，パワー・アンプに入力され，電力が増幅されます．パワー・アンプの出力が，スピーカ，イヤホン，ヘッドホンに入力され，音として出力されます．スピーカを駆動するアンプとヘッドホン・アンプは，機能や構成が，まったく同じですが，最終的に必要とされる駆動電圧と駆動電流の大きさが異なります．

技① イヤホンの電圧は 0.5 V，ヘッドホンの電圧は 2 V あれば駆動できる

　スピーカは，インピーダンスがほぼ8 Ωであるため，必要な駆動電圧，駆動電流の大きさが，ほぼ一義的に決まります．ところがイヤホンやヘッドホンは，インピーダンスと感度が製品によって大きく異なるため，必要な駆動電圧，駆動電流の大きさを，一義的に決めることができません．設計を始める前に，イヤホンとヘッドホンの特性を調べましょう．

● 大事なのはインピーダンス！

　図3に示すのは，代表的なイヤホンやヘッドホンのインピーダンスと感度をプロットしたものです．イヤホンのインピーダンスは10～30 Ω，ヘッドホンの多

くはインピーダンスが30～60Ωに分布しています.

イヤホンは十分な音圧を得るため，インピーダンスが低く設計されていると思われます．イヤホンに出力される電力P_{out}は駆動電圧をV_{drv}，インピーダンスをZ_{EH}とするとV_{drv}^2/Z_{EH}で表されるため，インピーダンスが半分になれば，電力が2倍（音量も2倍）になるからです．

● 感度はヘッドホン/イヤホンによってバラバラ

イヤホンやヘッドホンは，スピーカと比較すると感度が格段に良いので，同じ音圧を得るために必要な電力が桁違いに小さくなります．例えば，感度が90dB/mWのイヤホンは，1mWあたり90dBの音圧であることを意味します．これをスピーカの表記dB/W（1Wあたり）に換算すると120dB/Wであり，ものすごい値になります．

● イヤホンはヘッドホンより駆動電圧は低くていい

音圧L_{SP}，感度k_{sens}，インピーダンスZ_{EH}の関係は次の式で表されます．

$$L_{SP} = k_{sens} + 10\log(P_{in}/1) \cdots\cdots\cdots\cdots\cdots (1)$$
$$= k_{sens} + 10\log(V_{drv}^2/Z_{EH}) \times 1000)$$
$$= k_{sens} + 10\log(1000) + 20\log V_{drv} - 10\log Z_{EH}$$
$$= k_{sens} + 30 + 20\log V_{drv} - 10\log Z_{EH} \cdots\cdots (2)$$

したがって感度は，次の式で表されます．

$$k_{sens} = L_{SP} - 30 - 20\log V_{drv} + 10\log Z_{EH} \cdots\cdots (3)$$

ただし，k_{sens}：イヤホンとヘッドホンの感度 [dB/mW]，L_{SP}：音圧レベル [dB]，V_{drv}：イヤホンとヘッドホンの駆動電圧 [V_{RMS}]，Z_{EH}：イヤホンとヘッドホンのインピーダンス [Ω]，P_{in}：入力電力 [mW]

必要な音圧と駆動電圧を仮定すると，必要な感度がインピーダンスの関数として求まります．

図4に示すのは，イヤホンやヘッドホンの感度とインピーダンスの関係を表した図3に，110dBの音圧を得るために必要な駆動電圧をプロットしたものです．各直線より上部に位置するイヤホンやヘッドホンで110dB以上の音量を得ることができます．110dBは，自動車の前方2m付近でクラクションを聞いたときの音圧に相当します．試聴音量としては爆音です．

駆動電圧が0.5Vあれば，ほとんどのイヤホンで110dBの音圧が得られます．ヘッドホンも半分くらいは，110dBの音圧が得られます．スマートホンや携帯音楽プレーヤの最大駆動電圧は，1V_{RMS}程度です．図4から，一部のヘッドホンでは音量が不足します．

イヤホンは，0.5Vと低電圧で駆動できることがわかりました．スマートホンや携帯音楽プレーヤで十分な音量が得られるように設計されているからです．

技② 電流は50mAあればイヤホンやヘッドホンを駆動できる

ある音圧を得るのに必要な駆動電流は次の式で表すことができます．

$$L_{SP} = k_{sens} - 30 + 20\log I_{drv} + 10\log Z_{EH} \cdots\cdots (4)$$

駆動電圧ではなく駆動電流の関数として音圧を表現するとインピーダンスZ_{EH}の符号がプラスになることに注意してください．式(4)を変形すると，

$$k_{sens} = L_{SP} + 30 - 20\log I_{drv} - 10\log Z_{EH} \cdots\cdots (5)$$

ただし，k_{sens}：イヤホンとヘッドホンの感度 [dB/mW]，L_{SP}：音圧レベル [dB]，I_{drv}：イヤホンとヘッドホンの駆動電流 [mA_{RMS}]，Z_{EH}：イヤホンとヘッドホンのインピーダンス [Ω]

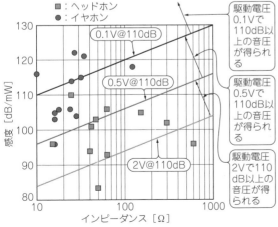

図4　イヤホンやヘッドホンの駆動に必要な電圧，感度，インピーダンスの関係
0.5Vの駆動電圧で，ほとんどのイヤホンを駆動できる．2Vの駆動電圧があれば，ほとんどのヘッドホンを駆動できる

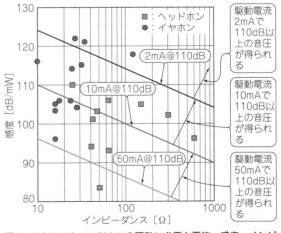

図5　イヤホンやヘッドホンの駆動に必要な電流，感度，インピーダンスの関係
駆動に必要な電流は，イヤホンとヘッドホンで大きな違いはない．10mAで約半数のものが駆動でき，ほとんどのイヤホンとヘッドホンを駆動するには50mAが必要である

column ▶ 01　アンプの理解はオームの法則から

大藤 武

アンプの動作を理解する上で，覚えてほしいことが1つだけあります．次に示すオームの法則と呼ばれるすごく単純な関係式です．

$$I = V/R \cdots\cdots\cdots\cdots\cdots\cdots\cdots (A)$$

ただし，I：電流 [A]，V：電圧 [V]，R：抵抗 [Ω]

電流Iは電圧Vを抵抗値Rで割った値になります．「これだけ？」と思われるかもしれませんが，これだけです．

図Aに示すのは，オームの法則を水道に例えたイメージです．電圧は水圧，電流は水量，抵抗はホースの細さ（＝1/太さ）に対応します．電圧は電気を流そうとする圧力で，実際に流れた量が電流です．これさえ知っておけば，この後のほとんどの話が簡単に読めます．また，抵抗の考えかたを交流信号に拡張したものをインピーダンスと呼び，一般にZ [Ω]で表します．

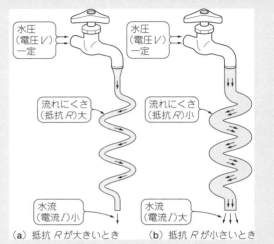

(a) 抵抗Rが大きいとき　　(b) 抵抗Rが小さいとき

図A　オームの法則は水流に例えられる
水圧（電圧）と水量（電流）の関係は，ホースの細さ（抵抗）で決まる

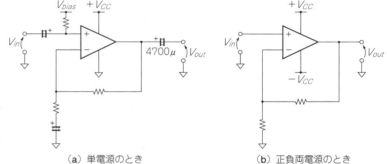

図6　単電源と両電源ではアンプの回路構成を変える必要がある
単電源では，3つのコンデンサを必要とするが，正負電源ではコンデンサが必要ない．部品の実装スペースが限られたポータブル型としては，正負電源が有利である

(a) 単電源のとき　　　　　　（b）正負両電源のとき

となります．電流をmA単位で表現しているので，定数30の符号がプラスになっています．

図5に示すのは，式(5)に基づいて110 dBの音圧を得るために必要な駆動電流をプロットしたものです．駆動電流10 mA$_{RMS}$のとき約半数のイヤホンやヘッドホンで110 dBの音圧が得られます．ほとんどのイヤホンやヘッドホンで110 dBの音圧を得るために必要な駆動電流は，50 mA$_{RMS}$であることがわかります．50 mA$_{RMS}$という値は，電子回路の値としては結構大きな値です．通常のOPアンプが駆動できる電流を大きく超えています．

● ヘッドホン・アンプ設計のキモは駆動電流の確保

ここまでの解析でわかったことは，電圧に関しては欲張らなくてよいものの，電流に関しては強力な回路が必要になるということです．したがって，ヘッドホン・アンプ設計の肝は駆動電流を確保することです．

回路はOPアンプに電流駆動能力を増強するためのバッファ回路を追加した構成とします．図6(a)に示すのは，単電源で構成したときの回路です．出力部分で直流をカットするために，4700 μF程度の外形の大きなコンデンサが必要です．部品の実装スペースが限られたポータブル型としては，非現実的です．

図6(b)に示すのは，正負電源で構成したときの回路です．電池で正負電源を実現するには，例えば単3または単4電池を4本使用して，±3 Vとすることができます．残念ながら今回の回路構成では，電源電圧が足りません．スイッチング電源などによる昇圧で対策できますが，回路が複雑になり，組み立ても難しくなります．今回は，006P型乾電池を1個使用し，9 V

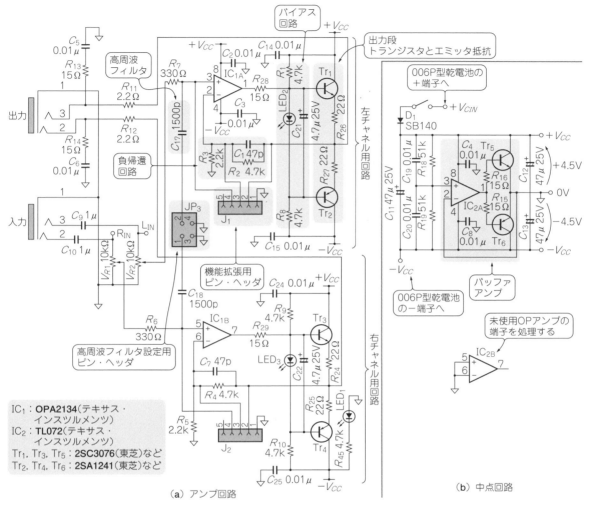

ヘッドホン

USB&Bluetooth

音質調整回路

パワー・アンプ

電源&プリアンプ

サウンド回路

マイク&スピーカ

図7　今回のヘッドホン・アンプの全回路
バッファ回路は，最も典型的なSEPP（シングルエンド・プッシュプル）と呼ばれる回路を使用する

を中点用回路に入力することで，±4.5 Vを作ります．

● **回路は大きく2つの領域に分ける**

　製作するポータブル・ヘッドホン・アンプは，OP
アンプにバッファ回路を組み合わせた最もシンプルな
回路構成です．バッファ回路にもいろいろな発展形が
ありますが，今回は最も典型的なSEPP（シングルエ
ンド・プッシュプル）と呼ばれる回路を使用します．

　図7に示すのは，製作するポータブル・ヘッドホ
ン・アンプの全回路です．大きく分けると，左右2チ
ャネル分のアンプ回路，9 Vから±4.5 Vを作り出す
中点回路で構成されています．

　写真1に示すのは，製作したヘッドホン・アンプ基
板です．基板表面にはOPアンプ2個，出力段トラン
ジスタ4個，ボリューム，受動部品などが実装されて
います．

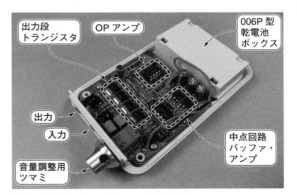

写真1　製作したヘッドホン・アンプ基板

◆引用文献◆

(1) 山本 武夫：スピーカ・システム，1977年7月，ラジオ技術社．

column 02 ヘッドホンの構造と周波数特性

大藤 武

写真A(a)に示すのは，カナル型イヤホン（耳の穴に挿入するタイプ）です．**写真A(b)**に示すのは，オーバーヘッド型ヘッドホンです．本稿（第2章〜第5章）では，前者をイヤホン，後者をヘッドホンと呼びます．ここではまずヘッドホンの特徴（スピーカとの違い）を説明します．

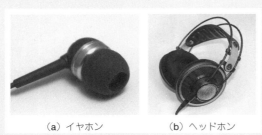

(a) イヤホン   (b) ヘッドホン

写真A 本稿では，(a)をイヤホン，(b)をヘッドホンと呼ぶ
どちらも安価なものから高価なものまで数多くの製品が市販されている

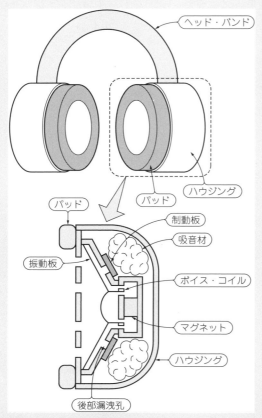

図B ヘッドホンの内部
振動板の後ろに制動板があり，背面に吸音材が多く入れられている

（ラベル：ヘッド・バンド，パッド，ハウジング，パッド，制動板，吸音材，振動板，ボイス・コイル，マグネット，ハウジング，後部漏洩孔）

● ヘッドホンは音響制動で振動板を止める

図Bに示すのは，ヘッドホンの内部構造です．振動板の後ろに制動板があること，また背面に吸音材が多く入れられていることから，電磁制動よりも音響制動が強くなります[1]．したがって，ヘッドホン・アンプが低インピーダンスである必要はありません．言い換えると，ヘッドホン・アンプの出力インピーダンスは聴感上のダンピング（制動）に影響しません．一般にスピーカよりヘッドホンのダンピングが良いのは，音響制動が効いているためと考えられます．

● 思いのほか複雑なヘッドホンの周波数特性

図Cに示すのは，単純な構造のヘッドホンから得られる周波数特性[1]です．低域が落ちるのは肌の弾性により吸収されてしまうためです．何も工夫をしないと300 Hz以下で10 dB落ち込みます．高域は外耳道の共振のため4 kHz近辺でピーク・ディップが発生します．高級モデルでは，さまざまな工夫がされており見事な周波数特性に仕上げられています．

スピーカ・システムの場合には，ヘッドホンのような低域の落ち込みや高域のピーク・ディップはありませんが，実際には壁や床などによる音の吸収のため，1 kHz以上でなだらかに減少しているのが普通です．スピーカで聴き慣れている人が，ヘッドホンで聴くと高域がはっきり聴こえるのはこのためです．

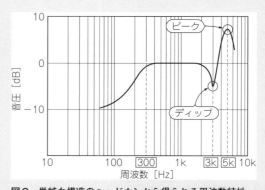

図C 単純な構造のヘッドホンから得られる周波数特性
人間の耳にヘッドホンを装着し，プローブ・マイクで外耳道の入り口の周波数特性を測定した．低域は肌の弾性により吸収されてしまう．高域は外耳道の共振のため4 kHz近辺でピーク・ディップが発生する

ヘッドホン
USB&Bluetooth
音質調整回路
パワー・アンプ
電源&プリアンプ
サウンド回路
マイク&スピーカ

ステップ①…ヘッドホン・アンプ回路の構成&定数設計

大藤 武 Takeshi Ohfuji

ポータブル・ヘッドホン・アンプを構成する5つの回路

図1に示すのは，ポータブル・ヘッドホン・アンプの回路ブロックです．それぞれの領域について，役割と動作を説明します．

● ① イヤホンやヘッドホンの駆動に必要不可欠「シングルエンド・プッシュプル回路」

図2に示すのは，シングルエンド・プッシュプル回路（SEPP回路）です．イヤホンやヘッドホンの駆動に必要な電流は100 mA程度ですので，SEPP回路だけで十分です．OPアンプの内部にもSEPP回路が入っていますので，さらにSEPP回路を加えるのは，一見過剰に思います．しかし，OPアンプの出力電流は通常数mA程度が限界ですので，イヤホンやヘッドホンの駆動にはSEPP回路などの電流増幅回路が必要です．SEPP回路のバイアス電圧を得る方法は，いくつか回路構成が考えられます．今回は最も簡単なLEDを使いました．赤色のLEDは数mAの電流を流したとき電圧が約1.8 Vで一定となります．この特性を利用してバイアス電圧を得ます．

● ② ポータブル・ヘッドホンアンプの心臓部「OPアンプ回路」

OPアンプ回路は，負帰還（NFB，ネガティブ・フ

ィードバックともいう）を使って，増幅度（ゲイン）を調整します．負帰還には，ひずみ率を下げたり，熱安定性を向上したり，周波数帯域を広げたり，という効果があります．図3に示すのは，今回使う非反転増幅回路です．OPアンプ回路を安定に動作させるためには，いくつかの周辺回路が必要です．OPアンプ回路は極めて簡単な構成でしたが，必要な部品を加えていくと規模が大きくなります．

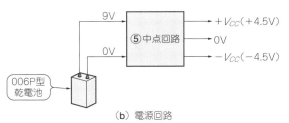

（a）オーディオ信号増幅回路

（b）電源回路

図1 ポータブル・ヘッドホン・アンプは大きく5つの回路に分かれる
006P型乾電池から正負電源を作り，OPアンプとSEPP回路で構成する

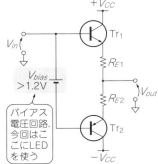

図2 2石のトランジスタ回路でOPアンプの出力電流を増強する
シングルエンド・プッシュプル回路（SEPP回路）という

図3 多くのオーディオ・アンプが採用する非反転増幅回路
負帰還回路の抵抗R_1とR_2の比でゲインが決まる

23

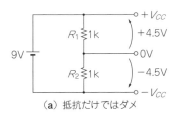

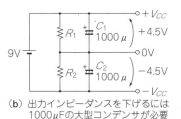

図4　抵抗とコンデンサで作る中点回路は部品サイズが大きく場所を食う
(a)はアース部の出力インピーダンスが500Ωと大きくなることが欠点，(b)は形状の大きい大容量のコンデンサが必要なためポータブル機器には不向き

図5　OPアンプを使うと中点回路を小型化できる

● ③ 高域のピークを抑制「負帰還回路」

　図3の非反転増幅回路で，C_1は位相補償用のコンデンサです．47pFのコンデンサを抵抗R_2に接続します．抵抗自体が配線インピーダンスなどの影響でインダクタンスをもつため，これがないと高域にピークが発生します．それを抑制するためのものです．

● ④ 高周波ノイズをカット「高域フィルタ回路」

　ローパス・フィルタで高周波ノイズをカットします．ピン・ヘッダのショート・ピンでON/OFFを切り替えます．カットオフ周波数は20kHz以上です．

● ⑤ ポータブル機器向け…乾電池1つで動かすための中点回路

　電源は006P型乾電池を1個使用します．正負電源とするために，9Vの中点を作り出す回路が必要です．中点を作るための専用ICもありますが，十分な出力電流を得るために，OPアンプと出力バッファを組み合わせました．OPアンプ回路とほぼ同じ構成ですが，よりシンプルになっています．

　図4(a)に示すのは，抵抗による中点回路です．抵抗2本（例えば1kΩ）を接続して，その中点をアース

とします．しかし，この回路ではアース電位のインピーダンスが500Ωとなるので，これよりもインピーダンスの小さいイヤホンやヘッドホンを駆動できません．例えば抵抗値を10Ωとすることで対策できますが，抵抗自体の消費電力が大きくなり，すぐに電池を消耗します．

　図4(b)は，図4(a)の回路の抵抗に対して，1000μFの電解コンデンサを並列に接続した回路です．アース電位の交流インピーダンスが下がるので，オーディオ信号から見るとアース電位が低インピーダンスとなります．実用的ですが，1000μFの電解コンデンサは形状が大きいためポータブル機器には不向きです．

　ここまで説明した理由により，電力の消費が少なく，アース電位のインピーダンスが低い中点回路が必要です．図5に示すのは，ポータブル・ヘッドホン・アンプの中点回路です．

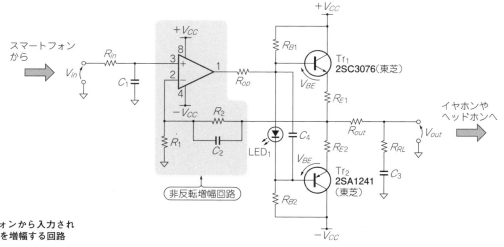

図6　スマートフォンから入力されるオーディオ信号を増幅する回路

ヘッドホン

USB&Bluetooth

音質調整回路

パワー・アンプ

電源＆プリアンプ

サウンド回路

マイク＆スピーカ

column ▶ 01 直感で理解するトランジスタ増幅回路

大藤 武

　トランジスタ増幅回路の設計は，パソコンの使い方と同じで慣れてしまえば比較的簡単にできます．そうは言ってもトランジスタ増幅回路のイメージをつかむことは重要です．そこで，トランジスタ増幅回路の動作イメージ図を作ってみました．直感的理解に重点を置いていますので，多少不正確なところもありますが，その点はご容赦下さい．

● **トランジスタを動かすには0.6V分のバイアスが必要**

　図Aに示すのは，トランジスタ増幅回路の動作イメージです．トランジスタは電流を増幅する素子です．一般にトランジスタは電流を100倍に増幅する性質が有ります．出力電流I_{out}は次の式で表されます．

$$I_{out} = 100 \times I_{in} \cdots\cdots\cdots\cdots\cdots\cdots (A)$$

　　ただし，I_{out}：出力電流［A］，I_{in}：入力電流［A］

　トランジスタの入力に電流を流すには，0.6V分の山を越える必要があります．そのため，最初からトランジスタの入力を0.6Vかさ上げします．この0.6Vをバイアスと呼びます．

● **電流増幅素子トランジスタで電圧増幅をする方法**

　ヘッドホン・アンプなどのオーディオ・アンプは，すべて電圧を増幅する電子機器です．トランジスタ自体は電流を増幅する素子ですので，電圧が増幅されるように工夫が必要です．図Bに示すのは，トランジスタ増幅回路です．次に示す順番で動作します．

① トランジスタの入力（ベース-エミッタ間）を0.6Vかさ上げした状態にして，電流が流れるようにする
② トランジスタの入力（ベース-エミッタ間）に信号となる電圧を印加する
③ 信号に応じた電流がトランジスタに流れる
④ トランジスタの出力（コレクタ）に入力電流の100倍の電流が流れる（電流が増幅される）
⑤ コレクタ抵抗で出力（コレクタ）電流が電圧に変換される

　使用する素子は電流増幅素子ですが，抵抗と組み合わせることで増幅された電流が電圧に変換されます．アナログ回路では，正常動作しているトランジスタの入力部（ベース-エミッタ間）には必ず0.6Vの電圧が，かかっています．故障診断の際は，ここの電圧を調べることで，トランジスタが正常に動作しているかどうかわかります．

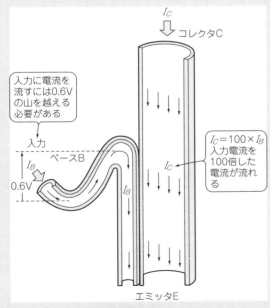

図A　トランジスタ増幅回路の動作イメージ
トランジスタには，入力（ベース電流）の約100倍の電流が，出力（コレクタ）に流れるという性質がある．入力電圧が0.6V以上のときに電流が流れ始めるという性質もある

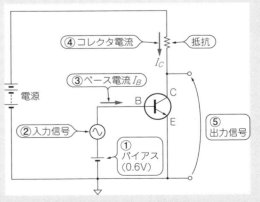

図B　最もシンプルなトランジスタ増幅回路
出力電流を抵抗に通して出力電圧に変換する．入力電圧にほぼ比例した出力電圧が得られる

ヘッドホン・アンプ回路の定数を決める

技① ひずみ率と電池のもちから アイドル電流を決める

図6に示すのは，ポータブル・ヘッドホン・アンプの左チャネル用回路です．この回路でアンプ回路の設計の基本となる定数の決め方を説明します．

入力信号がないとき，SEPP回路のトランジスタに流れるコレクタ電流をアイドリング電流と呼びます．アイドリング電流が大きいとひずみ率が下がりますが，電池の消耗が早くなります．今回は，アイドリング電流を15 mAに設定します．左右2チャネル分のSEPP回路で，入力信号がないときの消費電流は30 mAです．全体では，OPアンプ回路と中点回路の消費電流が加わり約40 mAとなります．電池の使用可能時間は，006P型の充電式電池（約200 mAh）で5時間，アルカリ電池（約400 mAh）で10時間です．電池を長持ちさせたいときは，アイドリング電流を15 mAの半分にしてもよいでしょう．

技② LEDの電圧とトランジスタの入力電圧からエミッタ抵抗値を決める

バイアス電圧はLEDの電圧が一定となる性質を利用します．赤色LEDの電圧は約1.8 Vです．2つのトランジスタの入力 V_{BE} に合計1.2 V加わるので，残りの0.6 Vが2つのエミッタ抵抗 R_{E1} と R_{E2} に加わればOKです．アイドリング電流を15 mAとすると，エミッタ抵抗の値は，次の式で表されます．

$$R_{E1} = \frac{0.6\,\text{V}}{15\,\text{mA}} \times \frac{1}{2} = 20\,\Omega \cdots\cdots\cdots\cdots\cdots (1)$$

ただし，$R_{E1}(=R_{E2})$：エミッタ抵抗［Ω］

実際には，より一般的な抵抗値である22 Ωとします．

技③ 熱暴走しないために熱安定性を確認しておく

トランジスタに電流が流れると，発熱し温度が上昇します．その結果，より電流が流れやすくなる性質があるため，さらに発熱します．このサイクルを繰り返すと最終的にトランジスタが壊れます．これを熱暴走と呼びます．一般にパワー・アンプのような電流が多く流れる回路では，熱安定性を慎重に計算する必要があります．

熱暴走を防止するために，トランジスタの温度が上昇したとき電流を抑制する温度補償回路を挿入する場合があります．大電流を扱うパワー・アンプの出力段には，必ず温度補償回路が挿入されています．

図6の回路の熱安定性を計算します．SEPP回路で温度補償をしない場合，熱安定性を確保するには以下の式を満たす必要があることがわかっています[1]．

$$R_{E1} > \theta_{JA} \times \frac{V_{CC}}{500} \cdots\cdots\cdots\cdots\cdots (2)$$

ただし，R_{E1}：エミッタ抵抗［Ω］，θ_{JA}：トランジスタまわりの熱抵抗[注1]［℃/W］，V_{CC}：電源電圧［V］

トランジスタまわりの熱抵抗 θ_{JA} は，放熱器を使わず，温度補償をしない場合，次の式で表されます．

$$\theta_{JA} = \frac{T_{Jmax} - 25}{P_{Cmax}} \cdots\cdots\cdots\cdots\cdots (3)$$

ただし，T_{Jmax}：接合部の最大許容温度［K］，P_{Cmax}：周囲の温度が25℃のときの最大コレクタ損失［W］

使用するトランジスタ（2SC3076，2SA1241）のデータシートから，T_{Jmax} は150℃，P_{Cmax} は1 Wですので，θ_{JA} は125℃/Wとなります．式(2)に θ_{JA} = 125℃/W と V_{CC} = 4.5 V を代入すると，エミッタ抵抗 R_{E1} が1.1 Ω以上であればよいことになります．式(1)から，エミッタ抵抗 R_{E1} は22 Ωとしたので，熱安定性は，十分な余裕があります．

技④ OPアンプ回路のゲインは 2つの抵抗値で決める

OPアンプ回路は，オーディオ・アンプとして最も一般的な非反転増幅回路で構成します．増幅度（ゲイン）は次の式で表すことができます．

$$G = \frac{R_1 + R_2}{R_1} \cdots\cdots\cdots\cdots\cdots (4)$$

ただし，G：増幅度（ゲイン）［倍］，R_1：抵抗［Ω］，R_2：抵抗［Ω］

スマートフォンや携帯音楽プレーヤの出力電圧は1 V_{RMS} 弱です．イヤホンやヘッドホンの駆動に必要な電圧は，2 V_{RMS} 程度です．今回製作するポータブル・ヘッドホン・アンプの増幅度は，多少余裕をもって3倍に設定します．式(4)から抵抗 R_2 の値は抵抗 R_1 の2倍であればよいことになります．抵抗 R_2 の値は，アンプに接続されるイヤホンやヘッドホンのインピーダンスの数倍以上に設定するのが良いと思います．今回は R_2 の値を4.7 kΩに設定しました．

（注1）熱抵抗：温度の伝わりにくさを表す値のこと．電力1 Wあたりの温度上昇量を意味する．単位は℃/W.

◆引用文献◆
(1) 黒田 徹；基礎トランジスタ・アンプ設計法，1989年2月，ラジオ技術社．

column▶02 千差万別！ ヘッドホンの周波数特性

大藤 武

ヘッドホンの周波数特性は，より手軽な方法として，バイノーラル・イヤホン・マイクを使用する測定方法が知られています．この方法で筆者が所有するヘッドホンの周波数特性を測定してみました．

● 測定方法

バイノーラル・イヤホン・マイクCS-10EM（ローランド）を使用します．イヤホンの上部にマイクが付いています．バイノーラル・イヤホン・マイクを耳に挿入したうえに，さらにヘッドホンを装着すると，マイクで周波数を測定することができます．今回はノート・パソコンに，バイノーラル・イヤホン・マイクと被測定ヘッドホンを接続し，周波数特性を測定しました．

この測定方法では，耳の穴が塞がれているので，外耳道の影響は測定できません．また，測定結果から50 Hz以下のゲインが，すべてのヘッドホンでな

だらかに減少しているので，パソコン自体が低音域を出力できていないか，マイクの特性による可能性があります．

測定に使用したソフトウェアはMySpeaker（シェアウェア，制限はあるが無料で使える）です．表Aに示すのは，測定したヘッドホンと聴感上の特徴です．図Cに示すのは，各ヘッドホンの測定結果です．MDR-XB300（ソニー）は，他の3機種よりも1桁安価ですが，周波数特性に特徴があるので取り上げました．

● まとめ

聴感上の特徴は，周波数特性だけではなく，ひずみ率や過度応答特性なども影響すると考えられますが，今回の測定結果から周波数特性だけでも相関があることがわかりました．ここでは手軽な方法として，マイクによる測定方法を紹介しました．

表A 測定したヘッドホンと聴感上の特徴

型　名	メーカ名	聴感上の特徴（筆者の個人的な感想）
K702	AKG	測定結果から高域の暴れが少ない．聴感上も全体的な帯域のバランスが良い
HD595	ゼンハイザー	高域の落ち込みは，聴感上さほど気にならない
PRO750	ウルトラゾーン	測定結果から高域にピークがある．聴感上，やや高域がきつい
MDR-XB300	ソニー	測定結果では低音が出過ぎに見えるが，聴感上はそれほど極端ではない

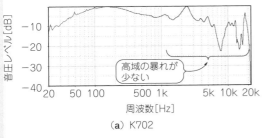

(a) K702

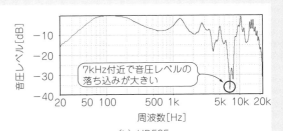

(b) HD595

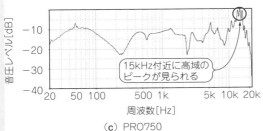

(c) PRO750

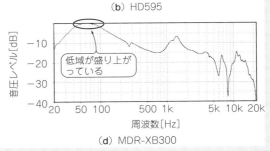

(d) MDR-XB300

図C 4種類（表A）のヘッドホンの周波数特性を測ってみた
K702の周波数特性は，全体的にフラットで高域の暴れが少ない．HD595は，7 kHz付近でゲインの落ち込みが大きい．PRO750は15 kHz付近に高域のピークがある．MDR-XB300は，他と比較して低域の音圧レベルが大きい

ヘッドホン

USB&Bluetooth

音質調整回路

パワー・アンプ

電源＆プリアンプ

サウンド回路

マイク&スピーカ

ステップ②…ヘッドホン・アンプの部品の選定&実装

大藤 武 Takeshi Ohfuji

回路設計が良くても部品選択の段階で回路を実現できなかったり, 本来の性能を発揮できなかったりすることもあります. 逆に部品の要所をつかんでおけば, 回路設計の可能性も広がります. 本章では部品選択と実装のテクニックを解説します.

図1は本稿で製作するポータブル・ヘッドホン・アンプの信号増幅部です. この回路を例に部品の選び方を説明します.

トランジスタ選び

● NPNとPNPの2種類ある

トランジスタにはNPN型とPNP型があります. NPN型はコレクタからエミッタに電流が流れ, PNP型はエミッタからコレクタに電流が流れます.

2SAxx, 2SBxxという型名がPNP型トランジスタ, 2SCxx, 2SDxxという型名がNPN型トランジスタです. 最近ではこの型名が廃止され, 各社各様になっています.

技① 電力容量別にコレクタ損失をチェックする

トランジスタを選ぶ際に重要な項目は, トランジスタに加わる最大電圧 V_{max}, トランジスタに流れる最大電流 I_{max}, トランジスタで消費する最大電力 P_{max}（コレクタ損失 P_C とも呼ぶ）です. 最大電力 P_{max} が決まるとパッケージの形態（大きさ）もおよそ決まります.

表1 トランジスタのパッケージは電力容量から大きく3つに分類できる

用途	コレクタ損失	型名例	パッケージ規格例
小信号用	0.5 W	2SC1815※	TO-92
中電力用	10 W級（放熱器あり）	2SD1411	TO-220
		2SC3076	PW-Mold
大電力用	100 W級（放熱器あり）	2SC5200	TO-3

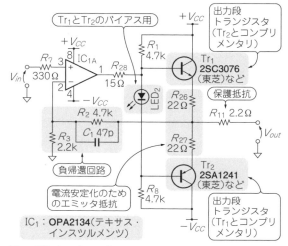

図1 製作するポータブル・ヘッドホン・アンプの回路（一部）
本章では部品の選び方と実装方法がテーマ

表1に示すのは, トランジスタの電力容量とパッケージです. 小信号用, 中電力用, 大電力用の3つに分類できます. **写真1**に示すのは, 代表的なトランジスタの外観です.

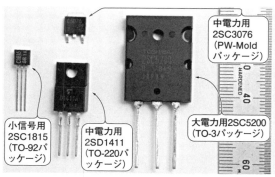

写真1 トランジスタは電力容量の大きいものほど大型になる傾向がある
ポータブル機で使いやすいのは小型の表面実装タイプ（PW-Moldパッケージなど）

表2 トランジスタは絶対最大定格を一瞬でも超えてはいけない
ポータブル・ヘッドホン・アンプの使用条件に対して絶対最大定格は十分大きい

コレクタ-エミッタ間電圧	50 V
コレクタ電流	2 A
コレクタ損失	1 W（単体） 10 W（無限大放熱器）

技② ポータブル化するには表面実装用のパッケージを選ぶ

　もう1つ重要な項目は，挿入型と表面実装型の選択です．表面実装型のトランジスタは，量産品ではすでに標準となっており品種も増えていますが，個人レベルでは，あまり使いやすいものではありません．

　ここでの出力段のトランジスタは，出力が万が一ショートしたときのことを考えて，1 A程度の最大電流を許容する中電力クラスを使います．このクラスの挿入型であるTO-220パッケージは，場所を取り過ぎるため，表面実装型を使用します．例えば東芝ではPW-MOLD型と呼ばれているパッケージです．

　時代は表面実装型に移行しているものの，このタイプのトランジスタは残念ながら一般の店舗ではほとんど見かけません．ただ電子部品の大手通販メーカなどでは，すでに多数のラインナップがあるので入手可能です．

技③ 絶対最大定格に余裕のあるトランジスタを選ぶ

　トランジスタには，「絶対最大定格」という使用条件の上限値があります．使用中は一瞬でもこの値を超えてはいけません．

　表2に示すのは，今回の出力段で使用する2SC3076の絶対最大定格です．これらはいずれもポータブル・ヘッドホン・アンプの使用条件に対して十分大きな値となっています．メーカの特性表には用途，各種特性が掲載されているので，目的に合ったものを選びます．

　　　　　　　　　＊

　トランジスタは各メーカのサイトでさまざまな条件から検索できるようになっています．検索を使用するのは便利ですが，市場に出回っていないものも多いので，逆に複数の店舗で扱っている品種を調べて汎用的に出回っているものを選択した方が現実的です．

OPアンプ選び

● おすすめ

　OPアンプの歴史は古く，さまざまなタイプのものが市販されています．最も一般的な8ピンDIPで，2

回路構成のOPアンプのピン配置を図2に示します．ここでは，候補となるOPアンプを3種類紹介します．

（1）TL072（テキサス・インスツルメンツ）

　筆者の場合，特に意図がなければ，まずはこれを使用します．価格も安く，FET（Field Effect Transistor）入力であるため入力インピーダンスも大きく使いやすいOPアンプです．

（2）NE5532（テキサス・インスツルメンツ）

　オーディオ用に開発されたOPアンプです．設計は古いのですが，その分安価で派生バージョンもたくさん出ています．600 Ω駆動ができるように設計されているので，OPアンプ単体でもどうにかイヤホンやヘッドホンを駆動できます．

（3）OPA2134（テキサス・インスツルメンツ）

　こちらもオーディオ用に開発されたOPアンプです．メーカは低ひずみ率であることを特徴としています．

　このほかにも非常に多くのOPアンプが市販されています．8ピンDIPで2回路構成のものであれば，ほぼすべて使用できるので，実際に差し替えて聴き比べてみるのもよいでしょう．

● データシートに記載された性能は実際には出ない

　OPアンプのデータシートには，各種特性が詳しく掲載されています．ひずみ率も記載されていますが，あまりうのみにしない方がよいでしょう．例えば，ひずみ率0.0001 %と0.00001 %を比べたとき，後者の方が優れているとは限りません．OPアンプの特性は，最も特性がよくなりそうな条件で測定しているからです．最近では，ひずみが100倍になる条件で測定して，実測値の100分の1をひずみ率として表示しているものもあります．実際の使用条件下では，データシートに記載されている性能は得られません．

　　　　　　　　　＊

　ここでは手軽なOPアンプを使いますが，これと対極にあるのが，個別部品を使って組むディスクリート構成です．ディスクリート構成は，部品や回路の自由度が圧倒的に高くなります．特に高域性能に優れるカ

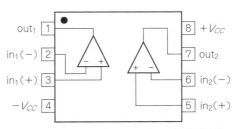

図2 多くのOPアンプはこのようなピン配置となっている
8ピンDIPで2回路構成のOPアンプが最も一般的である

USB&Bluetooth

音質調整回路

パワー・アンプ

電源&プリアンプ

サウンド回路

マイク&スピーカ

スコード接続回路は，最大振幅が制限されるため，OPアンプはほとんど使用されません．OPアンプは回路設計の専門家が長い間進化させてきた歴史があります．OPアンプを超えるディスクリート回路を作るのは必ずしも簡単なことではありません．

受動部品選び

● 抵抗

抵抗には電力容量，抵抗体，パッケージによっていくつかの種類があります．抵抗体はカーボンと金属皮膜の2種類が一般的です．抵抗値の精度，温度特性などは金属皮膜の方が優れています．今回使用するのは，金属皮膜，1/4 W，精度1％の抵抗です．

● コンデンサ

写真2に今回使用するコンデンサを示します．

▶電解型

一般に電源など大容量が必要な場合に使用します．耐圧，容量，パッケージ，用途(性能)によって多種多様です．今回はオーディオ用として開発され，入手性もよく，安価なFGシリーズ(ニチコン)を使います．

▶フィルム型

位相補償と入力部のDC遮断用のコンデンサに使用します．今回は誘電体がポリプロピレンのFKP2シリーズとMKP2シリーズ(いずれもWIMA社)を使います．

▶積層セラミック型

ここでは初心者にも組み立てられるように，すべて挿入部品を使用したかったのですが，スペースが限られているため，一部に表面実装部品を使用します．

OPアンプの電源供給部には，ピンの根元にデカップリング用のコンデンサを置くことが鉄則です．このコンデンサに表面実装型の積層セラミック・コンデンサを使います．表面実装部品のパッケージ・サイズは規格で決まっています．ミリとインチの表記が混在していてややこしいので，代表的なパッケージのサイズと呼び方を**表3**にまとめました．部品の値によって最も品種が多く，入手性が良いものを選択することも重要です．ここでは，2012(0805)サイズを使用します．

● ボリューム

パネル取り付け型としては最も小さい規格のRK097シリーズ(アルプスアルパイン)を使用します．ボリュームにスイッチが付属しているので，これを電源スイッチとして使用します．ボリュームの抵抗値は10 kΩです．抵抗値は携帯音楽プレーヤの負荷となるので，小さすぎると負荷として重くなります．また，大き過ぎるとボリューム後の出力インピーダンスが大きくなり，ひずみの原因となるので10 kΩが適当です．

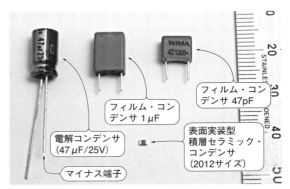

写真2 コンデンサは種類によって形状とサイズが大きく異なる
電解コンデンサには極性があり，リード線の短いほうがマイナスである．他のコンデンサには極性がない．表面実装型の積層セラミック・コンデンサには，値の表記がない

表3 表面実装部品のパッケージ・サイズは規格で決まっている
ミリ・サイズとインチ・サイズが混在しているので注意が必要である

部品サイズ	ミリ・サイズの呼称	インチ・サイズの呼称
1.6 mm × 0.8 mm	1608	0603
2.0 mm × 1.2 mm	2012	0805
3.2 mm × 1.6 mm	3216	1206

部品の実装

図3に示すのは，本稿で製作した基板です．この基板を例に，チップ・コンデンサ，抵抗，表面実装型トランジスタのはんだ付けを解説します．はんだ付けは，背の低い部品から順番に取り付けるのが基本です．

技④ 無鉛はんだより有鉛はんだの方が付けやすい

はんだには鉛の有無によって無鉛はんだと普通のはんだの2種類に分類できます．無鉛はんだは融点が高いので，はんだこての温度も高くします．無鉛はんだ専用のはんだこてがあるくらいです．初心者は有鉛はんだの方が使いやすいと思います．

市販の電子工作用のはんだは，ほとんどがペースト(ヤニ)入りだと思います．まれにペーストを含有していないものがあります．必ずペースト入りを使用してください．

はんだには糸はんだと呼ばれる線状のものを使用します．線の経が各種ありますが，小型の電子部品にはφ0.65 mmくらいが使いやすいと思います．表面実装部品にはφ0.3 mmという非常に細いはんだが最適ですが，一般的ではないのでφ0.65 mmで代用できると思います．

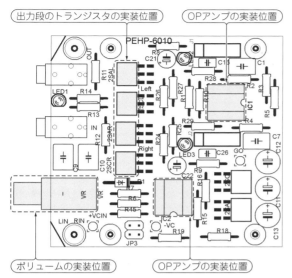

出力段のトランジスタの実装位置

OPアンプの実装位置

PEHP-6010

ボリュームの実装位置

OPアンプの実装位置

図3 基板には表と裏の両面に部品を実装する
基板表面にはOPアンプ2個，出力段のトランジスタ4個，ボリューム，受動部品などを実装する．基板裏面には表面実装型の積層セラミック・コンデンサを14個実装する

技⑤ 部品とパッドは十分温める

はんだ付けする部品のリード線と基板のパッドの両方をはんだこてで温めます．リード線と基板の両方を加熱して1～2秒たったらはんだを当てて溶けこませます．はんだは部品のリード線に当てて溶かしても，はんだこてに当てて溶かしてもどちらでも大丈夫です．ただ，はんだこてにはんだを当てて溶けたハンダを流し込む方が加熱時間が短いので，部品へのダメージが少なくなります．ただし，部品，パッドもある程度加熱されていないと，はんだ不良の原因となります．

はんだが溶けた瞬間，はんだに含まれているフラックスも同時に流れ込み，全体に混ざった後，冷えてきれいな玉状の合金ができます．はんだが一度溶けた後に再びはんだを加熱しても，はんだペーストが供給されないため，きれいなはんだ付けができません．はんだ付けは基本的には1回で終了させましょう．

▶いもはんだとはんだの付け忘れはNG

部品と基板の片方が温まらない状態ではんだを盛った状態のことをいもはんだと呼びます．初心者に多いトラブルです．一見はんだ付けがされているように見えても，極端な場合，電気的に接続されていない場合があります．また，はんだの付け忘れは，ベテランによる作業でもたまにある不具合です．動作チェックで無駄に時間を費やすことになります．

技⑥ チップ・コンデンサは先にはんだを盛ってから付ける

チップ・コンデンサ（表面実装型の積層セラミック・コンデンサ）は，サイズが小さくなくなりやすいので，取り扱いに十分注意してください．お皿かプラスチック容器などに一度入れてから，作業することをおすすめします．まず基板の実装位置を確認し，次に示す手順ではんだ付けします．

(1) 実装位置の一方のパッド（はんだを載せる四角い箇所）にはんだを盛る［**写真3(a)**］．右利きの方は右のパッドにはんだを盛ると作業がしやすい

(2) ピンセットでチップ・コンデンサをつかんで実装位置に当てがいながら，パッドに盛ったはんだを溶かす［**写真3(b)**］

(3) はんだを溶かしながらチップ・コンデンサをパッドの位置にピンセットで固定する

写真3(c) に示すのは，チップ・コンデンサの片側の電極のはんだ付けが終わったところです．次に基板を回して反対側の電極のはんだ付けも行います．

技⑦ 抵抗値をカラー・コード判別

抵抗にはそれぞれ抵抗値があります．はんだ付けの前に抵抗値を確認します．その値はカラー・コードと呼ばれる色のついた線から判別します．**表4**に示すのは，抵抗のカラー・コードと数値の対応です．今回使用する抵抗は1％精度なので，端の方に印刷されている最初の3本の色が抵抗値の数列を表しています．これに乗数を掛けたものが抵抗値となります．

例：カラー・コードが赤・赤・黒・銀・茶の場合
220 × 0.01（1％）を意味するため，抵抗値は2.2Ω

抵抗値の判別は慣れないと難しいので，**表4**を見ながら作業するとよいでしょう．テスタで値を確認すると読み間違いが少なくなります．

技⑧ 抵抗が浮かないように基板を軽く押し付ける

ラジオ・ペンチなどで抵抗のリード線を基板上の穴の間隔に合わせて折り曲げます．リードベンダRB-5（サンハヤト）などがあると便利です．9mm程度の板の端面に当ててリード線を折り曲げても効率的に作業できます．折り曲げる際は，リード線の根本に力がかからないように注意してください．

挿入部品の場合，部品面を下にして（リード線を上に向けて）はんだ付けします．部品が基板から浮いてしまわないように，スポンジなどの上で基板を軽く押し付けながらはんだ付けするとよいでしょう．抵抗のリード線と基板のパッドの両方にはんだこてを当てて，

両方を加熱してからはんだを溶かして下さい.

次に示す手順ではんだ付けします.

(1) 基板を浮かせて固定し, 抵抗を基板に挿入する

［写真4(a)］

(2) 基板をひっくり返してはんだ付けする［写真4(b)］

(3) はんだ付けが終わったら, 余分なリード線をニ

column:01　部品実装でそろえておきたい便利道具

大藤　武

● リード線の折り曲げがパッと決まる! リードベンダ

　抵抗のリード線を基板の穴の間隔に合わせて, 毎回手作業で折り曲げるのは面倒です. この手間を解消するための専用の治具が市販されています. 写真Aに示すのは, リードベンダRB-5(サンハヤト)です. これを裏返して写真Bに示すように抵抗のリード線を折り曲げて使用します. リード線間隔も選べます.

● 一度取付けた部品を外すはんだ吸い取りツール

　部品の変更などで一度実装した部品を外す場合, はんだを一度除去する必要があります. はんだの除去に便利な道具を紹介します.

▶ はんだ吸い取り線

　写真Cに示すのは, はんだ吸い取り線です. はんだを除去したいところにはんだ吸い取り線を当て,

その上からはんだこてを当てて温めます. はんだが吸い取り線にスーッと吸い込まれていきます.

　両面基板の場合, 図Aに示すように基板の貫通穴(スルーホール)部にもはんだが入り込んでいます. はんだを溶かしながら部品をそっと抜けば, なんとか部品を外せます. しかし, スルーホール内のはんだが取りにくいため, あまり簡単ではありません.

▶ 半自動はんだ吸引器

　写真Dに示すのは, 半自動のはんだ吸引器です. はんだこてと吸引ポンプの機能を併せもっています. ポンプが電動のものもありますが, 最低でも2万円くらいと高価です. ポンプが手動のものは比較的安価です.

　シリンダ部にバネがあり, 圧縮棒を押してセットした後, 吸引ボタンを押すと1ストローク分だけ「シュッ」とはんだを吸引します.

　両面基板の場合, はんだ吸引器を使用しても, かなりしつこく吸引しないと部品が外れません. はんだこての先を当てて5秒程度おき, はんだ全体が溶けてから吸引するのがコツです. 中途半端にはんだを吸引すると, 基板の中の方に熱が伝わらず, はんだの除去が難しくなります.

写真A　これさえあればリード線を高速折り曲げ! しかもきれい!
リードベンダRB-5(サンハヤト)

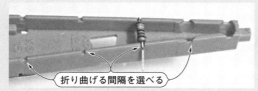

写真B　リードベンダの使い方
裏返して使用する. 折り曲げる間隔を選択できる

折り曲げる間隔を選べる

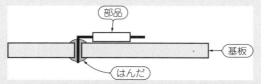

図A　両面基板は基板貫通穴(スルーホール)にもはんだが入り込んでいる
なんとか部品を外せるが, あまり簡単ではない

部品
基板
はんだ

網線幅は3.0mm

写真C　はんだを吸い取る網線のロール「はんだ吸い取り線」
銅網線でも代用できる

圧縮棒
吸引ノズル
吸引ボタン

写真D　ポンプ吸引式の半自動はんだ吸取器
HSK-100(サンハヤト). はんだこてと吸引ポンプの機能を併せもっている

ヘッドホン

USB&Bluetooth

音質調整回路

パワー・アンプ

電源&プリアンプ

サウンド回路

マイク&スピーカ

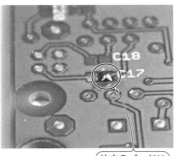

（a）基板のパッドにはんだを盛る

片方のパッドに
はんだを盛る

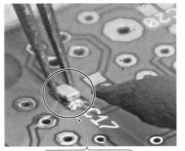

（b）実装位置に当てがいながらパッドに
盛ったはんだを溶かす

ピンセットで
実装位置に当てがう

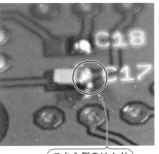

（c）片側の電極のはんだ付けが
完了した

こちら側のはんだ
付けが終わった

写真3　コツ①…チップ・コンデンサはピンセットで位置を合わせこむ
チップ・コンデンサはサイズが小さくなくなりやすいので，取り扱いに十分注意する

　ッパでカットする
　写真4（c）に示すのは，2つの抵抗のはんだ付けが終わったところです．

技⑨ トランジスタはパッドと電極の位置を合わせてはんだ付けする

　ポータブル・ヘッドホン・アンプで使用するトランジスタは表面実装型のため，リード線を基板に挿入しません．また，NPN型とPNP型の2種類のトランジ

表4　抵抗値はカラー・コードから判別する
慣れないうちは，テスタで値を確認すると読み間違いを少なくできる

色	数値	乗数	抵抗値の誤差
茶	1	10	± 1 %
赤	2	100	－
橙	3	1000	－
黄	4	10^4	－
緑	5	10^5	－
青	6	10^6	－
紫	7	10^7	－
灰	8	10^8	－
白	9	10^9	－
黒	0	1	－
金	－	0.1	± 5 %
銀	－	0.01	－

スタがありますので間違わないように気をつけてください．
　次に示す手順ではんだ付けします．
（1）トランジスタを基板に置いて位置を確認する
（2）位置がずれないように上からピンセットで押さえながら，エミッタをはんだ付けする．このとき，**写真5**に示すようにコレクタの上部から基板のパッドの一部が出るように位置を調整する
（3）ベースをはんだ付けし，位置を再確認する
（4）コレクタをはんだ付けする
　図4に示すように，トランジスタ下面から上にかけての金属電極がコレクタです．コレクタの下側と基板のパッドにはんだを流しこむ必要がありますが，はんだごてを直接当てることができません．コレクタの上部にはんだごてを当てて，ここからはんだを全体に流しこみます．コレクタは熱容量が大きいため，はんだごてを当てて，数秒待ってからはんだを乗せます．

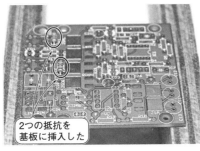

（a）基板に抵抗を挿入する

2つの抵抗を
基板に挿入した

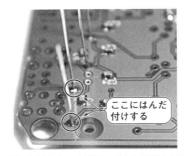

（b）基板をひっくり返してはんだ付けする

ここにはんだ
付けする

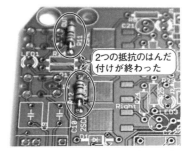

（c）2つの抵抗のはんだ付けが完了した

2つの抵抗のはんだ
付けが終わった

写真4　コツ②…抵抗が浮かないように基板を軽く押し付ける

column▶02　実測…いろんなイヤホンの周波数特性

大藤　武

イヤホン（耳の穴に挿入するタイプのもの）の周波数特性を測定してみます.

● 測定方法

図Bに示すのは，今回の測定に使用する測定アダプタの断面です. 厚さ20mmの硬質ウレタンに穴を開け，一方の穴に小型マイクを挿入し，もう一方にイヤホンを挿入します. 本来，外耳道の長さは，もう少し長いはずなので，より正確なデータを求めるためには，測定アダプタの形状をより細かく検討する必要があります. 測定に使用したソフトウェアはMySpeaker（シェアウェア，制限はあるが無料で使える）です. ソフトウェアの設定は最大値で規格化するようにしたので，能率の比較はできません. また，測定は主に正弦波の掃引によって行いますが，一部白色雑音によるものも混じっています.

表Aに示すのは測定したイヤホンと聴感上の特徴です. 図Cに示すのは各イヤホンの測定結果です.

● まとめ

測定したイヤホンの周波数特性は全体的にフラットで，ヘッドホンより良好であることがわかりました. 特に低域は，ほとんどの機種で平坦で，±3dB以内に収まっています. 中には20Hz〜10kHzにわたって，±5dB以内に収まるという優れた特性のものもありました. 聴感上の特徴もほぼ周波数特性を反映したものでしたが，周波数特性だけの議論では不足です. さらにひずみ率や過度応答なども考慮する必要があります.

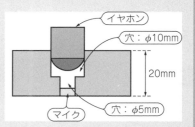

図B　イヤホンの測定アダプタは手軽に作れる
厚さ20mmの硬質ウレタンに穴を開け，一方の穴に小型マイクを挿入し，もう一方にイヤホンを挿入する

表A　測定したイヤホンと聴感上の特徴

型　名	メーカ名	聴感上の特徴（筆者の個人的な感想）
IP2	AKG	全体的に聴きやすい. 高域はきつくない. 低音の量感，キレがよい
ATH-CK323M	オーディオテクニカ	鮮やかで派手な音に聴こえる
XBA-C10	ソニー	特にくせはないが，音が濁って聴こえる. 低域が弱くキレも悪い
スマートフォンの付属品	ソニー	低域がこもっている. スマートホン本体につなぐと非常に聴きやすいので，スマートホン本体側で特性を補正をしているかもしれない

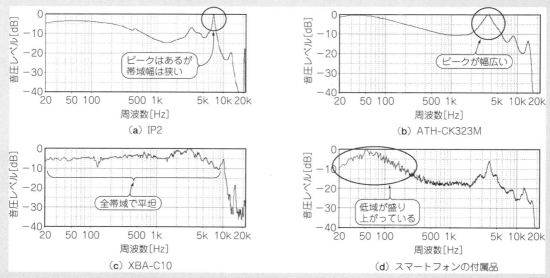

図C　4種類（表A）のイヤホンの周波数特性を測ってみた
IP2はピークがあるが帯域幅は狭い. ATH-CK323Mはピークが幅広い. XBA-C10は全帯域で平坦. スマートフォンの付属品は低域が盛り上がっている

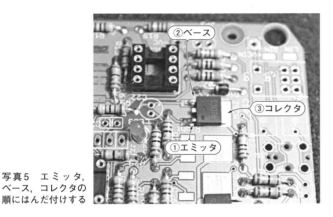

写真5　エミッタ,
ベース, コレクタの
順にはんだ付けする

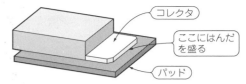

図4　コレクタと基板のパッドの間にはんだを流し込む
はんだこてを直接当てることができないので, コレクタ上
部にはんだこてを当てる. コレクタは熱容量が大きいため,
数秒待ってからはんだを乗せる

column ▶ 03　便利な非磁性体のネジも吸いつくWera社のドライバ

大藤　武

　オーディオ用アンプの組み立てなどでは, 信号線
関連のネジは非磁性体の真鍮やステンレスが母体と
なるものを使用することが多いです.

　鉄ネジだと, ドライバの先端がマグネットになっ
ていれば, ネジをくっつけたまま挿入できます. 非
磁性体のネジの場合, マグネットが効かないので作
業が非常に難しくなることがあります.

　そんなときに有効なのがWera社のドライバです.
写真E(a)に示すように, ドライバの先端には溝が
切ってあり, 砂粒子がコーティングされているため,
一度ネジをつけると落ちません. ネジ締め後, ドラ
イバを離す際に結構な力がいるくらいです.

　普通のドライバの3倍くらいの価格なので, 高価
ですが, オーディオ関連の組み立てをする方はもっ
ていると便利です. **写真E(b)**は, ドライバにネジ
を付けた状態での保持力を示すものです. ドライバ
が落ちないくらいの吸着力があります.

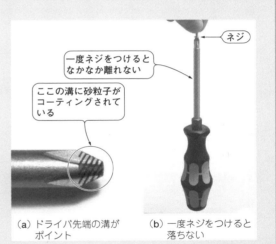

（a）ドライバ先端の溝が
　　ポイント

（b）一度ネジをつけると
　　落ちない

写真E　Wera社のドライバならどんなネジでも強力にく
っつく
狭いところ, 上向き, 横向きのネジ締めがとても楽になる

ヘッドホン

USB&Bluetooth

音質調整回路

パワー・アンプ

電源&プリアンプ

サウンド回路

マイク&スピーカ

第5章 はじめてのオーディオ性能測定

ステップ③…作った回路のオーディオ性能の測定&改善

大藤 武 Takeshi Ohfuji

本章では製作したヘッドホン・アンプの測定結果について説明します．オーディオ・アナライザをパソコンからGPIB制御することにより自動計測を行い，ひずみ率特性を総合的に検討しました．また，得られた結果について考察し，さらに特性を改善する手法についても紹介します．同時に入力機器となる携帯音楽プレーヤiPodを取り上げ，そのオーディオ特性についても測定を行い解説します．

オーディオ機器の主な評価項目

オーディオ機器の基本性能は，次の4つの項目で評価できます．

● 周波数特性

アンプの増幅度の周波数依存性です．オーディオ・アンプでは可聴帯域である20 Hzから20 kHzまでゲインがフラットである必要があります．

● ひずみ率特性

入力した正弦波の周波数(基本波)に対して，その2倍，3倍以上の高調波ひずみが発生します．基本波を除いた高調波ひずみすべてを足したものの割合を全高調波ひずみ率(Total Harmonic Distortion)と呼びます．全高調波ひずみ率に加えてノイズ(Noise)成分を足したものを$THD + N$と呼びます．ひずみ率計で測定されるものは自動的に$THD + N$が測定されます．

● *SN*比

再生信号に対して増幅系が発生する残留ノイズの大きさに対応する指標です．出力信号電圧(S)とノイズ電圧(N)の比で一般に[dB]という単位で表されます．実用上ノイズ・レベルが信号の1/1000以下であれば大きな問題はないと思います．

● 過渡応答特性

矩形波を入力した際の応答波形を過渡応答特性と呼びます．周波数，位相特性が平坦に高域まで伸びていれば入力した矩形波が再現されます．高域の周波数特性をひとつの波形で表現していると言ってもよいでしょう．例えば高域にピークがあるとリンギングなどとして現れます．オーディオで使用される特性については**コラム2**でも説明しているので参照してください．

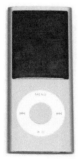

写真1 iPod nano第4世代のオーディオ特性を測定する

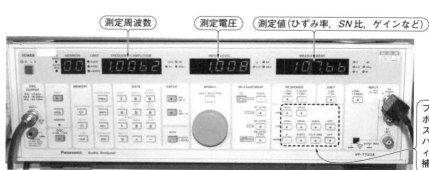

測定周波数
測定電圧
測定値(ひずみ率，SN比，ゲインなど)
フィルタ設定ボタン(ローパス・フィルタ，ハイパス・フィルタ，各種補正フィルタ)
Panasonic
Audio Analyzer
VP-7723A

写真2 測定に使用したオーディオ・アナライザ(パナソニック VP-7723A)
発振器，ひずみ率計，電圧計が一体となっている

ヘッドホン

USB&Bluetooth

音質調整回路

パワー・アンプ

電源&プリアンプ

サウンド回路

マイク&スピーカ

まずは入力音源となる携帯プレーヤの オーディオ性能を実測

● 測定前に入力機器の特性を調べるべし

本稿で製作しているものはヘッドホン・アンプです．その入力機器である携帯音楽プレーヤの基本性能を損なわないように信号を増幅し，ヘッドホンを駆動する必要があります．したがって，音源である携帯音楽プレーヤの基本性能を知っておくことが非常に重要です．携帯音楽プレーヤよりも基本性能が優れていれば，その性能を損なうことなくヘッドホンを駆動しているということが言えるからです．ただし，携帯音楽プレーヤのオーディオ特性の測定結果はほとんど見たことがありません．そこで，まず携帯音楽プレーヤのオーディオ特性を測定してみることにします．

測定する携帯音楽プレーヤは，**写真1**に示すiPod nano 第4世代（以下iPod）です．

● 測定方法

一般にオーディオ機器の測定には発振器，ひずみ率計，電圧計が一体となったオーディオ・アナライザを使用すると便利です．ここではオーディオ・アナライザVP-7723A（パナソニック）を使用しています（**写真2**）．ひずみ率やSN比がディジタルで表示され，ノイズ測定用の各種フィルタも装備されています．

通常，アンプなどの測定では，発振器からの信号をアンプに入力し，その出力信号を電圧計，ひずみ率計などで計測します．測定する携帯音楽プレーヤは，アンプとは異なり信号入力部がありませんので，あらかじめ測定用の信号波形をCDと同じwaveファイル・フォーマット（44.1 kHz，16ビット）で入力しておき，その再生信号の波形，ひずみ率などを測定しました．

ただし，ひずみ率の測定時，出力波形に含まれる高周波ノイズのためか，オーディオ・アナライザの自動同調が効かず，測定不能でした．そこでCR1段のローパス・フィルタ（カットオフ周波数f_C = 48 kHz）を挿入したところ，自動同調が機能し測定が可能となりました．iPod測定時のブロック図を**図1**に示します．

ひずみ率の測定時には断りのない限り0 dB（最大出力）の信号を再生させ，信号レベルを変化させる際にはiPodのボリュームを調節して測定します．

音源：携帯プレーヤのオーディオ性能

● 出力波形…高周波ノイズが混じっている

まず最初に正弦波をiPodで再生した信号をディジタル・オシロスコープで観測した波形を**図2**に示します．再生信号にかなりの高周波ノイズが重畳していることがわかります．ただし，ノイズを見やすくするために，ここではあえて信号レベルが1/10（－20 dB）の正弦波を再生させています．

この高周波ノイズはもちろん測定系などの雑音ではなく，iPodから再生される信号に実際にこのレベルの高周波ノイズが重畳しているのです．これは特にiPodが特殊というわけではなく，数十万円の高価なCDプレーヤでも，多少の高周波ノイズが混じっているのが実情です．

ディジタル回路にはクロックがあります．クロック周波数に相当する矩形波信号が回路を流れますので，その奇数次の高調波成分がアナログ信号にまで混入してしまうためです．携帯音楽プレーヤは小型であるため，これらの高周波ノイズの漏れも大きいようです．スマートフォンiPhone 4Sでも同様の測定をしてみましたが，同程度の高周波ノイズが観測されました．

● 過渡応答特性…位相特性が悪くはない

矩形波をiPodで再生した信号をディジタル・オシロスコープで観測した波形を**図3**に示します．PCM再生用のディジタル再生機器の場合，基本的にサンプリング周波数の1/2以上の周波数は再生できません．測定された再生波形を見ると，一見リンギングが発生

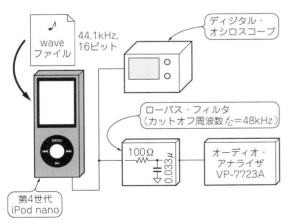

図1　測定用の信号波形としてCDと同じwaveファイル・フォーマット（44.1 kHz，16ビット）を使う
ひずみ率の測定にはオーディオ・アナライザの自動同調を使うためローパス・フィルタを挿入した

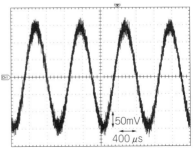

図2　1 kHzの正弦波を再生したときの出力波形（信号レベル－20 dB）
かなりの高周波ノイズが含まれている

50mV
400 μs

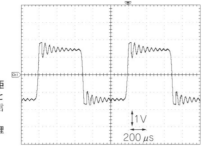

図3 1kHzの矩形波を再生したときの出力波形（信号レベル0dB）
PCM再生では原理的にこうなる

↕1V
200μs

しているように見えますが、そうではありません。1kHzの矩形波は1kHzと3kHz、5kHz、7kHz、9kHz、…の高調波から構成されていますので、あるところで切られてしまうと、原理的にこのような波形となります。再生波形の観測結果は位相特性もほぼ良好なことを示唆しています。

● **SN比…良くはないが実用上大きな支障はない**

ノイズの測定は最大音量に設定し、iPodのポーズ

ボタンを押した状態で測定しました。測定されたノイズは240μV$_{RMS}$（A補正）で1V$_{RMS}$出力に対して約−72dBです。この値はアンプなどと比較すると一桁以上悪い値ですが、実用上は大きな支障が無いレベルといえるでしょう。

SN比の計算は、測定されたノイズ・レベルを、基準とする信号で割った値の対数を取って求めます。

$$SN比 = 20\log_{10}\frac{ノイズ}{信号}$$

また、ここで使用したA補正とは、ノイズの聴感補正フィルタのことです。高い周波数はカットされてしまうため、先ほどの高周波成分はSN比のノイズ成分には含まれていません。SN比の測定方法についてはコラム2でも解説しますので参考にしてください。

● **ひずみ率特性…負荷をつなぐと最大出力電圧が0.7V$_{RMS}$まで低下する**

本稿で使用したひずみ率の測定方法は、再生信号の基本波だけを除去し、残ったひずみと雑音すべてを合

---

column▸01 慣れるととっても便利な単位デシベル（dB）の話

● **デシベルとは？**

アンプなどの性能や仕様を表す際に、デシベル（dB）という単位が頻繁に出てきます。これは対数を使用した単位です。対数と聞いただけで毛嫌いする人もいるかと思いますが、この単位は実は非常に簡単で便利な考え方です。

対数とは掛け算を足し算に（割り算を引き算に）してくれる魔法のようなものです。本来掛け算をして計算しなければいけないものが、足し算で出来るようになるのですから便利で簡単なのです。

例えばアンプなどの増幅度は100倍から1000倍のものがよくあります。それをたくさん接続した場合、3桁同士の掛け算を繰り返す必要がありますが、dBだと2桁の足し算で済むので暗算でできるようにな

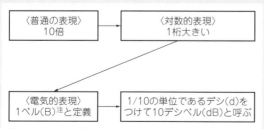

〈普通の表現〉
10倍

〈対数的表現〉
1桁大きい

〈電気的表現〉
1ベル（B）注と定義

1/10の単位であるデシ（d）をつけて10デシベル（dB）と呼ぶ

注：ベルという単位は実際には使われていない。

図A デシベルはこう考えるとわかりやすい

ります。ですので慣れてしまえば非常に便利な単位なのです。

● **実はあなたも日常会話で普通に使っています！**

対数という概念は、実は日常会話でだれもが使用しています。例えば、「家の値段は年収より1桁大きい」と言った場合、1桁というのはすでに対数の表現です。ゼロの数が1つで10倍、2つで100倍を表しているのですから、実は掛け算を足し算に変換して表現しているのです。

ただこれですと、10倍、100倍の表現しかできませんので、それを1/10に細分化したものがデシベル（注A）（dB）なのです（図A）。

桁数だけですと10倍、100倍という場合しか表現できませんが、1/10に細分化することで2倍（約3dB）、3倍（約5dB）、5倍（約7dB）などの表現もできるようになります。つまり、デシベルは0.1桁という意味です。掛け算を足し算にする魔法も掛かっていますということになります。ただこれは電力の次元の話で、アンプなどで電圧を扱う場合は1/20

注A：ベルは10の常用対数$\log_{10}X$で表され、ゼロの数と同じ意味である。また、デシは1/10という意味である。
注B：ここでなぜかを考えると混乱しやすいので、ただそういうものだと覚えておこう。

算して測定されるもので，いわゆる全高調波ひずみ＋ノイズ(Total Harmonic Distortion + Noise)です．一般にこの測定方法で得られるひずみ率は高調波ひずみだけを計測するスペクトル・アナライザで求めた結果よりも1桁以上悪く測定されます．ただ，この手法の方がすべての情報が漏れなく測定されるので，設計者からみると有益な情報だと思います．以後断りのない限り，ここでは全高調波ひずみ＋ノイズを単にひずみ率と呼ぶことにします．

図4に測定されたひずみ率特性を示します．無負荷の場合は図4(a)に示したように1 V_{RMS}の出力まで一定で1 kHzで0.03 %，10 kHzで0.08 %です．

また，24 Ω負荷の場合，図4(b)に示したように無負荷の場合とひずみ率はほぼ同じですが，最大出力電圧が0.7 V_{RMS}にまで低下していることがわかります．

*

iPodのオーディオ特性を測定しましたが，意外と基本特性は良好で，携帯音楽プレーヤとしては十分な特性を有しているといえます．ただし実負荷時には出

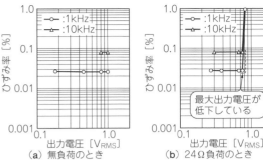

図4 無負荷と24 Ω負荷でひずみ率はほぼ同じだが24 Ω負荷のとき最大出力電圧が低下する

力が低下する点と，再生信号にかなりの高周波ノイズが含まれている点が気になるところです．

ヘッドホン

USB&Bluetooth

音質調整回路

パワー・アンプ

電源&プリアンプ

サウンド回路

マイク&スピーカ

大藤 武

に細分化したものが使用されます注B.

● デシベルは「習うより慣れろ」

ちょっと話がややこしくなってしまいましたが，実際に使ってみたほうが簡単なので例を挙げてみましょう．増幅率がA倍のとき，そのデシベル表現は，次の式で求まります．

$$G = 20\log_{10} A \cdots\cdots\cdots\cdots (A)$$

ただし，G：ゲイン[dB]，A：増幅率[倍]

増幅率AとゲインGの代表値を表Aに示します．表Aを使用して，例えば増幅率が20倍のアンプのゲイン(dB)は，

$$20 = 2 \times 10 \rightarrow 6\,dB + 20\,dB = 26\,dB$$

となります．さらに増幅率が3000倍の場合は，

$$3000 = 3 \times 10 \times 10 \times 10$$
$$\rightarrow 10\,dB + 20\,dB + 20\,dB + 20\,dB = 70\,dB$$

となります．

▶実際には関数電卓をたたくと早い

それでは端数が出る一般の場合はどうするのかと

いうと，そういう場合は電卓をたたけばよいのです．一般の電卓にはありませんが，写真Aに示すような関数電卓にはlogのボタンがついていますので，Xの対数は$20 \times \log(X)$と入力すればデシベルの値がすぐに求まります．関数電卓がない場合はパソコンの表計算ソフトウェアでも計算できます．デシベルは，慣れると非常に便利な考え方ですので，ぜひ覚えておきましょう．

写真A 関数電卓はlogのボタンがあるのでデシベルをすぐに計算できる
安いものは1,000円くらいで市販されている．1台あると便利

logのボタン

表A 代表的な増幅率AとゲインGの対応
ゲインは小数点以下を四捨五入している

増幅率A [倍]	ゲインG [dB]
2	6
3	10
10	20

製作したポータブル・ヘッドホン・アンプ回路のオーディオ性能を実測

製作したヘッドホン・アンプの測定方法と測定結果について説明します.

● 測定方法①…ひずみ率と*SN*比はオーディオ・アナライザを使う

製作したヘッドホン・アンプの測定にもオーディオ・アナライザVP-7723Aを使用します. iPodの測定は手動で行いましたが,アンプのひずみ率測定時にはパソコンでオーディオ・アナライザVP-7723Aを制御し,自動測定を行いました. 製作したヘッドホン・アンプの測定ブロックを図5(a)に示します. この接続で*SN*比,全高調波ひずみ率+ノイズ,ゲインの測定ができます.

▶ GPIB制御で自動測定を行う

現在ではUSBやLANが当たり前となりましたが,今回使用したオーディオ・アナライザVP-7723Aはそれ以前から使用されており,これらの測定器にはGPIB(General Purpose Interface Bus)と呼ばれる独

自の通信制御システムが標準になっていました.

GPIB制御を使用するとパソコン上のプログラムで,比較的簡単に出力電圧,測定周波数を変えながらひずみ率を自動測定できます. パソコンの表計算ソフトウェアで動作するプログラミング言語VBAで測定器の制御コマンドを書いておき,Excel上のグラフにリアルタイムでひずみ率特性を描くプログラムを作成して測定しています. また,GPIBを制御するインターフェースとして,GP232という市販キットを使用しています[1].

● 測定方法②…周波数特性と過渡応答特性の測定はオシロスコープを使う

オーディオ・アナライザVP-7723Aは測定周波数の上限が500 kHz程度であるため,今回のような比較的広帯域なアンプの周波数特性の測定には向いていません. 周波数特性の測定はMHz帯まで信号出力の可能なファンクション・ジェネレータとアナログのオシロスコープを使用して行いました. また,過渡応答特性についてはファンクション・ジェネレータから矩形波を入力し,ディジタル・オシロスコープで得られた

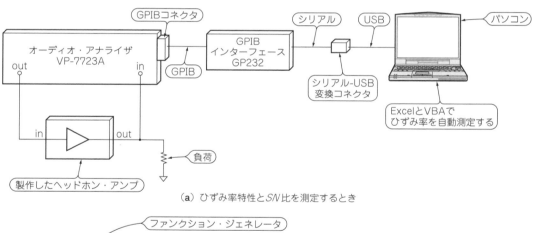

(a) ひずみ率特性と*SN*比を測定するとき

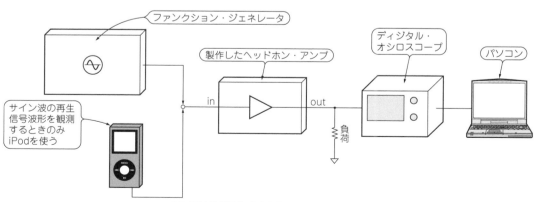

(b) 周波数特性と過渡応答特性を測定するとき

図5 ひずみ率特性と*SN*比はオーディオ・アナライザを使い,周波数特性と過渡応答特性はディジタル・オシロスコープを使って測定する

波形をパソコンに取り込みました［図5(b)］.

ヘッドホン・アンプ回路の オーディオ特性測定結果

測定時には中点電位形成用のOPアンプとしてTL072（テキサス・インスツルメンツ），信号増幅用のOPアンプとしてOPA2134（テキサス・インスツルメンツ）を接続した状態で測定しました.

● 出力波形

最初に正弦波信号の波形を観測します. 高周波フィルタをONにした状態で測定していますが, 図6に示すようにきれいな正弦波になっていることがわかります. 携帯音楽プレーヤの出力信号で得られた観測波形（図2）と比較すると, 高周波ノイズが完全に除去されていることがわかると思います.

● 周波数特性…15 Hz〜800 kHzまでフラット

製作したヘッドホン・アンプは入力部に高周波フィルタを設けており, ショートピンでON/OFFできます. 周波数特性を測定した結果を図7に示します. 高周波フィルタをOFFの状態で, 周波数帯域（−3 dB）が低域は15 Hz, 高域は800 kHzまであることがわかりました.

製作したヘッドホン・アンプに内蔵した高周波フィルタをONとした場合, 高域のカットオフ周波数はボ

リューム位置にも依存します. ボリューム位置が50%のときにカットオフ周波数が最低の20 kHzとなります. ボリューム位置が最大のときカットオフ周波数は200 kHzです.

● 過渡応答特性…適切な位相補償で良好な波形が得られた

図8は10 kHzの矩形波を入力したときの出力波形です. 携帯音楽プレーヤの過渡応答特性を測定したときはPCM音源が入力信号でしたが, 製作したヘッドホン・アンプの過渡応答特性を測定するときはファンクション・ジェネレータの矩形波のアナログ信号を使用している点に注意してください.

調整が不適切ですと若干のオーバーシュート（立ち上がり部のピーク）が観測されますが, 適切な位相補償によって良好な安定度に仕上がっています.

● SN比…iPodよりも2桁近く良い

入力を短絡して, 残留ノイズを測定すると4.3 μV_{RMS}（A補正）でした. この値はiPodの1/50のレベルで, オーディオ・アンプのノイズとしても非常に小さい部類に入ります. ゲインが3倍と比較的低めなことと, 電池電源であるために, 電源のノイズ・レベルが小さいためと考えられます. 1 V_{RMS}出力に対するSN比は107 dBとなります.

● ひずみ率特性…目標値の0.01 %をクリア

負荷を変えてひずみ率を測定した結果を示します.
▶無負荷のとき

最大出力電圧は1.8 V_{RMS}です. 最大出力までひずみ率は直線的に低下し, 0.002 %まで低下していることがわかります［図9(a)］. 小信号レベルでのひずみ率の上昇はノイズ成分によるもので, ひずみではありません. 周波数依存性もほとんど無く非常に良好なひずみ率特性といえます.
▶68 Ωの負荷を接続したとき

図9(b)は68 Ωの負荷を接続したときのひずみ率特性です. これはK701（AKG）など比較的大きなインピーダンスをもつヘッドホンを接続した場合に相当しま

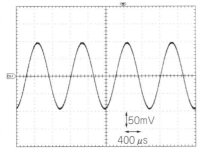

図6 iPodの音源（1 kHzのサイン波）を製作したヘッドホン・アンプに入力したときの出力信号波形
高周波フィルタをONにした状態で測定している. 高周波ノイズが除去され, きれいなサイン波が出力されている

↕50mV
←400 µs→

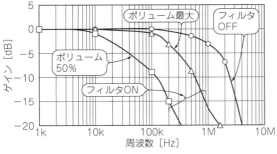

図7 製作したヘッドホン・アンプの周波数特性（24Ω負荷のとき）
高周波フィルタをONにしたときカットオフ周波数はボリューム位置によって変化する. ボリューム位置が50%のときカットオフ周波数が20 kHzと最も低くなる

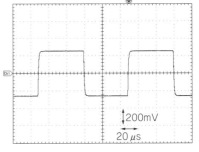

図8 製作したヘッドホン・アンプに10 kHzの矩形波を入力したときの出力波形
適切な位相補償によって良好な安定度に仕上がっている

↕200mV
←20 µs→

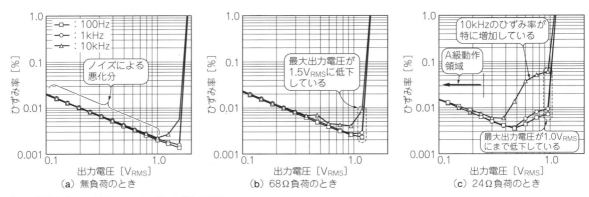

図9　製作したヘッドホン・アンプのひずみ率特性
出力電圧が0.4 V_RMS以上になるとひずみ率が悪化し始めているが，インピーダンスが24 Ω程度のイヤホンやヘッドホンでは110 dBという非常に大きな音量が得られるので問題ないと言える

す．最大出力電圧は1.5 V_RMSで，無負荷の場合と比較してやや低下していることがわかります．電池の内部抵抗などにより電源電圧が低下していることと，出力部に設けた保護用抵抗(2.2 Ω)の電圧降下による影響と考えられます．ただしひずみ率の低下はほとんど確認されず，非常に良好な特性を保っています．

▶24 Ωの負荷を接続したとき

図9(c)は24 Ωの負荷を接続したときのひずみ率特性です．最大出力電圧が1 V_RMSにまで低下していることがわかります．最大出力(＝ V^2/R)は約40 mWと計算されます．さらに0.4 V_RMS以上になると，これまでとは異なりひずみ率が悪化し始めています．ひずみ率の悪化は高域ほど顕著で，10 kHzでは1 kHzの約10倍になっています．

ひずみ率が悪化している領域はA級動作からAB級動作[注1]に遷移している領域で，ひずみ率の増加はSEPP出力段のスイッチングによる影響と考えられます．

インピーダンスが24 Ω程度のイヤホンやヘッドホンの能率は100 dB/mW以上あります(第2章の図3)．これらのヘッドホンでは0.4 V_RMSで110 dBという非常に大きな音量が得られますので，問題無いと言えるでしょう．アイドリング電流を現状の15 mAから増やせばさらに低ひずみ率領域は拡大しますが，電池の寿命も反比例して小さくなってしまいます．

応用編…特性を改善してみる

以上，製作したヘッドホン・アンプの基本特性を測定してきました．次に特性をさらに向上させてみたい

と思います．

● **レール・ツー・レール・タイプのOPアンプを使用して最大出力を大きくする**

図10に製作したヘッドホン・アンプの回路図を示します．006P型乾電池に中点回路を組み合わせて±4.5 Vの電源電圧を得たにもかかわらず，無信号時の最大出力電圧が1.8 V_RMS(±2.5 V_P-P)に留まっていました．その原因は，SEPP出力段のバイアス電圧に1.8 V必要なこと(最大出力は±0.9 V_P-P減る)に加え，OPアンプの最大出力が電源電圧よりも小さい範囲でしか駆動できないためと考えられます．

また，24 Ω負荷時には，出力部の保護用抵抗(2.2 Ω)，006P型乾電池の内部抵抗(数Ω)によって最大出力電圧がさらに減少し1 V_RMSとなっていると考えられます．

この中でOPアンプによる最大出力電圧の低下分はレール・ツー・レール・タイプのOPアンプを使用することによって改善できる可能性があります．OPアンプをレール・ツー・レール・タイプのNJM2737D(日清紡マイクロデバイス)に変更したときのひずみ率特性を図11に示します．24 Ω負荷のとき，最大出力電圧は1 V_RMSから1.5 V_RMSにまで改善されていることがわかります．ただし，ひずみ率は全体的に増加し，特に10 kHzのひずみ率が悪化しています．

レール・ツー・レール・タイプのOPアンプは一般的に低電圧電源においても最大出力電圧を確保できるメリットがある反面，ひずみ率特性は通常のOPアンプよりも劣りますので，ひずみ率と最大出力のどちらの性能を優先するかによって選択する必要があります．

● **外部電源の使用でA級動作領域を拡大してひずみ率も改善させる**

これまで006P型乾電池で得られる特性を調べてきま

注1：パワー・アンプなどの出力段は，その動作原理によって，A級動作，AB級動作などに分類される．A級動作とは常時NPN，PNPトランジスタがONとなって電流を流し続ける動作である．AB級は信号レベルが大きくなった際に片側のトランジスタが交互にOFFとなり，電流が流れなくなる動作モードである．

ヘッドホン

USB&Bluetooth

音質調整回路

パワー・アンプ

電源&プリアンプ

サウンド回路

マイク&スピーカ

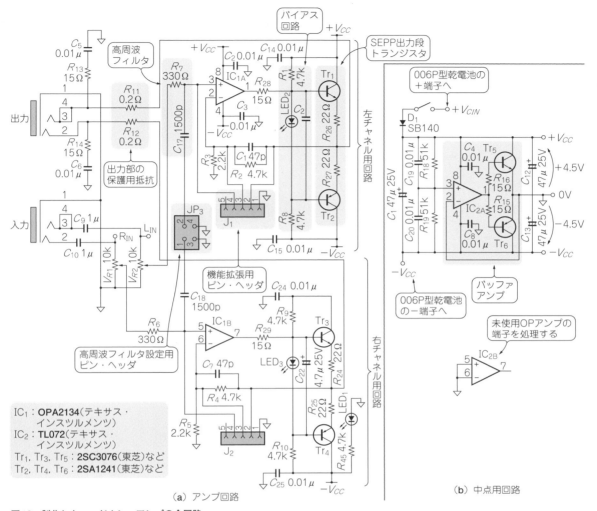

(a) アンプ回路　　　(b) 中点用回路

図10　製作したヘッドホン・アンプの全回路
006P型乾電池に中点回路を組み合わせて±4.5 Vの電源電圧を得る．出力段にSEPP（シングルエンド・プッシュプル）と呼ばれる回路を使用する

したが，より電圧の高い良質な外部電源を接続することにより最大出力電圧とひずみ率特性を改善できます．

　写真3はオーディオ機器用の12 V直流安定化電源DCA-12 V（オーディオデザイン）を接続したようすです．この電源はオーディオ機器用に開発されたリニア型の安定化電源で，ノイズ・レベルが2 μV$_{RMS}$（A補正）と非常に小さく，出力インピーダンスも10 mΩと小さく電圧変動がほとんどないことを特徴としています．スイッチング式のDCアダプタや実験用の直流電源などを外部電源として使用すると，ノイズが大きいためオーディオ特性が悪化する要因となるので注意してください．

▶さらにエミッタ抵抗の変更とアイドリング電流を増加させる

　外部電源を使用する場合，消費電流を抑える必要が

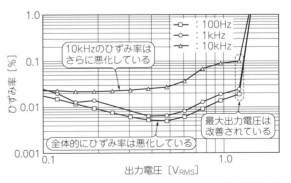

図11　OPアンプをレール・ツー・レール・タイプに変更したときのひずみ率特性（24 Ω負荷のとき）
最大出力電圧は1.5 V$_{RMS}$まで拡大したが，10 kHzのひずみ率がさらに悪化している

column ▶ 02　オーディオ特性の定義と測定方法

オーディオ機器の性能を表す代表的な電気特性は周波数特性，ひずみ率，SN比でしょう．車で言うと加速，ハンドリング，乗り心地みたいなものでしょうか．オーディオ特性の概念については本文で説明しましたが，ここではその特性の解釈のしかたと業界で慣用的に用いられている条件について説明します．

■ 周波数特性

正弦波の信号を周波数を変えて入力し，得られた出力信号の応答を周波数特性といいます．一般に基準の約0.7倍（−3 dB）になる周波数を周波数帯域と呼びます．人間が聴こえる帯域はおよそ20 Hzから20 kHz程度ですので，オーディオ機器は少なくともこの周波数帯域で平坦である必要があります．

現代の半導体アンプにおいては低域はほとんど問題なく再生されますし，高域も20 kHz程度でしたらほとんどの機器でカバーできています．逆に現在はスイッチング電源，無線電波などの高周波ノイズも多いので，むやみに周波数特性を伸ばすのも考えものです．ただし，高域までひずみ率を十分小さく抑制するには，可聴帯域のはるか上の帯域までのゲインを増幅系がもっていることが必要で，ひずみ率の抑制という観点からは回路の周波数特性は可聴帯域よりもはるかに広い必要があります．

このように周波数特性に関しては特性を伸ばすことと，最小限に留めることの両方の考え方があります．実際には設計者の趣向で決めるべきものといえるでしょう．

■ ひずみ率

アンプなどに信号を入力するとアンプの非直線性のために，入力とは少し異なった成分も発生してしまいます．この入力信号になかった成分（ひずみ）の比率をひずみ率と言います．また一般にひずみ成分は入力信号の周波数の整数倍の和で表すことができるため，全高調波ひずみ率THD（Total Harmonic Distortion）とも呼びます．

● ひずみ率の測定方法

一般にひずみ率計，あるいはひずみ率計の機能を内蔵したオーディオ・アナライザで測定します．ひずみ率計は入力信号の周波数（これを基本波と呼ぶ）成分だけを急峻なフィルタで除去し，残りのひずみ成分を基本波に対する比率で表示します．結果的にひずみだけでなく残留ノイズ成分も含んだ測定値となりますので，THD + N（Nはノイズの略）と呼ぶこともあります．

もう1つの測定方法はスペクトラム・アナライザによるもので，信号の周波数スペクトルから，高調波成分を求める方法です．この方法ですとノイズ成分は含まれないことになります．最近はこのスペクトラム・アナライザによるひずみ率測定も多くなってきました．

注意すべき点は，一般にスペクトラム・アナライザで得られたひずみ率は，オーディオ・アナライザで測定したひずみ率よりも1桁以上小さく出るので，測定方法が異なる場合，ひずみ率を直接比較してはいけません．

■ SN比

アンプの特性を示す性能の1つにSN比があります．ノイズと信号の比を表しています．SN比の定

ないため，外部電源の使用と同時に出力段のエミッタ抵抗を22 Ωから4.7 Ωに変更し，アイドリング電流を15 mAから64 mAへ増加させました．これによってA級動作領域が大幅に拡大します．

図12にこの条件で得られたひずみ率特性を示します．最大出力電圧が2.5 V_RMS（260 mW）にまで拡大していることがわかります．また，出力を上げていっても図9(c)に見られたような10 kHzのひずみ率が増加する現象は見られませんでした．これはアイドリング電流を増加させたことによってA級動作しているため，出力段のスイッチングの影響がないためと考えられます．

1 V_RMS以降のなだらかなひずみ率の増加はSEPP出力段が発生する根本的なひずみ率（当然OPアンプのNFBにより低下はしているが）と考えられます．全帯域で最大出力1 V_RMSまで0.005 %以下，最大出力2.5 V_RMSにおいても0.02 %で非常に良好な値と言えるでしょう．

このように，外部電源を使用した場合は低感度のヘッドホンの駆動も十分に行うことができます．製作したヘッドホン・アンプは，外部電源を使用することで据え置き型のヘッドホン・アンプとしても十分使用できます．

*

大藤　武

義そのものは簡単ですが，基準とする電圧レベルが機器によって異なっていたり，ノイズレベルを補正したりするので，結構ややこしい話になっています．

● SN比の定義

信号(S)とノイズ(N)の比を対数で表します．

$$SN = 20\log_{10}\frac{S}{N} \cdots\cdots\cdots\cdots\cdots\cdots\cdots\cdots (B)$$

ただし，S：信号 [V]，N：ノイズ [V]

対数は底が10になります．例えばSN比が80 dBで一万倍になります．ただ信号とノイズの設定値，測定法によって20〜40 dBくらい差が出てきますので，実際にはアンプの性能を表しているよりも，どれだけ良く見せたいかを表していることが多いのです．それでは実際に各種の測定法を見ていきましょう．

● ノイズの測定方法

SN比の測定結果を議論するために，まず残留ノイズを測定します．ノイズの測定自体は簡単です．入力をショートし，アンプの出力に電子電圧計（またはオーディオ・アナライザ）をつなぐだけです．

▶SN比の値はフィルタの有無または帯域幅の条件がなければ意味がない

一般にアンプのノイズのスペクトルは50 Hz，100 Hzのハム成分を除けば（半導体アンプではハムがないのが普通なので），ノイズ電圧として測定されるのはホワイト・ノイズ成分です．すなわちすべての周波数で一定の振幅のノイズが発生していると考えられます．

この場合，測定系の帯域が広ければ広いほどノイズ成分は大きく測定されます．この時ノイズの大き

さは測定系の帯域の1/2乗に比例しますので，測定系の帯域が100倍になれば，測定されるノイズの大きさは十倍になります．したがって，ノイズ・レベル，SN比を記載する際は測定帯域が記載されていなければ無意味です．

また，オーディオ機器のSN比の記載にAまたはIHF - Aなどと記載されていることがあります．これは聴感上の感度に基づいて決められた周波数補正カーブを使用していることを意味しています．A補正曲線では高域が減衰しているため，周波数帯域の制限も含んでいると考えて差し支えありません．

SN比を表現する場合，20 Hz〜20 kHz，またはA補正などという条件を記載するのが一般的で，これらの表記がない場合，SN比の値自体に意味がなくなってしまいます．

▶アンプの種類によって基準とする信号レベルが異なる

もう1つ重要な項目は，比較する信号レベルをどこにとるかということです．これはオーディオ機器の種類によって異なっています．

一般にプリアンプは最大出力電圧ではなく，1〜2 V_{RMS}の出力を基準信号としていることがほとんどです．これはその後のパワー・アンプの入力感度を想定しているからと思われます．

また，パワー・アンプでは最大出力電圧に対するノイズレベルで表されるのが普通です．例えば100 W（8 Ω）のパワー・アンプであれば28 V_{RMS}出力に対してのノイズ・レベルをSN比として表しています．ただ，場合によってはこれらと異なる基準を使用している例も見受けられますので，基準とする信号レベルをどこに取っているかに注意が必要です．

以上，ちょっとした工夫で諸特性を向上させることができました．これらの特性の改善のためには，まずその障害となっている原因を推測することが必要です．今回のようにひずみ率特性を周波数，出力電圧を変えて測定してみると，性能悪化の原因が絞られ特性改善に多いに役に立つことがわかります．

さらに製作したヘッドホン・アンプの特性を使用時間も含めて総合的に改善するには，出力段をSEPPから，レール・ツー・レール出力となるような設計をする必要があるでしょう[2]．また，使用時間を延ばすにはリチウム電池と昇圧回路を組み合わせるなどが有効と考えられます．

今回，初心者にも作りやすいヘッドホン・アンプを設計，製作しました．その特性は汎用的な携帯音楽プレーヤよりもオーディオの基本性能は優れており，当初の目的を十分満たしているといえます．また，携帯音楽プレーヤの出力に含まれる高周波ノイズを除去する機能などもあります．OPアンプの選択，外部電源の使用によってさらに特性が改善できることを確認しました．

製作したヘッドホン・アンプは設計変更も可能ですので，これをベースに自分の好みに合った1台に仕上げることもできると思います．今回の記事がそのような回路作りの醍醐味や楽しみを味わえる一助になれば

ヘッドホン

USB&Bluetooth

音質調整回路

パワー・アンプ

電源&プリアンプ

サウンド回路

マイク&スピーカ

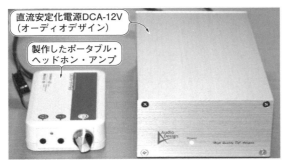

写真3　製作したヘッドホン・アンプを直流安定化電源につなげて大出力化と低ひずみ率化を狙う
直流安定化電源DCA-12Vの問い合わせ先：オーディオデザイン
http://www.audiodesign.co.jp

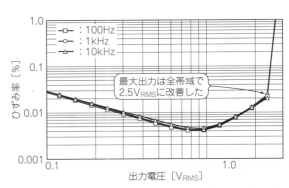

図12　直流安定化電源につなげたときのひずみ率特性（24Ω負荷のとき）
外部電源の使用と同時にOPアンプをNJM2737DからOPA2134に戻し，出力段のエミッタ抵抗を22Ωから4.7Ωに変更，アイドリング電流を15mAから64mAへ増加させて測定した

幸いです．

◆参考文献◆

(1)　木下　隆；簡単シリアル⇔GP-IB変換アダプタの製作，トランジスタ技術，2005年2月号，pp.242-247，CQ出版社.

(2)　黒田　徹；最新レール・ツー・レールOPアンプの回路検証，トランジスタ技術，2002年8月号，CQ出版社.

ヘッドホン

USB&Bluetooth

音質調整回路

パワー・アンプ

電源&プリアンプ

サウンド回路

マイク&スピーカ

ヘッドホン

第6章 アナログ回路のエッセンスが凝縮

いろいろな ヘッドホン・アンプ回路集

1 低ひずみで広帯域な 電流帰還型ヘッドホン・アンプ

佐藤 尚一

● ゲイン4倍の非反転アンプ型で作ってみた

図1にTPA6120A2（テキサス・インスツルメンツ）を使ったヘッドホン・アンプの回路を示します．シングル・エンド入力でゲイン4倍の非反転アンプとして，信号経路を単純化しています．DCカット・コンデンサC_6を入れてあり，R_3両端の電圧はLチャネル18.5 mV，Rチャネル21.5 mVでおよそ3 μAの入力電流が流れています．オフセット電圧については，計算では約80 mV，実測で約100 mVのオフセット電圧が発生します．オフセット調整としてVR_2による回路を設けています．図1の回路ではゲイン設定も小さく，入力雑音電流にはあまり影響がありません．

● 汎用OPアンプを使うより1桁良いひずみ率

図2にdScope Series IIIで測定した$THD + N$対出力電力のグラフを示します．測定時の負荷インピーダンスは66 Ω（330 Ωの抵抗器を5個並列）です．汎用OPアンプOPA2134（テキサス・インスツルメンツ）を使ったヘッドホン・アンプ（第1章の図7）よりも，1 kHz，10 mW付近で$THD + N$は1桁良い値を示しました．最大出力も1桁上がっています．

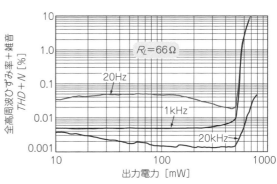

図1 広帯域のTPA6120A2を使ったヘッドホン・アンプ

（a）非反転アンプ回路

（b）±15V電源

図2 ひずみ率（$THD + N$）は汎用OPアンプを使うより1桁高い特性を示した（1kHz，10mW付近）

② 5V単電源OPアンプで作るヘッドホン・アンプ

黒田　徹

AD8532（アナログ・デバイセズ）は，レール・ツー・レール入出力の単電源CMOS OPアンプです．1回路当たりの消費電流が0.75 mAと少なく，± 250 mAという大きな出力電流を取り出せます．*GB*積やスルー・レートもCMOS OPアンプの中では大きいほうでしょう．**表1**に主な電気的特性を示します．

● **高出力電流特性を生かしたヘッドホン・アンプ**

高出力電流特性を生かして，**図3**に示すような単電源動作のヘッドホン・アンプ回路に応用できます．

AD8532は全帰還で安定なためボルテージ・フォロワで使えます．R_1とC_1は電源雑音の回り込みを防ぐローパス・フィルタです．R_5は出力短絡時の出力電流を制限する抵抗です．

図4にこの回路の実測ひずみ率特性を示します．R_4を省くと無信号時の消費電流を0.8 mA/回路に抑えることができますが，クロスオーバひずみが生じます．$R_4 = 470\,\Omega$を挿入すると無信号時の消費電流が6 mA/回路に増えますが，出力電流が± 5 mAまではA級で

働くためクロスオーバひずみが消えます．負荷抵抗が50 Ωのときは，出力電圧が0.6 V$_{RMS}$まで1 kHzのひずみ率が0.03 %以下です．

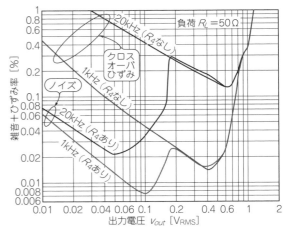

図4　ヘッドホン・アンプ回路（図3）**のひずみ率特性**（実測）

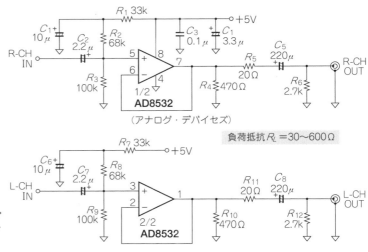

図3　単電源レール・ツー・レールOPアンプ AD8532を応用したステレオ・ヘッドホン・アンプ回路

表1　高出力電流OPアンプ AD8532の主な電気的特性

回路数	最大入力オフセット電圧 [mV]	最大入力バイアス電流 [pA]	電源電圧 [V]	1回路あたりの消費電流 [mA]	*GB*積 [MHz$_{typ}$]	スルー・レート [V/μs]	最大出力電流 [mA]
2	25	50	2.7〜6	0.75$_{typ}$	3$_{typ}$	5$_{typ}$	± 250

注▶電気的特性は，電源電圧：5 V，周囲温度：25 ℃における値

③ ９Ｖ電池１個で動くポータブル・ヘッドホン・アンプ

川田 章弘

図5は，OPA2134(テキサス・インスツルメンツ)を用いた006P積層乾電池を電源にしたヘッドホン・アンプです．電池の場合，中点電圧を仮想グラウンドにすることで±電源が得られます．

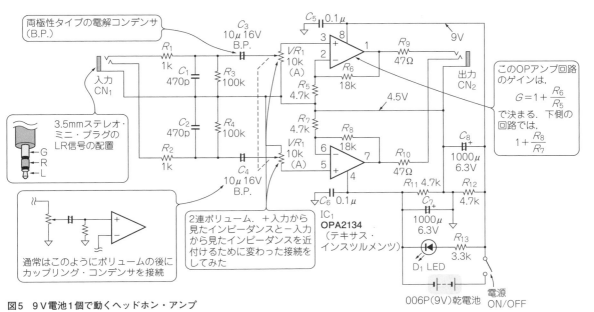

図5　９Ｖ電池１個で動くヘッドホン・アンプ

④ 乾電池１本で動く１チップICヘッドホン・アンプ

斎藤 直孝

● 0.9Ｖまで動くヘッドホン・アンプIC

写真1，図6に示すヘッドホン・アンプIC BU7150(ローム)は，電池の終止電圧(0.9 V)まで動きます．

ヘッドホン・アンプの回路電流は電源電圧によらず１mA程度必要なため，電源電圧を下げた分だけ低消費電力が実現できます．

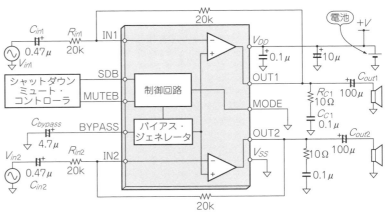

写真1　0.9Ｖで動作！ ヘッドホン・アンプIC BU7150(ローム)

図6　電池１本で動かしたいときにうれしいヘッドホン・アンプIC BU7150の内部ブロック

⑤ OPアンプ1つとトランジスタ2つで作るヘッドホン・アンプ
佐藤 尚一

図7はコンプリメンタリのバイポーラ・トランジスタのSEPP回路をバッファとした回路です．OPアンプ＋バッファ・アンプの基本形で，トランジスタの数が少なく，アイドリング電流の調整が容易です．

2個のダイオードがトランジスタのV_{BE}にほぼ等しい順方向電圧V_Fを発生し，$R_5 : R_{10} (= R_7 : R_{11})$の比と$R_5$，$R_7$を流れる電流とで，$R_{10}$，$R_{11}$を流れるアイドリング電流が決まります．

ダイオードのV_Fは同じシリコンのPN接合であるV_{BE}とほぼ同じ温度特性なので，ダイオードとトランジスタを熱的に結合することで発熱によるV_{BE}の変化を相殺し，アイドリング電流を安定化します．

ヘッドホン・ジャックの挿抜時に出力を短絡する恐れがあるので，出力電流の制限回路を追加して使います．トランジスタの直流電流増幅率h_{FE}（最大240）に対してI_Bが1mA程度と小さいのでそこで制限されます．

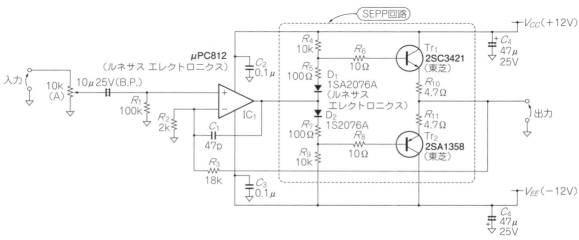

図7　トランジスタの数が少なく，アイドリング電流の調整が容易な回路

⑥ ダイヤモンド・バッファ構成のヘッドホン・アンプ
佐藤 尚一

図8の出力回路は4つのトランジスタの配置がダイヤモンド型に見えることから，通称ダイヤモンド・バッファと呼ばれます．

全段のトランジスタがV_{BE}の補償と出力段の駆動を兼ねています．2段構成のため，小さい電流で駆動できます．図7の回路の温度補償用ダイオードをトランジスタに変更した変形型です．

動作は前段のトランジスタと後段のトランジスタの電流増幅率が積算され，SEPP回路をバッファとした回路より小さい入力電流で駆動可能です．2段のエミッタ・フォロアを縦続したダーリントン回路と類似です．高速動作にも有利で，ビデオ帯域のバッファICに多く採用されています．

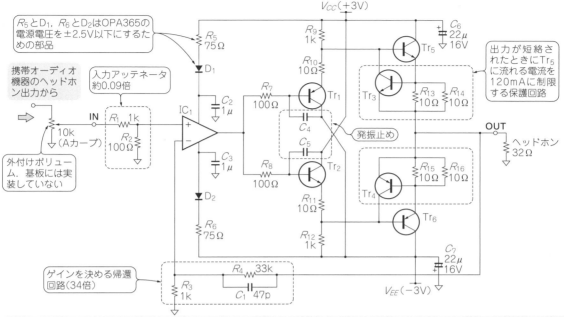

IC$_1$：OPA365（テキサス・インスツルメンツ） D$_1$, D$_2$：1S2076A（ルネサス エレクトロニクス） Tr$_2$, Tr$_3$：2SC1815Y（UTC）
Tr$_1$, Tr$_4$：2SA1015Y（UTC） Tr$_5$：2SC3421（東芝），Tr$_6$：2SA1358（東芝） C$_4$, C$_5$：4700pF（フィルム）

図8　SEPP回路をバッファとした回路（図7）より小さい入力電流で駆動できる

⑦ ダイヤモンド・バッファICで作るヘッドホン・アンプ

佐藤 尚一

　図9はダイヤモンド・バッファIC BUF634（テキサス・インスツルメンツ）を採用しています．ICなので部品点数を少なくできますが，内部の設計自由度はありません．この手のICはOPアンプと組み合わせて帰還を掛けて使うことを前提としています．そのためオフセット電圧が大きくなります．

　このICはもともとはビデオ・ドライバやモータ・ドライバなど工業用で，汎用のOPアンプICの10倍以上の帯域幅があります．電流制限回路や過熱保護回路を内蔵しています．

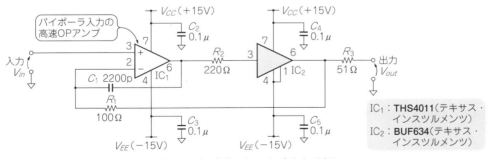

IC$_1$：THS4011（テキサス・インスツルメンツ）
IC$_2$：BUF634（テキサス・インスツルメンツ）

図9　ダイヤモンド・バッファICを使うと回路は簡単になるが，自由度が減る

8 乾電池2本で2.5V$_{P-P}$が得られる ヘッドホン・アンプ

小川 敦

図10は，レール・ツー・レール動作をするエミッタ・フォロワを使ったヘッドホン・アンプです．

プッシュプル・エミッタ・フォロワは大電流を出力できますが，ベース-エミッタ間電圧が0.7 V程度ある

ので，出力を電源までフルスイングできません．出力をコンデンサを介して適切な場所に帰還することで，電源電圧より高い電圧を作り出しています．ブートストラップと呼ばれる技術です．

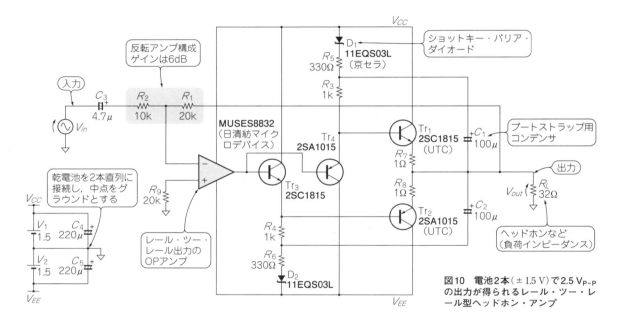

図10 電池2本（±1.5 V）で2.5 V$_{P-P}$の出力が得られるレール・ツー・レール型ヘッドホン・アンプ

---

column▶01 ハイエンド・オーディオ用OPアンプ「MUSES8832E」

小川 敦

写真Aに示すMUSES8832E（日清紡マイクロデバイス）は，ハイエンド・オーディオ用OPアンプです．

バイポーラ入力で，最低動作電圧が，2.7 Vのため，乾電池2本で使えます．基本スペックを次に示します．

- 雑音：2.1 nV/$\sqrt{\mathrm{Hz}}$（標準値）@1 kHz
- ひずみ率：0.0009 %（標準値）
  ※$V^+ = 5$ V，$V_O = 1.3$ V$_{\mathrm{RMS}}$時
- ゲイン帯域幅積：10 MHz（標準値）

フラット・パッケージですが，変換基板を使うことでブレッドボードに実装できます．

用途は，ハイエンド・オーディオ機器，ポータブル・オーディオ機器，カー・オーディオ機器などがあります．

写真A ハイエンド・オーディオ用OPアンプ「MUSES8832E」
SOP8-DIP変換基板に実装したところ

⑨ スピーカもOKの単電源OPアンプ回路ヘッドホン・アンプ

馬場 清太郎

使用したOPアンプはオーディオ用のNJM4580（日清紡マイクロデバイス）です．エミッタ接地コンプリメンタリ・バッファを組み合わせて，**図11**に示すように非反転増幅器としました．ゲインは5.7倍としましたが，もし不足なら，R_4（R_{24}）を変更します．入力には音量調整用のボリュームをつけます．スピーカ用のジャックも左右で2個つけます．動作点を決定する6 V（＝$V_{CC}/2$）の内部電源は，Tr_7とTr_8のコンプリメ

ンタリ・エミッタ・フォロワで作りました．この回路によって，電解コンデンサの個数と容量を減らせます．

$P_O = 1.9\ \mathrm{W}$（8 Ω負荷時），$P_O = 0.51\ \mathrm{W}$（32 Ω負荷時），$P_O = 0.32\ \mathrm{W}$（50 Ω負荷時），$P_O = 0.16\ \mathrm{W}$（100 Ω負荷時）

と，100 mW以上は十分得られそうです．

図12に周波数特性を示します．8 Ω負荷時 －3 dB帯域が12 Hz～77 kHzと十分すぎる特性です．

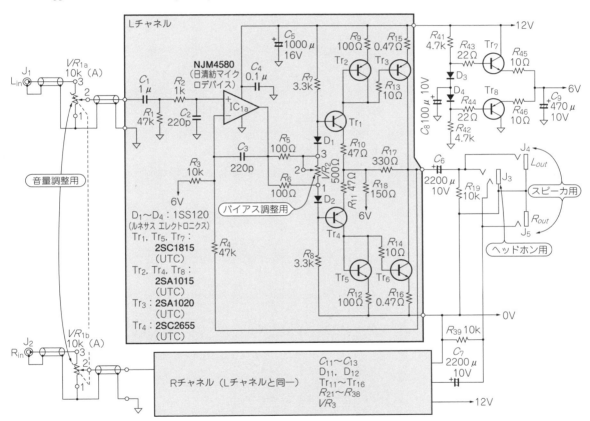

図11　レール・ツー・レール出力OPアンプ回路とSEPP出力回路で作るヘッドホン・アンプ

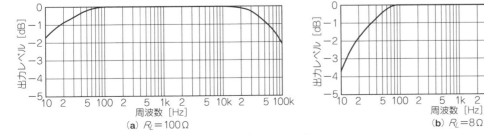

図12　製作したヘッドホン・アンプの出力周波数特性（$v_{out} = 1\ \mathrm{V_{RMS}}$）

⑩ ひずみ0.02%で10Hz～100kHzフラットな16石ヘッドホン・アンプ

小川 敦

　どんなスマートフォンでも重低音がバッチリ出るヘッドホン・アンプをディスクリート・トランジスタで作ります。図13に示すのは、最大2台のヘッドホン(8Ω)をつないでも、重低音をバッチリ再生できるアンプです。

　ヘッドホン・アンプの仕様は次のとおりです。

- 電源：乾電池2本(3V)
- 最大出力：2.4V_{P-p}以上
- 負荷抵抗：32Ω

- 周波数特性：10Hz～20kHz以上
- ゲイン：10dB
- 無信号消費電流：10mA以下
- 最低動作電圧：1.8V(電池1本あたり0.9V)

　出力レベルの大きなものにつないで使うことが多いと思うので、ゲインは低めに設定しました。基本設計は、ヘッドホン1台をつなぐことを考えて負荷抵抗32Ωで行いますが、最終的には16Ωのヘッドホンを2台並列接続できるよう、8Ωの負荷抵抗にも対応します。

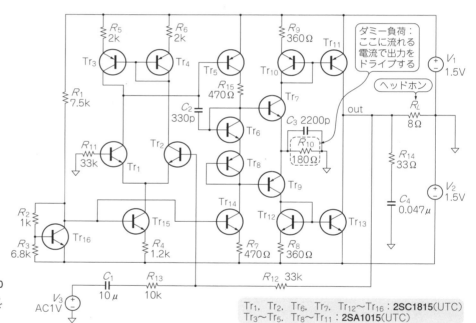

図13　ひずみ0.02%、10Hz～100kHzフラット、重低音が出る16石ヘッドホン・アンプ

Tr₁, Tr₂, Tr₆, Tr₇, Tr₁₂～Tr₁₆：2SC1815(UTC)
Tr₃～Tr₅, Tr₈～Tr₁₁：2SA1015(UTC)

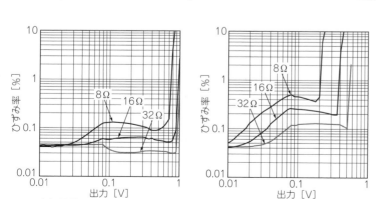

（a）電源電圧±1.5Vのとき　　（b）電源電圧±0.9Vのとき

図14　負荷は大きくても小さくてもひずみはそこそこ良い値が得られた

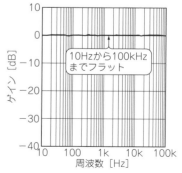

図15　10Hzから100kHzまでフラット！

図14(a)は電源電圧が±1.5Vのときの出力レベル対ひずみ特性です．32Ω負荷のときのひずみは，約0.033％とかなり良い値です．また，8Ω負荷のときのひずみは，32Ω負荷のときより悪化していますが，約0.1％と比較的良好です．

図14(b)は電源電圧が±0.9Vのときです．8Ω負荷のとき，出力が0.2Vのあたりからひずみが急激に悪化していますが，この電圧でもアンプとしてきちんと動作していることがわかります．

図15は周波数特性の測定結果です．10Hzから100kHzまでフラットな特性であり，重低音を再生したいという目標を達成していることがわかります．

⑪ 無帰還でひずみ0.003％以下！ フルディスクリート・ヘッドホン・アンプ

加藤 大

● 完全対称な回路構成

図16に，本アンプの1チャネル分の回路図を示します．Tr_{13}とTr_{14}は共用できますが，ステレオで計26個のトランジスタを使います．

スーパ・エミッタ・フォロワをコンプリメンタリ構成にして，プッシュプル動作させています．回路は電源も含めて正負完全対称となっています．エミッタ・フォロワの電流源は，コンプリメンタリ構成の他方が担いますが，その動作電流の安定化がポイントになります．動作電流は低ひずみにこだわりA級動作としました．

各部には，定電流ダイオードCRD_1を基準にしたカレント・ミラー（Tr_{13}, Tr_9, Tr_5とTr_{14}, Tr_{10}, Tr_6）で定電流を供給します．カレント・ミラーにはエミッタ抵抗（$R_5 \sim R_{10}$）を入れて，電流ばらつきや出力抵抗を向上させました．

● スーパ・エミッタ・フォロワ出力段

Tr_1, Tr_3, Tr_5, Tr_7がスーパ・エミッタ・フォロワを構成しています．Tr_1のベース電流の影響を抑えるためにTr_3でダーリントン構成にしています．これらと出力端子V_{out}間には，動作電流を安定化させるバラスト抵抗R_1（1Ω）を挿入してあります．

スーパ・エミッタ・フォロワは，容量負荷の場合にかなりの高周波（数十MHz）で発振することがあります．C_1と$C_{13} + R_{14}$で位相補償します．

● 入力段の工夫で動作を安定に

Tr_9, Tr_{11}, R_{11}が入力段を構成します．この構成で出力段の動作電流の安定化を図っているのがポイントです．

Tr_7とTr_{11}は，カレント・ミラーにより同じ電流が流されるので，それぞれのV_{BE}が等しくなります．

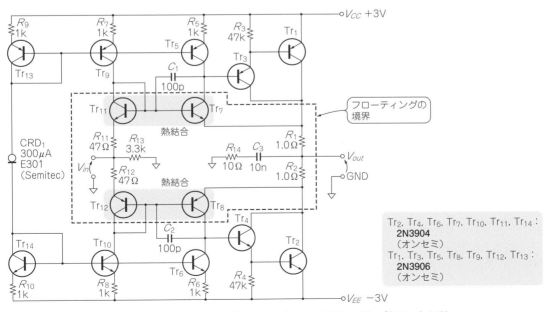

図16 無帰還でひずみ0.003％以下を達成したフルディスクリート・ヘッドホン・アンプ（1チャネル分）

終段のエミッタ抵抗R_1を流れる出力段の動作電流は，これらのパラメータだけで決まり，温度変化に安定になります．

典型的なインピーダンス32ΩのヘッドホンではA級動作範囲が約1.8V$_{P-P}$で，十分な音量です．

● **電源電圧変動にも強い**

バッファの主回路は，**図16**の破線を境目にしたフローティング構成で，電源電圧の変動の影響を受けにくくなっています．電源デカップリングに大容量コンデンサは不要で，電池を使っても安定に動作します．

● **高い入力インピーダンス**

本回路の入力インピーダンスは，R_{13}がない場合数MΩにもなります．意外なようですが，$Tr_{11} + R_{11}$はフローティングなので，入力V_{in}からはほぼTr_7の入力インピーダンスが見えるというわけです．

しかし，カレント・ミラーTr_9とTr_{10}の電流がピッタリ同じにならないため，直流動作点を決めるための抵抗R_{13}が必要です．入力インピーダンスは下がっ

てしまいますが，差電流がこの抵抗に流れオフセット電圧の原因になるので，できるだけ小さい抵抗とするのがよく，600Ω出力につなぐ場合を考慮して3.3kΩとしました．

● **シミュレーション結果**

LTspiceによるシミュレーション結果を**表2**にまとめます．出力インピーダンスは目標通りで，ひずみは過大入力にならなければかなりの低ひずみ化が期待できます．周波数帯域幅は少々過剰で，10MHzを超えました．

表2　シミュレーション（LTspice）の結果

出力インピーダンス	0.50 Ω
入力インピーダンス	3.3 kΩ
周波数帯域幅	DC～11.5 MHz（@ -3 dB）
ゲイン	-0.14 dB @ $Z_L = 32$ Ω
A級動作範囲	2 V$_{P-P}$ @ $Z_L = 32$ Ω
全高調波ひずみ	0.0002 %　@1 V$_{P-P}$，1 kHz 0.003 %　@2 V$_{P-P}$，1 kHz

column▶02　ヘッドホンによって音圧は30dBも違う

佐藤　尚一

図Aは売れ筋ヘッドホン40品種の中からオーバーヘッド型の公称インピーダンスと能率の関係をプロットしたものです．

これを**図B**のように同じ電圧で駆動した場合の出力音圧レベルにプロットし直すと，26 dBほど出力電圧レベルに差があります．最大出力電圧とゲインを固定した1台のヘッドホン・アンプでこれらをカバーするのは困難です．

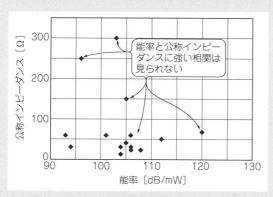

図A　オーバーヘッド型ヘッドホンの公称インピーダンスと能率に強い相関は見られない

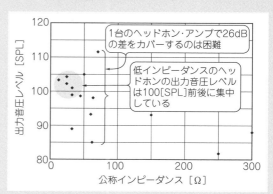

図B　同じ電圧で駆動した場合の出力音圧レベルで見ると30 dB近い差がある

第2部

USB&Bluetooth
オーディオ回路

USB オーディオ入出力アダプタ回路

漆谷　正義　Masayoshi Urushidani

この章では，USB対応オーディオ入出力アダプタについて説明します．**写真1**に，筆者が製作したUSB対応オーディオ入出力アダプタとモデルにした評価モジュールDEM-PCM2900（テキサス・インスツルメンツ）の外観を示します．

USBオーディオ入出力アダプタ

● 作れると広がる世界

Windows PCに装備されているオーディオ機能（サウンド・デバイス）は，ハイ・ディフィニション・オーディオという多チャネル/ハイ・ビットの高性能なものになっています．したがって，ここであえてオーディオ入出力アダプタを製作する必要はないような気がします．

しかし，Windows PCに装備されているオーディオ入出力回路は千差万別であり，家電分野のオーディオ機器との相性も決して良いとは言えません．

写真2のように，USBケーブルでオーディオ機器とつなぎたい，USBポートから音声を収集したい，オーディオ機器と光端子で接続してSN比改善やGNDのアイソレーションをしたい，USBのHID機能を使いたい，ダイナミック・レンジいっぱいで使いたい，アナログ部分の特性を変えたい，A-D/D-Aコンバータのビット数を変えたいなどの要望に，このアイテムは応えてくれることでしょう．

● USB付きオーディオ入出力コーデック PCM2906

製作したUSB対応オーディオ入出力アダプタには，USBインターフェースを備えたステレオ・オーディオ・コーデックIC PCM2906（テキサス・インスツルメンツ）を使用しました．PCM2906は，USBのバス・

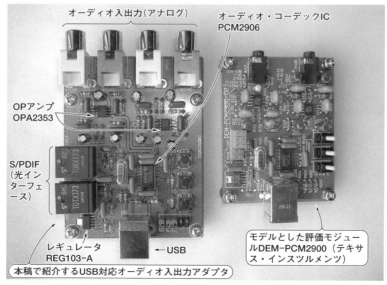

写真1　本稿で紹介するUSB対応オーディオ入出力アダプタ（左）とモデルになった評価モジュールDEM-PCM2900（テキサス・インスツルメンツ，右）

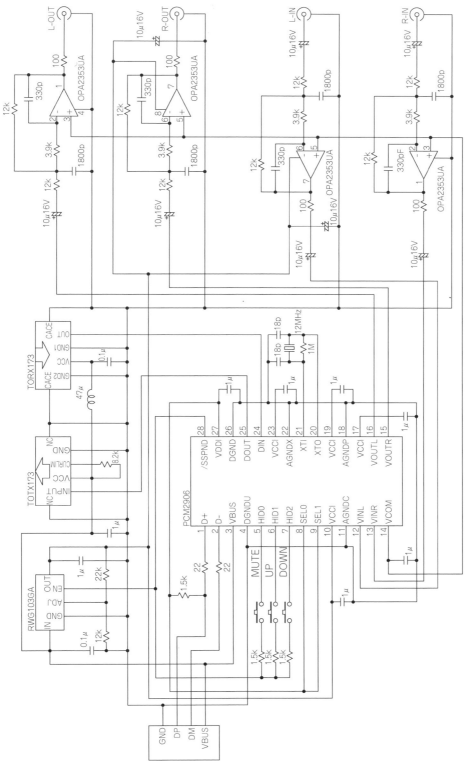

ヘッドホン

USB&Bluetooth

音質調整回路

パワー・アンプ

電源&プリアンプ

サウンド回路

マイク&スピーカ

図2 USB対応オーディオ入出力インターフェースの回路

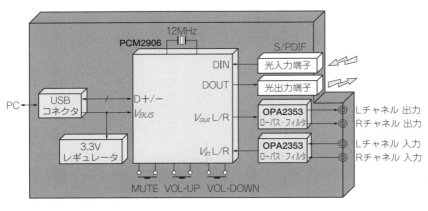

図1 USB対応オーディオ入出力ア
ダプタの回路ブロック
LPFはA-D/D-Aコンバータのエイリ
アス防止用

パワーで動作するので，特別に電源を必要としません．
さらに，光インターフェースであるS/PDIFにも接続
できます．

電源はUSBバス・パワーの5Vを使用し，コーデッ
クとアナログ回路の3.3Vはボード上の電圧レギュレー
タREG103-A（テキサス・インスツルメンツ）で作
っています．

Windows PCに装備されているミニ・ジャックに対
して，このボードではRCAピンでステレオ・オーデ
ィオ信号を入出力できます．光送受信モジュールは，
必要がなければ取り付けなくても動作に支障はありま
せん．

写真2 光ケーブルでオーディオ機器と接続する

● 外付けICはOPアンプと電源用レギュレータだけ

図1にUSB対応オーディオ入出力アダプタの回路
構成を，図2に回路を示します．PCM2906とA-D/D
-Aコンバータのエイリアス防止用のローパス・フィ
ルタを備えた入出力アンプ，光送受信モジュール，定
電圧電源IC，USBコネクタからなります．

USBポートは，BコネクタでWindows PCのUSB
コネクタに接続できます．アナログ・オーディオ端子
は，ステレオの入出力が可能で，レベルは1.98 V_{P-P}
フルスケールです．光インターフェースのS/PDIF端
子は光送受信モジュールを搭載するだけで動作可能で
す．

3つのスイッチはHIDのキーで，ミュート，ボリュ
ーム・アップ，ボリューム・ダウン動作をします．"L"
（スイッチ・オープン）時はソフトウェア制御となりま
す．スイッチを押すと"H"となり，該当する動作が
実行されます．ミュート動作は，トグル（ON/OFFの
繰り返し）となります．

● USBインターフェースの動作

音声データはアイソクロナス転送という信号の遅延
の少ないモードで伝送します．音声データを一定周期
でまとめて送信/受信するためにバッファ（FIFO）が

設けられています．

光信号（S/PDIF）入力が入ると，クロックを抽出し
ますが，これが成功（ロック）するとセレクタにより，
アナログ回路から光インターフェースに信号経路が切
り替えられます．

Windows PCからの制御データとオーディオ・デー
タは，USBコネクタのD＋，D－端子からPCM2906
の同じ名前のピン（1，2ピン）に入ります．図3のよう
に，USBには仮想的な線路が複数あり，ホスト
（Windows PC）は，この線路の末端にあるエンド・ポ
イントと1：1で通信します．

PCM2906では，エンド・ポイント0を制御用，2と
4をオーディオ入出力，5をHID（PCM2906ではボリ
ューム，ミュート制御に使用）に割り当てています．
これにつながるオーディオ信号制御インターフェース
は，WindowsのUSBオーディオ・クラス・デバイス
の仕様に準拠しています．

したがって，USBコーデックをWindows PCに接
続するだけで，プラグ＆プレイにより自動的にオーデ
ィオおよびHIDのデバイス・ドライバが組み込まれ，
サウンド・レコーダなどのソフトウェアが使えるよう
になります．

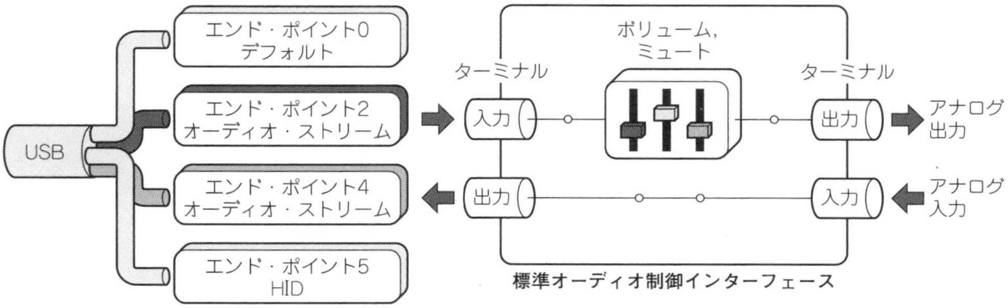

図3 USBオーディオ・インターフェースの概念図
USBには仮想的な線路が複数存在する．ホストPCとはこの線路の末端にあるエンド・ポイントと1：1で通信する

コーデックIC PCM2906の特徴

● **USBコーデック機能をワンチップ化したPCM2900シリーズ**

PCM2906は，USBインターフェース(USB 1.1, フルスピード)を備えたステレオ・オーディオ・コーデック用のICです．コーデック(Codec)とは，Coder/Decoder(符号器/復号器)の略で，アナログ音声信号をA-D変換して符号化する，または逆にディジタル音声信号を復号し，D-A変換してアナログ音声信号にする装置を指します．

PCM2900シリーズには，PCM2900/2901/2902/2903/2904/2906の品種があります．いずれも48 kHz，16ビットのステレオ・コーデックであり，S/PDIFの有無と，バス・パワー/セルフ・パワーの区別以外はほとんど同じ仕様です．今回採用したPCM2906は，バス・パワー方式，S/PDIF付き，鉛フリーの最新の品種です．

供給電圧(V_{BUS})は最大6.5 V，各GND端子の電位差は±0.1 V以下となっています．SEL0, SEL1とDIN端子は，最大6.5 Vまで許容されていますが，その他の入力端子は最大電圧が4 Vであり注意が必要です．PCM2906のピン配置を図4に，端子機能を表1に，内部回路を図5に示します．

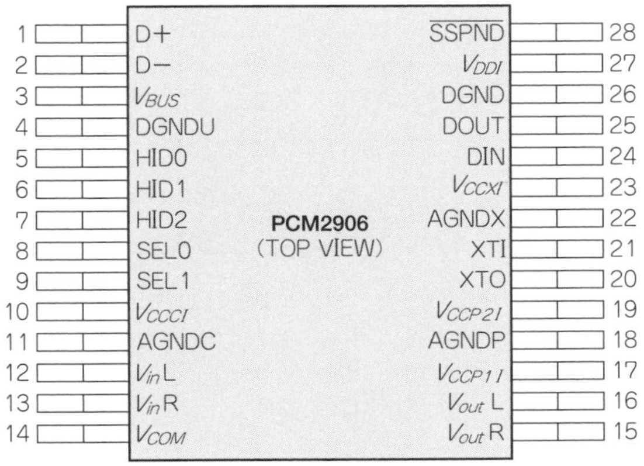

用途としては，USBオーディオ・スピーカ，USBヘッド・セット，USBモニタ，USBオーディオ・インターフェース・ボックスなどが考えられます．

● **パケットに同期した96 MHzのPLLでA-D/D-A変換**

PCM2906のA-DコンバータとD-Aコンバータは16ビットのデルタ・シグマ型を使用しています．サンプリング・レートは，D-Aコンバータが32/44.1/48 kHz，A-Dコンバータが8/11.025/16/22.05/32/44.1/48 kHzです．内部クロックは96 MHzで，外付けの発振子(12 MHz)の周波数を内部のPLLで8逓倍して作っています．

A-Dコンバータの性能は，ひずみ率($THD + N$)が0.01 %，SNRとダイナミック・レンジが89 dBです．デシメーション・ディジタル・フィルタの特性は，通過帯域リプル±0.05 dB，ストップ・バンド減衰率が−65 dBとなっています．また，アンチエリアシング・フィルタを内蔵しています．

D-Aコンバータの性能は，ひずみ率($THD + N$)が0.005 %，SNRが96 dB，ダイナミック・レンジが93 dBです．オーバーサンプリング・ディジタル・フィルタの特性は，通過帯域リプルが±0.1 dB，ストップ・バンド減衰率が−43 dBとなっています．

● **ボード上で音量とミュートの制御が可能**

USB機能としては，デスクリプタの部分的なプログラムが可能です(マスク変更により，ベンダID，製品IDなどを指定することができる)．また，再生時はUSBアダプティブ・モードで，記録時はUSBアシンクロナス・モードで動作します．HID機能として，ボリューム・コントロールとミュート・コントロールを備え，サスペンド信号の出力が可能です．

● **マイコンは外付け不要**

PCM2906は，USBのプロトコル制御に外付けマイコンもソフトウェアも必要ありません．オーディオ・

図4(1) USBコーデックIC PCM2906のピン配置

表1[(1)]　USBコーデックIC PCM2906の端子機能

ピン番号	信号名称	I/O区分	機　能
1	D +	I/O	USB 差動入力 / 出力 +（LV - TTL レベル）
2	D −	I/O	USB 差動入力 / 出力 −（LV - TTL レベル）
3	V_{BUS}	−	USB 電源（V_{BUS}）に接続する
4	DGNDU	−	USB 送受信回路のディジタル・グラウンド
5	HID0	I	HID キー入力（ミュート），正論理，内部プルダウン，CMOS レベル
6	HID1	I	HID キー入力（音量アップ），正論理，内部プルダウン，CMOS レベル
7	HID2	I	HID キー入力（音量ダウン），正論理，内部プルダウン，CMOS レベル
8	SEL0	I	"H" に設定する．TTL シュミット，5 V トレラント
9	SEL1	I	"H" に設定する．TTL シュミット，5 V トレラント
10	V_{CCI}	−	CODEC 用内部アナログ電源（デカップリング・コンデンサを GND 間に入れる）
11	AGNDC	−	CODEC 用アナログ・グラウンド
12	V_{INL}	I	ADC アナログ入力（L チャネル）
13	V_{INR}	I	ADC アナログ入力（R チャネル）
14	V_{COM}	−	ADC/DAC のコモン側端子（VCCI/2）（デカップリング・コンデンサを GND 間に入れる）
15	V_{OUTR}	O	DAC アナログ出力（R チャネル）
16	V_{OUTL}	O	DAC アナログ出力（L チャネル）
17	V_{CCP1I}	−	PLL 回路内部アナログ電源（デカップリング・コンデンサを GND 間に入れる）
18	AGNDP	−	PLL 回路グラウンド
19	V_{CCP2I}	−	PLL 回路内部アナログ電源（デカップリング・コンデンサを GND 間に入れる）
20	XTO	O	水晶発振器(出力側)
21	XTI	I	水晶発振器(入力側)，3.3 V　CMOS レベル入力
22	AGNDX	−	水晶発振回路グラウンド
23	V_{CCXI}	−	水晶発振回路用内部アナログ電源（デカップリング・コンデンサを GND 間に入れる）
24	DIN	I	S/PDIF 入力，内部プルダウン，3.3 V　CMOS レベル入力，5 V トレラント
25	DOUT	O	S/PDIF 出力
26	DGND	−	ディジタル・グラウンド
27	V_{DDI}	−	内部ディジタル電源（デカップリング・コンデンサを GND 間に入れる）
28	$\overline{SSPND}$	O	サスペンド・フラグ，負論理（L：サスペンド，H：動作状態）

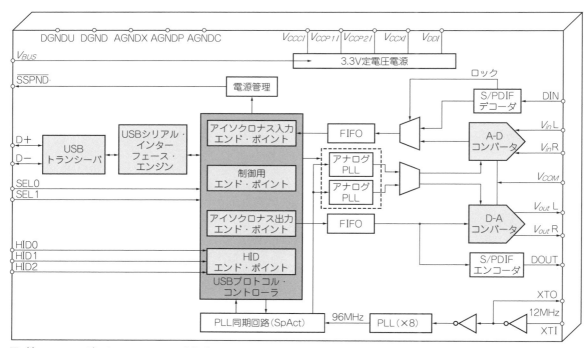

図5[(1)]　USBコーデックIC PCM2906の内部ブロック

ヘッドホン

USB&Bluetooth

音質調整回路

パワー・アンプ

電源&プリアンプ

サウンド回路

マイク&スピーカ

column:01 オーディオ回路で出てくる用語

漆谷 正義

● ダイナミック・レンジ

オーディオのダイナミック・レンジとは，音圧の最小値と最大値の範囲を示す値です．音圧レベルの最小値と最大値の比をdBで表した値を使います．

オーケストラなどの音楽では，人の耳に感じる音圧は，約120 dB程度のダイナミック・レンジがあります．これは$10^6 (\fallingdotseq 2^{20})$に相当するので，音声信号をディジタル処理する場合20ビットが必要です．現実にはCDでも16ビットであり，ダイナミック・レンジは約96 dBに制限されます．

● クロストーク

伝送路が複数ある場合，他のチャネルからの信号の漏れや混入をクロストークと呼びます．伝送路にとってはノイズと見なされ，S/Nと同様に漏れ量をdBで表します．

クロストークの原因は，伝送路間の容量結合，電磁誘導などの空間的な要因と，伝送路の共通インピーダンス部分から混入する回路的な要因があります．クロストークの対策は，伝送路間にグラウンドを挟む（ガード）などのシールドを施す方法と，共通インピーダンスを減少させるなどの方法があります．

● ストップ・バンド減衰率

ストップ・バンドとはフィルタの通過阻止帯域のことで，ストップ・バンド減衰率は阻止帯域の減衰量を表します．

フィルタのパラメータとしては，**図A**に示すようなものがあります．

● 共通インピーダンス

複数の伝送路の電流ループの経路に共通部分があるとき，この部分のインピーダンスを共通インピーダンスと言います．共通部分のインピーダンスにより，一方の伝送路の電流による電圧降下が，他方の伝送路の電流による電圧降下と加算されることになり，クロストークが発生します．

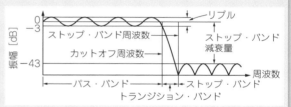

図A フィルタのパラメータ

クロックは，USBパケット・データから再生しており，テキサス・インスツルメンツのSpActという技術とPLLの組み合わせで，低クロック・ジッタとサンプリング・レートの独立性を実現しています．

プリント基板設計時の注意事項

パターン設計に当たっては，OPアンプとUSBコネクタが互いに反対位置になるように配置します．これは，Windows PCからのノイズの混入を防ぐためです．PCM2906のデカップリング・コンデンサはICの該当端子のすぐそばに配置します．OPアンプの＋側のバイアスがすべて共通になっているので，共通インピーダンスによるクロストークが発生しないようにします．アナログ回路のパターンを引き回さないように，最短距離で配線します．S/Nを上げるため，部品面，はんだ面ともベタ・グラウンドとします．

図6にPCM2906の外形寸法図を示します．CADライブラリに同一ピンのものが備わっていても，インチ（0.625 mm），ミリ（0.65 mm）のピッチの違いがあるか

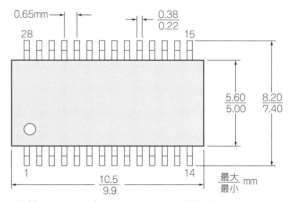

図6[(1)] USBコーデックIC PCM2906の外形寸法

もしれません．また，パッケージ幅の異なるものもあり，詳細なチェックが欠かせません．

◆引用文献◆
(1) PCM2904, PCM2906, STEREO AUDIO CODEC WITH USB INTERFACE, SINGLE - ENDED ANALOG INPUT/OUTPUT AND S/PDIF, June 2004, テキサス・インスツルメンツ.

ヘッドホン用 USB DAC 回路

川田 章弘 Akihiro Kawata

オーディオ用のD-AコンバータとUSBインターフェース回路を内蔵する定番のUSB D-AコンバータPCM2705（テキサス・インスツルメンツ）を使ったヘッドホン・アンプの全体構成を**図1**に，外観を**写真1**に示します．PCM2705の後段には，OPアンプICとディスクリート・バッファを使ったパワー・アンプを構成しています．本稿を通じて，アナログ性能を引き出す部品の選び方や回路の作り方をマスタします．

① 前検討…部品を選ぶ

何を作るにも，まずは目標とする仕様を決める必要があります．

次の仕様を目標にします．

(1) 入力インターフェース：USB 1.1
(2) 対応サンプリング周波数：32 kHz, 44.1 kHz, 48 kHz
(3) D-Aコンバータの分解能：16ビット（ダイナミック・レンジ96 dB程度）
(4) 電源：USBバス・パワー（+5 V±5%，最大500 mA）
(5) ヘッドホン・インピーダンス(R_L)：15～42 Ω
(6) 最大出力電力(P_{out})：10 mW以上@33 Ω負荷

図1に設計するUSB D-Aコンバータ・アンプのブロック図を示します．

技① 電源電圧はアンプの最大出力電圧に 2～3 Vを加えた値にする

市販のDC-DCコンバータ・モジュールMAU106［**写真2(c)**，MINMAX Technology］を使って，USBの+5 VからUSB D-AコンバータPCM2705とパワー・アンプに供給する電源電圧を用意します．

パワー・アンプには，インピーダンスが42 Ωのヘッドホンに10 mWを供給する信号（電圧）を出力する能力が求められます．**図2**に示すように，パワー・アンプの最大出力電圧は，パワー・アンプに供給する電源電圧（V_{CC}とV_{EE}）によって制約を受けます．

ヘッドホンに加えられる電力P_{out} [W]とパワー・アンプの出力電圧V_{out} [V]，ヘッドホンの抵抗R_L [Ω]の間には次の関係があります．

$$P_{out} = R_L V_{out}^2$$

変形すると，次のようになります．

$$V_{out} = \sqrt{P_{out}/R_L}$$

ここに，

$$P_{out} = 10 \text{ mW}, \quad R_L = 42 \text{ Ω}$$

を代入すると，次のようになります．

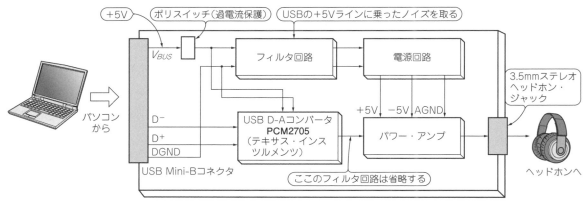

図1　ヘッドホン用USB D-Aコンバータ・アンプの全体回路構成

いろいろなOPアンプ(OPA2376やOPA2134,いずれもテキサス・インスツルメンツ)を試せるようにICソケットを使用

USB D-AコンバータPCM2705(テキサス・インスツルメンツ)

DCライン・フィルタBNX002-01(村田製作所)

DC-DCコンバータMAU106(MINMAX Technology)

写真1 ヘッドホン用USB D-Aコンバータ・アンプ

(a) USB D-AコンバータPCM2705

(b) OPアンプOPA2376

(c) DC-DCコンバータ・モジュールMAU106

写真2 使用した主要部品(ICやモジュールも含む)

$$V_{out} = 0.01 \times 42 \fallingdotseq 0.65 \, V_{RMS}$$

この計算で求まった値(0.65 V_{RMS})は実効値です.実効値とは,負荷(ヘッドホン)に直流電圧を加えたときに消費される電力と等価な値となる交流電圧です.

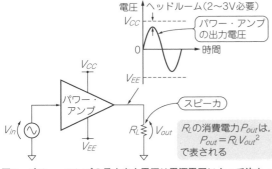

図2 パワー・アンプの最大出力電圧は電源電圧によって決まっている

(図中)
電圧 ヘッドルーム(2～3V必要)
V_{CC}
パワー・アンプの出力電圧
0
時間
V_{EE}
V_{CC}
パワー・アンプ
V_{in}
V_{EE}
スピーカ
R_L V_{out}
R_Lの消費電力P_{out}は,$P_{out} = R_L V_{out}^2$で表される

逆に,電力から求めた交流電圧値は実効値を示しています.

0.65 V_{RMS}の正弦波をピーク・ツー・ピーク電圧に変換するには$2\sqrt{2}$を乗じます.

$$2\sqrt{2} \times 0.65 \fallingdotseq 1.84 \, V_{P-P}$$

電源電圧は,出力電圧の最大振幅に2～3V(ヘッドルーム分)を加えた値にします.

パワー・アンプが出力する信号の最大電圧を±3Vとすると,電源電圧は±5Vは必要です.今回は,**表1**に示すDC-DCコンバータMAU106を採用して,USBバス・パワー(5V)から±5Vを作りました.**図3(a)**に設計した電源回路を示します.

*

ヘッドホンのインピーダンス(R_L)が300Ωのときは次のようになります.

$$V_{out} \fallingdotseq 4.9 \, V_{P-P}$$

定数の変更で300Ωのヘッドホン・アンプに対応す

(右端縦タブ)
ヘッドホン
USB&Bluetooth
音質調整回路
パワー・アンプ
電源&プリアンプ
サウンド回路
マイク&スピーカ

表1[(4)] さまざまな出力のDC-DCコンバータがあるが，今回は±5V出力のMAU106を選択した

型名	入力電圧 [V_{DC}]	出力電圧 [V_{DC}]	出力電流		入力電流		最大負荷変動 [%]	効率 最大負荷 [%$_{typ}$]
			最大 [mA]	最小 [mA]	最大負荷 [mA$_{typ}$]	無負荷 [mA$_{typ}$]		
MAU101		3.3	260	5	235		10	73
MAU102		5	200	4	281		10	71
MAU103	5 (4.5 〜 5.5)	9	110	2	260	30	8	76
MAU104		12	84	1.5	258		7	78
MAU105		15	67	1	258		7	78
MAU106		± 5	± 100	± 2	278		10	72

◀─ 今回使用する

る場合，アンプの出力振幅は4.9 V_{P-P}必要です．実効値に換算すると1.73 V_{RMS}です．本器で，1.73 V_{RMS}を出力できるかどうかはあとで検証します．

技② USB D-Aコンバータには水晶振動子とバイパス・コンデンサを接続する

図3(b)にUSB D-Aコンバータ周辺の回路を示し

column▷01 プロはトップダウンで設計する

川田 章弘

● **自分のために作るのか，人のために作るのか**

プロの世界では，ユーザの求める製品という観点から要求仕様を決めます．その要求仕様に合わせて，回路方式など，仕様を実現するための手段を開発していきます．これをトップダウン設計と言います．

趣味で何かを作るときは，このような要求仕様の定義からスタートするトップダウン設計をしなくても問題にはなりません．入手しやすい部品の性能の範囲内で要求仕様を決めてもよいでしょう．このように「回路＋部品」の組み合わせで所望の機能を実現する手法をボトムアップ設計といいます．なぜ趣味ならボトムアップ設計で問題ないのかといえば，ユーザが自分だからです．自分が欲しいものを自由気ままに作っても文句を言う人はいません．変なものができてしまったら，自分が少しだけ寂しい気分になるだけです．

企業の技術者など，仕事として回路設計をするようになると，種々の制約に縛られた状態での設計が主な業務になります．だからこそ，学生のうちに遊びでいろいろな回路を作っておく（経験しておく）ことは大きな力になると思います．社会人の方には，余暇を利用して，怪しげな実験を行っておくことをお勧めします．おそらく，多くの会社では冒険は許されないと思いますので．

● **ヘッドホン・アンプのトップ設計**

USB D-Aコンバータ・ヘッドホン・アンプは，入手しやすいPCM2705を使い，このICの性能の範

囲内で要求仕様を満たすことを目指して，ここだけはボトムアップ設計を行いました．

ここでは以下のような要求仕様が商品企画として提示されたと仮定しました．

(1) 予算：1万円以下
(2) 入力インターフェース：USB 1.1以上．パソコンとUSBでつながればよい
(3) サンプリング周波数：CD品質で再生できればOKなので，44.1 kHzまたは48 kHz
(4) 分解能：CD品質でよいので16ビット．
(5) 対応ヘッドホン：ポータブル・オーディオ用の16〜32 Ω品を駆動する
(6) 出力電力：ヘッドホンの感度が100 dB/mWとすると，10 mWもあれば十分
(7) 価格は安くとも，できれば音は良いほうがいい

このような仕様は，多くの民生機器メーカでは営業や商品企画の方々が考えます．設計技術者が営業も商品企画も兼務するような会社であれば，設計者自らがユーザの要求を汲み上げ要求仕様に落とし込みます．要求仕様が開発部に回ってきた段階で，この大ざっぱな仕様に基づいて，実現手段を考えたり，回路構成を決めたり，開発スケジュールや変動原価を考えたりして商品化の可能性を検討していきます．ハードウェアやソフトウェア設計の観点から実現が難しい場合や，要求仕様に疑義がある場合は，再度，ユーザの意見を聞くためにヒアリングを行ったり，仕様の妥協点を探ったりする必要があります．

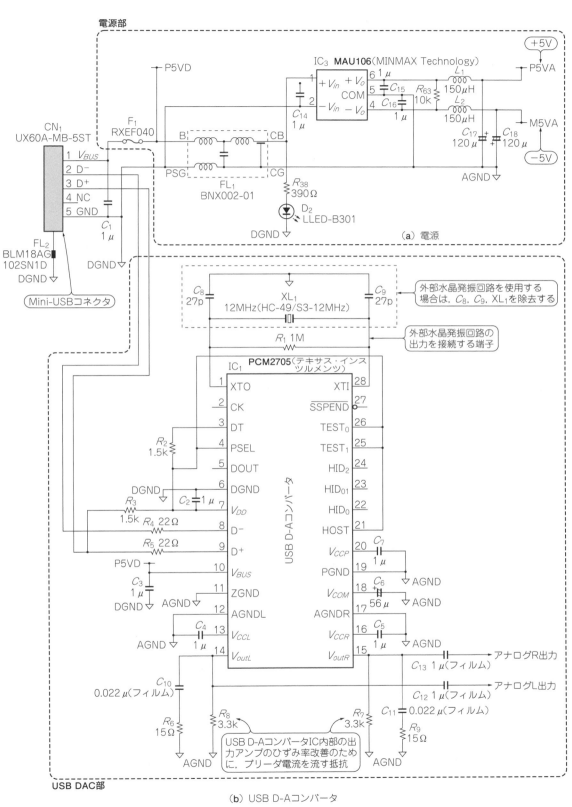

図3 設計したヘッドホン用USB D-Aコンバータ・アンプの回路

（b）USB D-Aコンバータ

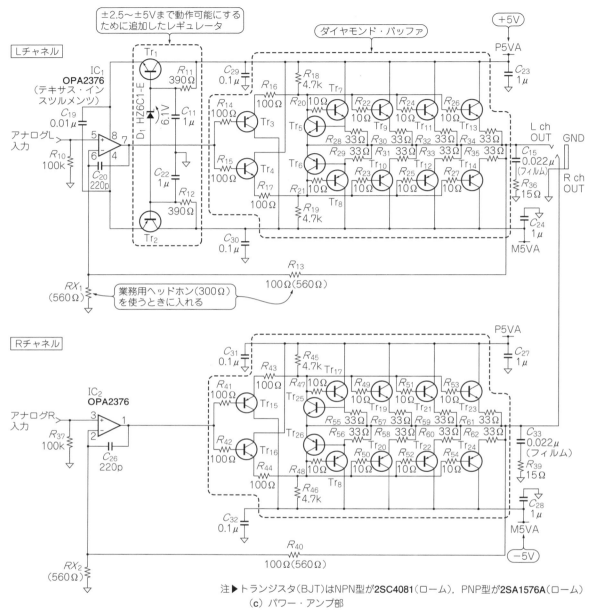

図3 設計したヘッドホン用 USB D-A コンバータ・アンプの回路(つづき)

(c) パワー・アンプ部

注▶トランジスタ(BJT)はNPN型が**2SC4081**(ローム), PNP型が**2SA1576A**(ローム)

ます. PCM2705 [**写真2(a)**] はUSBインターフェース回路を内蔵しています. 水晶振動子を外付けし, 周辺部品として電源ラインのバイパス・コンデンサなどを接続するだけで動作します. ファームウェアは必要ありません.

技③ OPアンプは価格と高調波ひずみ率から使用の可否を決める

図3(c)にパワー・アンプの回路を示します.
ディスクリート・トランジスタを使ったバッファ・アンプ(ダイヤモンド・バッファと呼ぶ)とOPアンプを併用して構成しました.

OPアンプには, CMOS OPアンプとしては1/f雑音が小さいOPA2376 [**写真2(b)**, テキサス・インスツルメンツ] を使います.

オーディオ周波数帯の回路で使うOPアンプは, 直流性能や高周波特性などの仕様はさほど重要ではなく, 価格とオーディオ帯域内における高調波ひずみ率などから使用の可否を決めます.

トランジスタは, コストと入手性を最優先してロー

ムの汎用トランジスタである2SC4081と2SA1576Aで統一します.

技④ 厚膜チップ抵抗は雑音が大きいがループ・ゲインで圧縮できる

表2に示すように,抵抗器には種類があります.表面実装部品で低価格なのは,メタル・グレーズ厚膜チップ抵抗です.

厚膜チップ抵抗は多くの民生機器に使われています.欠点は電流性雑音(低周波の$1/f$雑音)が大きいことです.低雑音・高精度直流回路に使用すると,この$1/f$ノイズによって数十Hz以下の周波数帯域における雑音が大きくなります.$1/f$ノイズは,高精度直流回路では長周期の電圧変動として観測されます.発振回路の場合は,周波数の時間揺らぎ(位相雑音という)が大きくなることがあります.$1/f$ノイズを小さくしたい場合は,薄膜チップ抵抗を使用します.

パワー・アンプに使う抵抗は,OPアンプの帰還ループ内に存在するため,低周波雑音はOPアンプのループ・ゲインで圧縮されます.したがって,低コストな厚膜チップ抵抗を使います.ただし,OPアンプICの帰還抵抗には薄膜チップ抵抗を使うほうがゲイン精度や雑音性能の点で有利です.

技⑤ コンデンサには積層セラミックや低ESRの導電性高分子タイプを使う

表3に示すようにコンデンサにも種類があります.

実装面積の関係から,チップ・セラミック・コンデンサ(積層セラミック・コンデンサ)を多用し,DC-リファレンス端子にも,高周波ノイズ除去のため低ESRの導電性高分子タイプの電解コンデンサ(OS-CON,パナソニック)を使用します.

表2[(2)] 代表的な抵抗器の種類
低周波雑音はOPアンプのループ・ゲインで圧縮されるので低価格な厚膜チップ抵抗を使う.ただし,帰還抵抗には薄膜チップ抵抗を使うほうが音質が良いらしい

名 称	主な用途	特 徴
炭素皮膜抵抗器	AV機器,家電製品など	低価格,許容差±5%程度,温度係数(TCR)は負で−500〜−1000 ppm/℃程度と比較的大きい
金属皮膜抵抗器	測定器など高性能/高信頼性を要求される機器	高精度,低雑音,許容差0.5〜±1%程度,TCRは±50〜±200 ppm/℃程度
厚膜チップ抵抗器	あらゆる電子機器	メタル・グレーズ厚膜を抵抗体として使用,低価格,許容差±1〜±5%程度,定格電力1/16 W〜1 W程度,TCRは±100〜±400 ppm/℃程度
薄膜チップ抵抗器	測定器など高性能が要求される機器	金属薄膜を抵抗体として使用,許容差±0.1〜±0.5%程度,定格電力1/16 W〜1/4 W程度,TCRは±50 ppm/℃程度

※特徴は代表的なものなので詳細については抵抗器メーカのデータシートを参照のこと.

表3[(2)] 代表的なコンデンサの種類
今回は,実装面積のため積層セラミック・コンデンサを多用し,DC-DCコンバータ出力には,高周波ノイズ除去のため低ESRの導電性高分子アルミ固体電解コンデンサ(OS-CON,パナソニック)を使用する

名 称	主な用途	特 徴
アルミ電解コンデンサ	電源の平滑,バイパス・コンデンサ,および信号ラインのカップリング・コンデンサなど.実装面積が小さく大容量が必要な個所に使われる	安価,小型で大容量が得られる.ただし容量精度は−20〜+80%程度と悪く,経年変化が大きい.基本的には極性があるが,両極性タイプも製造されている.高周波特性は良くない
積層セラミック・コンデンサ	電源のバイパス・コンデンサなど高周波の通過特性が必要な個所に使われる.温度補償タイプはフィルタ回路にも使用されるが,高誘電率タイプを信号経路に使用すると高調波ひずみが生じる	高周波特性が良い.B,C0G,CH,X7Rなど種々の温度特性をもった製品がある.温度補償タイプ(低誘導率タイプ)はフィルタ回路にも使用可能.製品によっては直流電圧重畳時に容量が大幅に減少するものがある
ポリエステル・フィルム・コンデンサ	カップリング・コンデンサや低中精度のフィルタ回路など,オーディオ周波数帯の回路で1000pF以上の容量が必要,かつ低ひずみが要求される回路に使われる	フィルム・コンデンサとしては比較的安価,精度があまり良くないほか,低温時に容量が低下する傾向があるため,高精度のフィルタ回路には向かない
ポリプロピレン・フィルム・コンデンサ	温度特性も比較的良く,高精度なため測定回路のフィルタや時定数回路などに使われる	誘電体損失が小さく高精度であるため,フィルタ回路や時定数回路に向く.耐熱性が低いためチップ・タイプは製造できない
ポリフェニレン・スルファイド・フィルム・コンデンサ	チップ・タイプも供給されており,精度,温度特性も良好なため,表面実装部品を使用したフィルタ回路や時定数回路などに使われる	ポリプロピレン・フィルム・コンデンサと同様な用途に向く.耐熱性が高いため,チップ・タイプも供給されている

ヘッドホン

USB&Bluetooth

音質調整回路

パワー・アンプ

電源&プリアンプ

サウンド回路

マイク&スピーカ

D-Aコンバータのリファレンス端子にも低ESRの OS-CONを使います．D-Aコンバータのリファレンス端子の電圧変動は音質に影響しやすいため，この配線ラインは不必要に長くならないように配置配線を行い，使用するコンデンサも容量の電圧依存性や，温度変動が小さなものを使うようにします．

信号ラインには，アルミ電解コンデンサかフィルム・コンデンサを使用します．今回は音質面を考慮して信号ラインにフィルム・コンデンサ(ポリエステル・フィルム・コンデンサ)を使用しました．ただし，$1\,\mu F$のカップリング・コンデンサには，フィルム・コンデンサではなく両極性タイプの電解コンデンサも使用できます．

② USB D-AコンバータIC周辺の 設計…特性をチェックする

● PCM2705のデータシートを確認

PCM2705のデータシートを確認します．PCM2705のデータシートは，テキサス・インスツルメンツのWebサイトからPDFでダウンロードできます．

▶ロジック信号の最大入力電圧(V_{IH})と最小入力電圧(V_{IL})

どんなときもディジタルI/OとアナログI/Oの電気的特性はチェックしますが，PCM2705のディジタル・インターフェースはUSBだけなので，ディジタルI/Oの電気的特性を意識する必要はあまりありません．ただし，外部水晶発振回路を使うので，ロジック信号の最大入力電圧(V_{IH})と最小入力電圧(V_{IL})だけは確認しておく必要があります．

PCM2705のV_{IH}は最小2 V，V_{IL}は最大0.8 Vなので，外部水晶発振回路の振幅は，Hレベル2 V以上，Lレベル0.8 V以下となるように設計する必要があります．また，Hレベルのときの入力電流I_{IH}が100 μAですので，外部ディジタル回路は，これを駆動できるような出力回路にしておく必要があります．

▶アナログ信号の出力電圧

データシートのアナログI/Oの特性から，D-Aコンバータが出力するアナログ信号の最大振幅がわかります．

IC内部のD-Aコンバータや発振回路，PLLなどアナログ回路に加わる電源V_{CCP}の代表値は3.35 Vで，最小3.2 V，最大3.5 Vです．一方，出力電圧振幅は，$0.55\,V_{CCP}$［V$_{P\text{-}P}$］ですから，アナログ電圧の最大振幅V_{out}［V$_{P\text{-}P}$］は，

$$V_{out} = 0.55 \times 3.35 = 1.84 \text{ V}_{P\text{-}P}$$

です．最小値，最大値を計算すると次のようになります．

$$V_{out} = 0.55 \times 3.2 \text{ V} \sim 0.55 \times 3.5 \text{ V}$$
$$= 1.76 \text{ V}_{P\text{-}P} \sim 1.93 \text{ V}_{P\text{-}P}$$

実効値電圧に換算すると次のようになります．

$$Vo_{RMS} = \frac{1.76 \sim 1.93}{2\sqrt{2}} \fallingdotseq 0.622 \text{ V}_{RMS} \sim 0.682 \text{ V}_{RMS}$$

後段のパワー・アンプには，この振幅(1.93 V$_{P\text{-}P}$)までひずませずにしっかり電力増幅する性能が求められます．

技⑥ バス・パワー・モードで動かすと外 部レギュレータICが省略できる

PCM2705は，セルフ・パワー・モードで使用したほうが高性能です．また，ICの動作電圧も推奨範囲ぎりぎりの3.6 Vで動かすと，より高性能な状態で動作させることができるそうです．

ここでは，電圧レギュレータICを省略するために，少し性能の劣るバス・パワー・モードで設計しました．バス・パワー・モードは，PCM2705内部の電圧レギュレータ回路を使用するモードです．基板に改造を施すことで性能の良いセルフ・パワー・モードで動作させることもできます．

③ パワー・アンプの設計…32 Ω負荷 と300 Ω負荷の両方を検討

● ゲインは1倍とする

パワー・アンプは，OPアンプとディスクリート・バッファ回路を組み合わせたものを使います．

PCM2705の出力電圧は，最小で0.622 V$_{RMS}$です．この振幅の場合，32 Ω負荷のとき12 mWの出力が得られることになるので，パワー・アンプのゲインは0 dBとしておいて問題ありません．一方，300 Ω負荷のヘッドホンの場合は，10 mWの出力を得るのに1.73 V$_{RMS}$の振幅が必要です．PCM2705の出力は代表値で0.65 V$_{RMS}$ですから，パワー・アンプに必要なゲインGは2.66倍必要です．

まず，0 dB(1倍)で設計して定数を変更します．

● バッファ・アンプ…ダイヤモンド・バッファで低 ノイズを目指す

図4に示すのは，説明のため**図3(c)**のバッファ・アンプ部をシンプル化した回路です．これはダイヤモンド・バッファと呼ばれるトランジスタ・アンプです．2つのエミッタ・フォロワ回路を直流結合した構成になっています．

図3(c)では，Tr_3とTr_4が1段目のエミッタ・フォロワ回路で，Tr_7，Tr_9，Tr_{11}，Tr_{13}とTr_8，Tr_{10}，Tr_{12}，Tr_{14}が2段目のエミッタ・フォロワ回路です．トランジスタが飽和したときのコレクタ-エミッタ間電圧を，**表4**に示します．

抵抗R_{14}とR_{15}は，初段のエミッタ・フォロワ回路の発振を防止するために必要です．この抵抗値は，経験的に10～100 Ωに選びます．R_{16}とR_{17}もエミッタ・

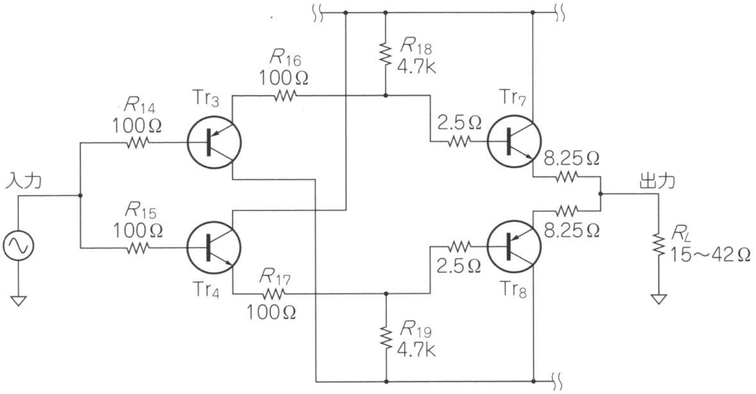

図4 図3(b)のバッファ・アンプ部をシンプル化した回路…2つのエミッタ・フォロワ回路を直流結合したダイヤモンド・バッファ

フォロワの発振防止です．この抵抗によって，Tr_3とTr_4に局部電流帰還がかかり，発振しにくくなったりひずみが小さくなったりします．抵抗値が大きすぎるとスルー・レートが小さくなるので，経験的に10Ω～100Ωにしておきます．

R_{18}とR_{19}は，Tr_3とTr_4にエミッタ電流を供給するとともに終段のトランジスタ（Tr_7，Tr_9，Tr_{11}，Tr_{13}とTr_8，Tr_{10}，Tr_{12}，Tr_{14}）にベース電流を供給します．

R_{20}，R_{22}，R_{24}，R_{26}，およびR_{21}，R_{23}，R_{25}，R_{27}は，トランジスタを並列接続したときのベース-エミッタ間電圧のミスマッチを吸収するための抵抗です．

R_{28}，R_{30}，R_{32}，R_{34}とR_{29}，R_{31}，R_{33}，R_{35}も同様です．これらの抵抗はあまり大きくし過ぎると電圧降下が大きくなってしまいます．R_{20}，R_{22}，R_{24}，R_{26}，およびR_{21}，R_{23}，R_{25}，R_{27}は，数十Ω程度にとどめておきます．

C_{25}とR_{36}の直列回路は，負荷が誘導性（コイル）となったときの発振防止のために入れてあります．ゾベル・ネットワーク（Zobel network）と呼ばれています．

● **OPアンプ専用の電源回路…±5V～±2.5Vで動作させる**

図3(a)に示すように，OPアンプの電源には別途トランジスタ（Tr_1とTr_2）を使ったレギュレータを追加

しました．これでOPアンプを±5V～±2.5Vで動作させることができます．回路にこのような工夫をした理由は，OPアンプICの動作電源電圧仕様にあわせるためです．

絶対最大定格が+5V（±2.5V）のOPアンプICに±5V（10V）を加えると破損します．一方，±5Vで動作可能なOPアンプのなかには±2.5Vでは動作しないものがあります．使用するOPアンプに応じて電源電圧を適宜選べるようにしました．

±2.5VでOPアンプを動作させるとき，OPアンプの両電源端子間には，ツェナー・ダイオードの6.1VからVBEを引いた4.9V（=6.1V-0.6×2）が加わります．正負電圧値で示すと，±2.45Vです．

±5VでOPアンプを動作させるときは，D_1のツェナー・ダイオードの代わりに100kΩの抵抗を接続します．この回路は単純なリプル・フィルタとして機能するので，OPアンプには，±4.4V程度の電圧が加わります．R_{11}やR_{12}が，ツェナー・ダイオードに流す電流を決めています．トランジスタのベース電流を無視すると，電源電圧10V（±5V）-6.1V=3.9Vの電圧がR_{11}，R_{12}にかかります．したがって，ツェナー・ダイオードに流れる電流I_Dは次式から5mAです．

$$I_D\,[A] = \frac{3.9/2}{390} = 0.005$$

表4[5] 2SC4081のトランジスタが飽和したときのコレクタ-エミッタ間電圧は0.4V

項　目	記　号	最小	標準	最大	単　位	条　件
コレクタ-ベース降伏電圧	BV_{CBO}	60	–	–	V	$I_C = 50\,\mu A$
コレクタ-エミッタ降伏電圧	BV_{CEO}	50	–	–	V	$I_C = 1\,mA$
エミッタ-ベース降伏電圧	BV_{EBO}	7	–	–	V	$I_E = 50\,\mu A$
コレクタ遮断電流	I_{CBO}	–	–	0.1	μA	$V_{CB} = 60\,V$
エミッタ遮断電流	I_{EBO}	–	–	0.1	μA	$V_{EB} = 7\,V$
直流電流増幅率	h_{FE}	120	–	390	–	$V_{CE} = 6\,V,\ I_C = 1\,mA$
コレクタ-エミッタ飽和電圧	$V_{CE(sat)}$	–	–	0.4	V	$I_C/I_B = 50\,mA/5\,mA$
ゲイン帯域幅積	f_r	–	180	–	MHz	$V_{CE} = 12\,V,\ I_E = -2\,mA,\ f=100\,MHz$
コレクタ出力容量	C_{ob}	–	2	3.5	pF	$V_{CB} = 12\,V,\ I_E = 0\,A,\ f = 1\,MHz$

ヘッドホン
USB&Bluetooth
音質調整回路
パワー・アンプ
電源&プリアンプ
サウンド回路
マイク&スピーカ

● **発振防止回路…抵抗とコンデンサの定数を検討する**

C_{20}やR_{13}は，OPアンプの発振防止用です．

R_{13}は，極端に大きくしすぎると雑音が増大しやすくなります．このような回路（バッファ）の場合は，R_{13}で発生した熱雑音は-1倍で出力されるだけなので，それほどの影響はありません．したがって，抵抗値は数kΩ以下としておきます．

今回は部品の種類を増やしたくないという理由からR_{13}は100Ωを使いました．C_{20}はシミュレーションにより，220 pFにしました．

● **300 Ω負荷のヘッドホンに対応**

業務用ヘッドホン（300 Ω）も使えるように，Rx_1（Rx_2：Rチャネル）を追加できるようにしておきました．R_{13}とRx_1の抵抗値を適切に決めれば，前述の計算で求めた2.66倍のゲインをもたせることもできます．

$R_{13} = 560\ \Omega$，$R_{x1} = 330\ \Omega$とすると，

$$G = 1 + \frac{560}{330} \fallingdotseq 2.7 倍$$

となります．実際にどうなるかはシミュレーションなどで確認します．

④ 消費電流の確認…USBの最大 500 mA以下になっているか

電源回路設計に波及することから，詳細設計が終わったら消費電流を見積もります．消費電流が大きすぎる場合は，詳細設計からやり直しです．場合によっては使用ICを変更したり回路構成を変更したりします．

つまり，消費電流見積もりの結果，最初から設計のやり直しになる可能性もあります．回路設計は，このように単純に一方向に進むものではなく，複数の検討内容をうまく収束させる作業です．

本機の場合，DC-DCコンバータが278 mA，LEDが5 mA，そしてD-AコンバータICが30 mAで合計313 mAです．

消費電流見積もりの過程で，電圧降下も計算します．電源フィルタの内部抵抗が0.8 mΩ，過電流保護用のポリスイッチの内部抵抗が0.71 Ωです．結果，USB供給電圧は0.22 V降下する可能性があります．4.75 VのUSBバス・パワー電圧が4.53 Vまで落ちるかもしれません．しかし，D-Aコンバータの動作電圧範囲は最低4.35 Vですから問題ないと判断しました．もう少し電圧降下を減らしたい場合は，ポリスイッチの電流容量を増やします．

◆**参考・引用＊文献**◆
(1) 黒田　徹；基礎トランジスタ・アンプ設計法，1989年，ラジオ技術社．
(2)＊ 川田　章弘；OPアンプ活用成功のかぎ（第2版），2009年，CQ出版社．
(3) PCM270xCデータシート，テキサス・インスツルメンツ．
(4)＊ MAU100シリーズデータシート，MINMAX Technology．
(5)＊ 2SC4081データシート，ローム．

ヘッドホン

USB&Bluetooth

音質調整回路

パワー・アンプ

電源&プリアンプ

サウンド回路

マイク&スピーカ

第9章　無線付きマイコンESP32で作るオーディオ・システム

スマホと自作オーディオをつなぐ Bluetooth - I²S変換

田力 基　Motoi Tariki

ESP32 - WROOM - 32（Espressif Systems）は，Wi-Fi/Bluetooth通信に対応したマイコン・モジュールです．I²S出力ポートを備えており，ディジタル方式の音声データの転送に対応しています．I²Sインターフェースを備えたD - Aコンバータ（DAC IC）と接続すれば，ディジタル・オーディオ・プレーヤとしても使えます．

ESP32 - WROOM - 32のBluetoothには，オーディオ受信機能（A2DPプロファイル/SBCコーデック）が付いています．BluetoothとI²Sを組み合わせれば，オーディオ・レシーバが作れます．図1のようにスマートフォンを経由すれば，YouTubeやAmazon Music，Spotifyなどのオンライン音楽配信サービスの音源も視聴できます（写真1）．

本稿では，ESP32 - WROOM - 32（写真2）で作るBluetooth - I²Sコンバータを紹介します．大がかりなソフトウェア開発は不要です．メーカ純正の開発環境であるESP - IDF（IoT Development Framework）に同梱されているサンプル・プログラムの一部を改造するだけで，すぐに完成します．

ステップ1：開発環境の準備

● 手順1：開発環境を入手する

次のURLからメーカ純正の開発環境ESP - IDFを入手します．

https://esp-idf.readthedocs.io/en/latest/get-started/index.html#setup - toolchain

Windows版のESP - IDFは，次のURLから入手できます．ZIP形式で圧縮されたファイルがダウンロードされます．

https://dl.espressif.com/dl/esp32_win32_msys2_environment_and_toolchain - 20180110.zip

● 手順2：インストールする

(1) フォルダを作ってZIP形式のファイルを展開する

新たに C:¥esp - idf というフォルダを作成し，その配下に上記URLからダウンロードしたZIP形式のファイルを展開します．

(2) コマンド入力画面（bash）を起動する

図1　Bluetooth - I²Sコンバータを使ったオーディオ・システムの構成

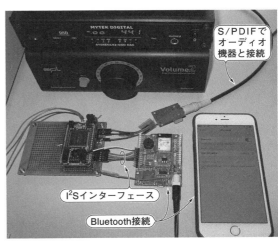

写真1　ESP32で製作したBluetooth - I²Sコンバータで音楽を聴いているようす

ESP-WROOM-32
CE1313
R 211-161007
FCC ID:2AC7Z-ESPWROOM32
JUB7.820.1719-2
94V-0
S Y16M09D30
25.5mm
18mm

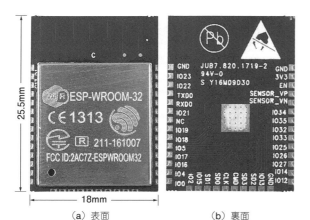

(a) 表面　　(b) 裏面

写真2　Wi-Fi/Bluetoothマイコン ESP32-WROOM-32はBluetooth-I²Sコンバータにもなる

展開が完了したら，C:¥esp-idf¥msys32フォルダに移動して，mingw32.exeを実行します．Linuxのbashが起動し，**図2**のようなウィンドウが表示されます．念のため，次のコマンドを入力して自分のユーザ名が表示されることを確認してください．

```
$ pwd↵
```

(3) GitHubから最新のESP-IDFを入手する

次のコマンドを入力して，espという名前のディレクトリを作成し，その配下に移動します．

```
$ mkdir esp↵
$ cd esp↵
```

次のコマンドを実行して，オンラインのソフトウェア開発プラットフォームGitHubから最新のESP-IDFを入手します．

```
$ git clone --recursive https://github.com/espressif/esp-idf.git↵
```

コマンドの実行が完了すると，espディレクトリの配下にesp-idfディレクトリが作成されます．

● 手順3：インストールした開発環境のパスを通す

ESP-IDFのインストール先のディレクトリに，パスを通します．パスの設定にはWindowsの環境変数を使います．Windowsのコントロール・パネルなどで，次のとおりシステムの環境変数を設定します．

- 変数：IDF_PATH
- 値　：C:¥esp-idf¥msys32¥home¥ユーザ名¥esp¥esp-idf

● 手順4：サンプル・プロジェクトのコピー

サンプル・プログラムの改造に取りかかります．esp-idf/examplesディレクトリに格納されている次の2つのサンプル・プロジェクトを改造します．

- peripherals/i2s
- bluuetooth/a2dp_sink

m-tar@DESKTOP-UQPD7S9 MINGW32 ~
$

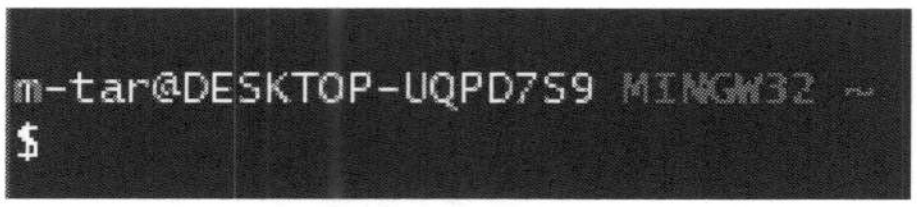

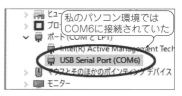

図2　メーカ純正開発環境ESP-IDFのインストール：mingw32.exeを実行したらbashが起動する

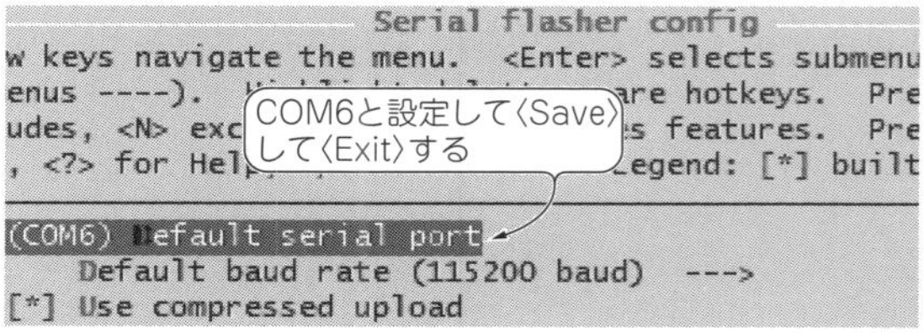

私のパソコン環境ではCOM6に接続されていた
ポート(COM と LPT)
Intel(R) Active Management Tech
USB Serial Port (COM6)
マウスとそのほかのポインティングデバイス
モニター

図3　ESP32-WROOM-32(USB-シリアル変換IC)が接続されているCOMポート番号を確認する
Windowsのデバイス・マネージャの「ポート(COMとLPT)」で確認できる

Serial flasher config
w keys navigate the menu. <Enter> selects submenu
enus ----). are hotkeys. Pre
udes, <N> exc s features. Pre
, <?> for Hel Legend: [*] built
COM6と設定して〈Save〉して〈Exit〉する
(COM6) Default serial port
Default baud rate (115200 baud) --->
[*] Use compressed upload

図4　メーカ純正開発環境ESP-IDFの設定①：COMポート番号の変更

次のコマンドを実行して，この2つのソース・コード・ディレクトリをespディレクトリの直下にコピーします．

```
$ cd ~/esp↵
$ cp -r esp-idf/examples/peripherals/i2s .↵
$ cp -r esp-idf/examples/bluetooth/a2dp_sink .↵
```

peripherals/i2sは，FPGA開発時に正弦波のI²S信号発生器として使います．詳細は稿末のコラムを参照してください．

● 手順5：COMポートの設定

パソコンとESP32-WROOM-32の間で通信する設定を行います．

今回実験に使ったESP32-WROOM-32搭載基板(IoT Express Mk Ⅱ)には，パソコンとの通信を行う目的でUSBシリアル変換ICが搭載されています．IoT Express Mk ⅡをUSBケーブルで接続すると，パソコンではCOMポートとして認識されます．COMポート番号は，Windowsのデバイスマネージャーの「ポート(COMとLPT)」で**図3**のとおり確認できます．私の環境では，COM6として接続していました．このときのCOMポート番号をESP32-WROOM-32に記憶させます．次のコマンドを実行してi2sプロジェクトのmenuconfigを開きます．

```
$ cd ~/esp/i2s↵
$ make menuconfig↵
```

新たな画面が開いたら[Serial flasher config] -

リスト1　サンプル・プログラムの変更①：Bluetooth通信プログラム（a2dp_sink/bt_app_av.c）

```
54:void bt_app_a2d_data_cb
              (const uint8_t *data, uint32_t len)
55:{
56:  size_t bytes_written;                    変更1
57://   i2s_write
    (0, data, len, &bytes_written, portMAX_DELAY)
58:  i2s_write_expand(0, data, len, 16,
              32, &bytes_written, portMAX_DELAY)
    // 変更 16ビットのオーディオ・データを32ビット分に拡張
59:  if (++m_pkt_cnt % 100 == 0) {
60:    ESP_LOGI(BT_AV_TAG,
            "Audio packet count %u", m_pkt_cnt);
61:}
62:}
91:static void bt_av_hdl_a2d_evt
              (uint16_t event, void *p_param)
92:{                                          変更2
131://       i2s_set_clk(0, sample_rate, 16, 2);
132:    i2s_set_clk(0, sample_rate, 32, 2);
    // 変更 データの16→32ビット拡張に伴い，
        I²SのBCLKを1サンプルあたり32発に変更（周波数は倍）
```

リスト2　サンプル・プログラムの変更②：メイン・プログラム（a2dp_sink/main.c）

```
45:void app_main()
46:{
55:    i2s_config_t i2s_config = {
64:   .communication_format = I2S_COMM_FORMAT_I2S
    | I2S_COMM_FORMAT_I2S_MSB
              // " | I2S_COMM_FORMAT_I2S_MSB" を追加
65:    .dma_buf_count = 14;
66:    .dma_buf_len = 60;                      //
67:    .intr_alloc_flags = ESP_INTR_FLAG_LEVEL1,
                              //Interrupt level 1
68:    .use_apll = true;
    // 追加 アナログPLLで原発振からオーディオ・クロックを生成
69:    };
84:    i2s_set_pin(0, &pin_config);
85:
86:    REG_WRITE(PIN_CTRL, 0b111111110000);
                      // 追加 GPIO0からMCLKを出力する設定
87:    PIN_FUNC_SELECT(PERIPHS_IO_MUX_GPIO0_U,
    FUNC_GPIO0_CLK_OUT1);
                      // 追加 GPIO0からMCLKを出力する設定
88:
89:#endif
```

[Default serial port]を選択して，**図4**のようにCOMポート番号を変更したら，〈save〉して〈exit〉を選択します．

ステップ2：サンプル・プログラムの改造

　スマートフォンやタブレット，パソコンなどの音源データをBluetoothで受信し，I²Sに変換して出力するプログラムを作成します．プログラムの作成には，あらかじめ用意されているサンプル・プログラムを使います．

● 手順1：Bluetooth通信プログラムの変更

　C:¥esp-idf¥msys32¥home¥ユーザ名¥esp¥a2dp_sink¥main の下にある，bt_app_av.c を**リスト1**のとおり変更します．

▶変更1：ビット幅を32に拡張する

　チャネルあたりのビット・クロック数を32に変更します．16ビットで受信した音源データをI²Sに変換する際，ビット幅を32に拡張します．関数 void bt_app_a2d_data_cb(const uint8_t *data, uint32_t len) 内のi2s_write(...) 関数をi2s_write_expand(0, data, len, 16, 32, &bytes_written, portMAX_DELAY);関数に変更します．

▶変更2：ビット・クロック数を16→32に変更

　関数 static void bt_av_hdl_a2d_evt(uint16_t event, void *p_param) 内の関数 i2s_set_clk(...); を i2s_set_clk(0, sample_rate, 32, 2); に変更します．

● 手順2：メイン・プログラムの変更

　C:¥esp-idf¥msys32¥home¥ユーザ名¥esp¥a2dp_sink¥main の下にある，main.c を**リスト2**のとおり変更します．

▶変更1：I²S標準のデータ・フォーマットへ

　本サンプル・プログラムは，デフォルトだと左詰め（LEFT JUSTIFIED）のデータ・フォーマットになっているので，I²S標準の形になるように変更します．

　void app_main() 関数内，.communication_format = I2S_COMM_FORMAT_I2S_MSB に，OR指定でI2S_COMM_FORMAT_I2S を追加します．

　この変更でSDATAが1ビット右にシフトします．

▶変更2：DMAバッファの設定を変更する

　.dma_buf_count を14に設定します．

▶変更3：アナログPLLを有効化する

　ESP32-WROOM-32内蔵のアナログPLLを使って，原発振から指定のサンプリング周波数のクロックを作ります．

　.use_apll = false を .use_apll = true に変更します．これによってESPの原発振にロックしたオーディオ・クロックが得られます．

▶変更4：マスタ・クロックを出力する

　ESP32-WROOM-32からマスタ・クロックを出力する設定を行います．86，87行目の2行を追加して，GPIO0からマスタ・クロックが出力されるようにします．

column ▶ 01　正弦波テスト信号をI²Sから出力するプログラム

田力　基

I²S変換回路やS/PDIF変換回路をFPGAで開発するときは，入力信号が誤りなく出力されていることを確認するために，正弦波のデータを使うことがよくあります．ここでは，ESP-WROOM-32を使った正弦波発生器を作成します．開発時は正弦波発生器のプログラムを書き込んでおき，正常な動作が確認できたらBluetooth→I²S変換プログラムに書き換えるとよいでしょう．

次に示すフォルダの下にあるi2s_example_main.cをリストAのとおり変更します．

> C:¥esp-idf¥msys32¥home¥ユーザ名¥esp¥i2s¥main

● 変更1：サンプリング周波数を変更する

サンプリング周波数が44100 Hzで441 Hz周期の正弦波を出力するように変更します．

● 変更2：両チャネルとも正弦波を出力する

LR両チャネルとも正弦波を出力するように，triangle_float，triangle_stepは削除します．

1周期360サンプルから100サンプルに変更したので，sin_floatを求める式をsin(i * PI / 180.0)からsin(i * PI/50.0)に変更します．

両チャンネル正弦波出力とするために40～43行までコメントアウトし，49，54，そして57の各行のtriangle_floatをsin_floatに書き換えます．

● 変更3：DMAバッファの設定を変更する

1周期のサンプル数を変更しているので，DMAバッファの使い方も変わります．プログラム冒頭で毎周期100サンプル分の正弦波データを書き込んだら，そのバッファを繰り返し読み続ければよいので，dma_buf_countとdma_buf_lenを変更します．

● 変更4：アナログPLLを有効化する

ESP32-WROOM-32には，オーディオ用の周波数をもった発振器がありません．オシロスコープでSCLKとLRCKを観察すると，大きなジッタが発生しているように見えます．

原発振周波数の分周比を動的に細かく調整しながら，サンプリング周波数が指定の周波数になるようにSCLKやLRCKの周波数を変化させているように見えます．デルタ・シグマ的な効果で，ジッタによるD-A変換のひずみが可聴帯域外に近い高域側に出るようにしている可能性があります．

インターフェースの受け手としては，このような信号をもらうのは不都合があります．ESP32-WROOM-32内蔵のアナログPLLを使って，原発振から指定のサンプリング周波数のクロックを作ります．

.use_apll = false を.use_apll = trueに変更します．これによってESPの原発振にロックしたオーディオ・クロックが得られます．

● 変更5：ポートを設定する

95～97行目では，SCLK，LRCK，SDATAをどのGPIOポートに出力するかを設定します．今回はSCLKを26，LRCKを23，SDATAを25としました．

● 変更6：マスタ・クロックを出力する

ESP32-WROOM-32からマスタ・クロックを出力するための設定を行います．103，104行目の2行を追加して，GPIO0からマスタ・クロックが出力されるようにしました．

今回使ったIoT Express MkⅡでは，GPIO0はモード切替スイッチS₃を介してグラウンドに接続されているので，慎重に操作してください．

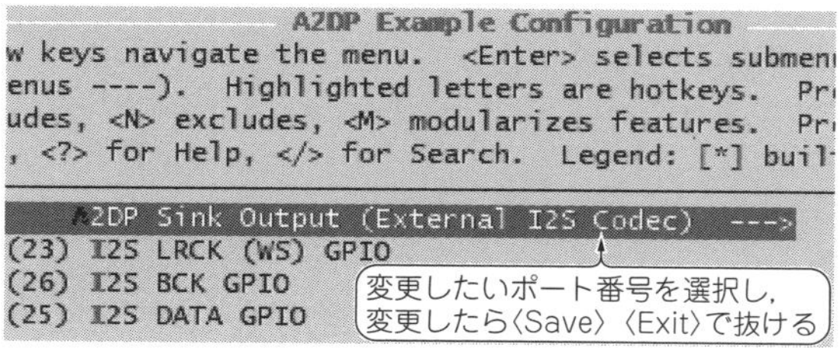

図5　メーカ純正開発環境ESP-IDFの設定②：I²S出力ポートの設定

● 手順3：I²Sの出力ポートを設定する

プログラムの変更が完了したら，パソコンとESP32-WROOM-32をUSBケーブルで接続し，mingw32.exeを実行して次のコマンドを実行します．

```
$ cd ~/esp/a2dp_sink
$ make menuconfig
```

COMポートの番号を~/esp/i2sと同じように[Serial flasher config]設定で変更したら，〈save〉を実行します．次に，[A2DP Example Configuration]設定を選択します．[A2DP Sink Output（External I2S

リストA　I²S出力の正弦波発生プログラム (i2s/i2s_example_main.c)

```
                                              sin_float);
20:#define SAMPLE_RATE    (44100)        60:       }
21:#define I2S_NUM       (0)        変更1    :
22:#define WAVE_FREQ_HZ  (441)           83:    i2s_config_t i2s_config = {
23:#define PI 3.14159265                 84:       .mode = I2S_MODE_MASTER | I2S_MODE_TX,
  :                                       85:       .sample_rate = SAMPLE_RATE,
27:static void setup_triangle_sine_waves(int bits)  86:  .bits_per_sample = 16,
28:{                                       87:       .channel_format =
29:    int *samples_data = malloc                            I2S_CHANNEL_FMT_RIGHT_LEFT,
              (((bits+8)/16)*SAMPLE_PER_CYCLE*4);  88:  .communication_format =
30:    unsigned int i, sample_val;          I2S_COMM_FORMAT_I2S | I2S_COMM_FORMAT_I2S_MSB,
31:    double sin_float;                    89:       .dma_buf_count = 2,      変更3
36://   triangle_float = -(pow(2, bits)/2 - 1);  90:   .dma_buf_len = 50,      変更4
                              変更2           91:       .use_apll = true,
38:    for(i = 0; i < SAMPLE_PER_CYCLE; i++) {  92:   .intr_alloc_flags = ESP_INTR_FLAG_LEVEL1
39:      sin_float = sin(i * PI / 50.0);    94:    i2s_pin_config_t pin_config = {
40://     if(sin_float >= 0)              95:       .bck_io_num = 26,
41://       triangle_float += triangle_step;  96:   .ws_io_num = 23,        変更5
42://     else                            97:       .data_out_num = 25,
43://       triangle_float -= triangle_step;  98:   .data_in_num = -1 //Not used
                              変更2           99:    };                              変更6
47:    if (bits == 16) {                  103:    REG_WRITE(PIN_CTRL, 0b111111110000);
48:      sample_val = 0;                  104:    PIN_FUNC_SELECT(PERIPHS_IO_MUX_GPIO0_U,
49:      sample_val += (short) sin_float;                 FUNC_GPIO0_CLK_OUT1);
50:      sample_val = sample_val << 16;
51:      sample_val += (short) sin_float; 106://    int test_bits = 16;
52:      samples_data[i] = sample_val;    107:    int test_bits = 32;      変更7
53:    } else if (bits == 24) { //1-bytes unused  108:// while (1) {
54:      samples_data[i*2] =              109:       setup_triangle_sine_waves(test_bits);
                ((int) sin_float) << 8;   110://     vTaskDelay(5000/portTICK_RATE_MS);
55:      samples_data[i*2 + 1] =          111://     test_bits += 8;
                ((int) sin_float) << 8;   112://     if(test_bits > 32)
56:    } else {                    変更2   113://       test_bits = 16;
57:      samples_data[i*2] = ((int)       114:
                sin_float);               115://  }
59:      samples_data[i*2 + 1] = ((int)
```

● 変更7：ビット・クロック数を16→32にする

　本稿では，データ・ビット数に関わらず，I²Sのクロック数をチャネルあたり32と決めて扱います．これにより，int test_bits を16→32に変更します．ビット数を動的に変更する必要がないので，while文はコメント・アウトして，次の1行のみ残します．

```
setup_triangle_sine_waves(test_bits);
```

● プログラムの書き込み

　サンプル・プログラムの変更が済んだら，次のコマンドを実行します．変更後のサンプル・プログラムのビルドと，ESP32-WROOM-32内蔵のフラッシュ・メモリへの書き込みを実行します．

```
$ make flash
```

　これでIoT Express Mk II基板がI²Sの正弦波発生器になりました．

Codec）］設定で，**図5**のようにI²Sを出力するGPIOのポート番号を設定します．SCLK：26，LRCK：23，SDATA：25にそれぞれ設定しました．設定が完了したら〈save〉を実行してmenuconfigを抜けます．

● 手順4：プログラムの書き込み

　サンプル・プログラムの変更と各種設定が済んだら，次のコマンドを実行します．変更後のサンプル・プログラムのビルドと，ESP32-WROOM-32内蔵のフラッシュ・メモリへの書き込みを実行します．

```
$ make flash
```

● 手順5：動作確認

　スマートフォンを音楽再生している状態にして，Bluetooth設定メニューから「ESP_SPEAKER」を選択します．接続状態が確立すると，I²S信号が出力されます．

　「ESP_SPEAKER」という名称は，メイン・プログラムのソース・コードmain.cを書き換えることで変更できます．

24/32 ビット・オーディオ用 D−AコンバータICの研究

西村　康 Yasushi Nishimura

オーディオ用D−AコンバータICのこれまで

● 分解能競争の実体

CD（Compact Disc）の登場以来，オーディオ用D−AコンバータICは日々進化してきました．

初期のCDプレーヤでは，産業用D−Aコンバータを使った製品が作られていましたが，民生用機器としては，これではコストが高く普及の妨げになることから，専用のオーディオ用D−AコンバータIC PCM54（図1）が作られるようになりました．

オーディオ用は，音を聴いてもよくわからない絶対精度を重視する必要があまりなかったため，絶対精度の仕様を緩くすることによってICの歩留まりを上げ，コストを下げることが可能でした．

初期のオーディオ用16ビットD−Aコンバータの多くは，16ビット精度とは名ばかりで，図2に示すように，D−A変換した出力は量子化雑音を含んでおり，その実力（精度）は13〜14ビットが当たり前，良くても15ビットでした．同時にビット数競争が起こりました．実際の精度ではなく回路が何ビットで構成されているかだけが宣伝されたのです．しかし，16ビッ

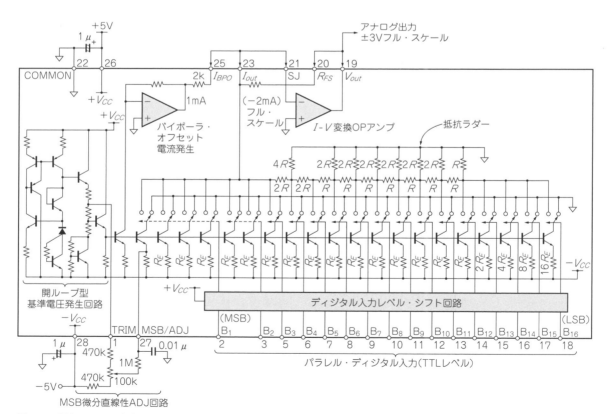

図1　CD誕生から1990年代の定番だったD−AコンバータIC PCM54の内部回路（テキサス・インスツルメンツ）

Appendix 1　24/32ビット・オーディオ用D-AコンバータICの研究

ヘッドホン

USB&Bluetooth

音質調整回路

パワー・アンプ

電源&プリアンプ

サウンド回路

マイク&スピーカ

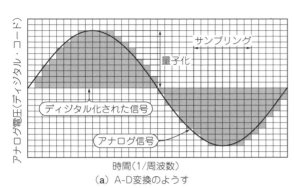

（a）A-D変換のようす

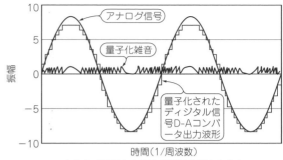

（b）D-A変換した出力は量子化雑音を含む

図2　マルチビットD-Aコンバータの出力信号

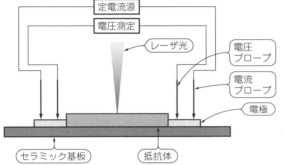

図3(3)　D-A変換の精度を上げるレーザ・トリミングの技術
CD誕生時のD-Aコンバータはチップ上に用意された調整用の抵抗体群の一部を焼き切って分解能を上げていた

写真1　半導体の製造技術が未熟だった1990年代までは選別によってグレード分けし、パッケージに記号を印刷していた

写真2　王冠マークでグレード分け

トの実力をもった20ビットD-Aコンバータも生まれ、当時のビット数競争は一概に無意味とはいえないようです。

　図3に示すレーザ・トリミングによって精度を向上させるのは常套手段でしたが、16ビットの精度を確保するには不十分でした。それに加え選別という手法が用いられました。同じ型名のICでも**写真1**に示す末尾の記号で選別グレードを表したり、**写真2**に示す選別品専用マークを印刷して区別し、最終製品では、高級機と汎用機で選別されたICを使い分けることに

よって、トータルでのコストダウンを図っていました。

● 1ビットD-AコンバータICが普及

　1990年代後半から、**図4**、**図5**のような1ビットD-AコンバータICが普及し始めます。マルチビットD-AコンバータICが振幅をビット数分の電圧で表現しているのに対して、1ビットD-AコンバータICでは、出力は0か1というロジック・レベルのPWMまたはPDM出力であり、分解能はパルスの粗密で表現されます。つまり、分解能は時間軸精度で決まります。

　マルチビットD-AコンバータICは、分解能がラダー抵抗の精度に依存してしまうのに対し、1ビットD-AコンバータICは、分解能は外部のクロック精度でほぼ決まるため、ICのばらつきを気にする必要がなくなりました。また、コストの掛かるラダー抵抗やレーザ・トリミングを使わずに済むことによって大きな価格メリットがあります。その結果、低価格なオーディオ製品には1ビットD-AコンバータICが瞬く間に普及しました。

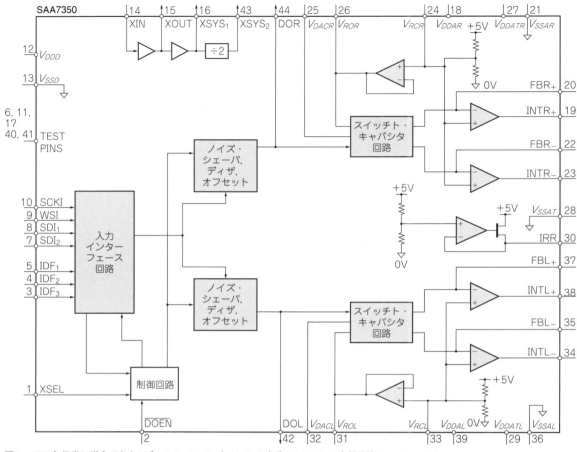

図4 1990年後半に増えてきた1ビットD-AコンバータICの定番 SAA7350の内部回路（フィリップス）

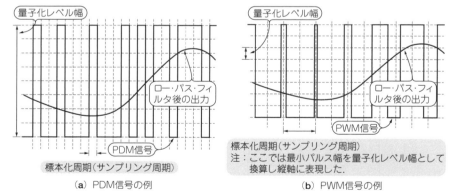

（a）PDM信号の例　　　（b）PWM信号の例

図5 1ビットD-AコンバータICの出力波形

業界最高分解能は32ビット

● **マルチビットと1ビットのハイブリッド! D-AコンバータIC PCM1795**

　24ビット精度も実際には，半導体のノイズ・レベ

ル以下の分解能であるため，これで打ち止めかと思われていたところに，テキサス・インスツルメンツがPCM1795，旭化成エレクトロニクス（以下，AKM）は32ビットD-AコンバータICのAK4397を製品化しました．AKMは3種類，ESS社は3種類の製品をもっています[9]．

1ビットD-AコンバータICの詳しいしくみについては述べませんが，実質的な分解能を上げようとすると，回路的な工夫だけでは限界があり，使用するクロックのジッタを減らす必要も出てきます．その結果，クロック回路は高価なものになります．そのようなわけで，汎用的なマルチビットD-AコンバータICも1ビットD-AコンバータICも，24ビット精度を実現するのは難しいものがあります．そこで考え出されたのが，両者の良いとこ取りをした方式です．

PCM1795は，図6に示すアドバンスト・セグメント方式と呼ばれるマルチビット変換と1ビット変換を組み合わせて高分解能を実現しています．

分解能の誤差を振幅軸と時間軸にうまく分散し，精度を向上させている点がミソです．

● 32ビット，192 kHz対応のD-AコンバータICの特性を検証

PCM1795（テキサス・インスツルメンツ）は，32ビット，192 kHzディジタル・オーディオ・データ対応のD-AコンバータICです．

市販されている24ビットD-AコンバータICの中には，ダイナミック・レンジが120 dB以上あるものも存在し，ロー・ノイズなロー・パス・フィルタとの組み合わせではノイズ・レベルは1 μV以下になり，

もはや回路全体での性能の限界に近づいています．また，ビット数から計算した理論上のダイナミック・レンジは146.26 dBなので，現状の24ビットD-AコンバータICの分解能は性能的に十分と言えます．そのような中で32ビットは本当に意味があるのかが問われてしまいます．

▶24ビットD-AコンバータICと比較

オーディオ製品のカタログ仕様競争でこのようなICが製品化されているのは想像に難くないところですが，32ビット対応がノイズに埋もれた部分の再現ということで音質に寄与しているのであれば，それも許されるところが計測器とは違うオーディオ・エンジニアリングの世界です．

実際に，32ビットD-AコンバータICのPCM1795がテキサス・インスツルメンツの最高性能のD-AコンバータICかというと，表1の仕様を見ると，24ビットD-AコンバータのPCM1792A，PCM1794Aのほうが性能が良いことがわかります．

市販価格を比べてもPCM1792Aの方が高いことから，PCM1795は入力対応ビット数を増やすために，ディジタル・フィルタの性能を落とした（回路を単純化）ものでしょう．チップ・サイズの制約かコスト的な制約かはわかりませんが，商業的な判断が大きく関与しているのでしょう．

アドバンスト・セグメントD-Aコンバータとしては古い製品であるPCM1792Aで，オーディオ用D-Aコンバータとしての性能は最高レベルに達しています．

● D-Aコンバータ・モジュールのロー・パス・フィルタ部の構成

ローパス・フィルタ部は，PCM1795の出力が電流であることから，OPアンプを使ったI-V変換器で電圧に戻し，また，差動出力をシングルエンド出力に戻すために，ここもOPアンプを使った平衡-不平衡変換器で構成されています．

PCM1795が差動出力になっている理由は，2つの出力に含まれる同相の電源ノイズのキャンセルによってSN比を改善できるからです．多くのHi-Fi用オーディオD-AコンバータICでは同じように差動出力をもっています．

▶OPアンプ回路…帯域外ノイズを低減

図7に示す各OPアンプ回路は，ローパス・フィルタとしても機能しており，PCM1795内蔵のディジタル・フィルタと合わせて十分な帯域外ノイズの低減を行っています．図8は，ローパス・フィルタ回路を理想OPアンプを使い簡略化した等価回路です．

▶ディジタル・フィルタの特性

PCM1795は内蔵ディジタル・フィルタの性能が良く，また1ビットD-AコンバータICほどは高周波ノ

16ビット量子化で得る65536ステップでアナログ振幅を表現

（a）マルチビット型

16ビット量子化相当のアナログ振幅情報をPDMやPWMで表現

（b）1ビット型

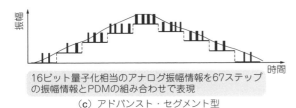

16ビット量子化相当のアナログ振幅情報を67ステップの振幅情報とPDMの組み合わせで表現

（c）アドバンスト・セグメント型

図6　アドバンスト・セグメント型D-AコンバータICの特徴

表1　マルチビット変換と1ビット変換を組み合わせて分解能を向上させているD-AコンバータIC（アドバンスト・セグメント技術）

モデル	ダイナミック・レンジ [dB]	THD + N [%]	入力対応ビット数	最高サンプリング・レート [kHz]	コントロール方法
PCM1791A	113	0.001	24	192	SPI/I²C
PCM1792A	127	0.0004	24	192	SPI/I²C
PCM1793	113	0.001	24	192	ハードウェア
PCM1794A	127	0.0004	24	192	ハードウェア
PCM1795	123	0.0005	32	200	SPI/I²C/TDMCA
PCM1796	123	0.0005	24	192	SPI/I²C
PCM1798	123	0.0005	24	192	ハードウェア

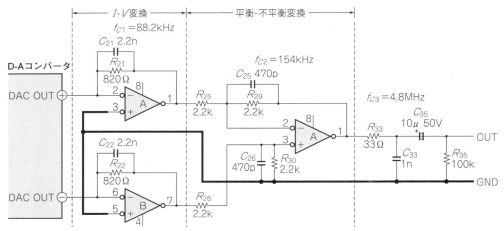

図7　D-Aコンバータ・モジュールの出力回路

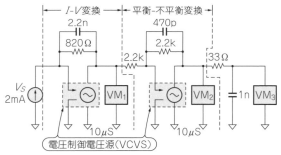

図8　D-Aコンバータ・モジュールのロー・パス・フィルタ部の簡略化等価回路
理想OPアンプ等価回路を使っているので，実際の回路より性能は良くなる．どの程度の特性か目安として知りたいときは，等価回路でも実用できる

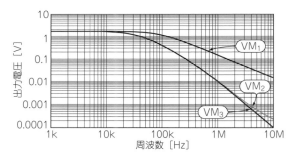

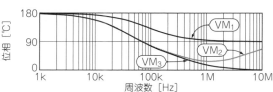

図9　D-Aコンバータ・モジュールのアナログ出力フィルタの周波数特性（近似値）

イズも出ません．図9に示すアナログ・フィルタ部は，1 MHzで約－40 dBの減衰量でまったく問題ありません．

　図10はディジタル・フィルタの特性です．

　PCM1795は，ディジタル・フィルタのON/OFFに加え，ディジタル・フィルタの特性を2種類もっており，外部コントロールで切り替えることが可能です．

　阻止帯域の減衰量を重視した特性で，ディジタル・オーディオ誕生時には，この方式が主流でした．しか

し図11に示すように，インパルス信号を観測した場合は，プリエコー/ポストエコーと呼ばれるリンギングが元波形の前後に発生します．スロー・ロールオフと呼ばれるインパルス応答で波形ひずみの少ないフィルタが開発され，今では多くのセットで採用されてい

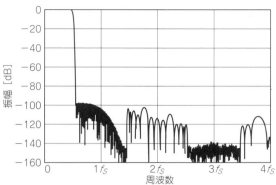

阻止帯域の減衰量を重視した一般的な特性
（a）シャープ・ロールオフ方式

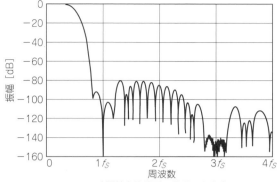

時間軸応答波形に着目した方式
（b）スロー・ロールオフ方式

図10 PCM1795の内蔵ディジタル・フィルタ特性
2種類のディジタル・フィルタを切り替えられる

ます.

*

　電流出力のD-AコンバータICでは，一般的にOP
アンプを使った電流-電圧変換回路によって電圧信号
に変換されますが，自作マニアの中には，D-Aコン
バータICの出力に抵抗1本だけ付けて電圧に変換す
る方もいます.

　テキサス・インスツルメンツのD-AコンバータIC
の電流出力端子には保護用ダイオードが入っているの
で，0.6 V以上の大きな振幅は取れませんし，出力端
子に電圧を立たせることはリニアリティ面で良いとは
言えません. しかし，音質的には，どうなのでしょう
か？実験は簡単にできるので，気になる方は試してみ
てください.

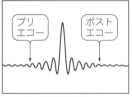
（a）シャープ・ロールオフ方式

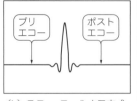
（b）スロー・ロールオフ方式

図11 ディジタル・フィルタによる出力波形の違い
PCM1795をはじめとする最近のD-Aコンバータはインパルス応答の
波形に影響の小さいスロー・ロールオフ特性のディジタル・フィルタを
採用している

◆参考文献◆
(1) 限界性能への挑戦と音質へのこだわり，日本テキサス・イン
　スツルメンツ.
(2) PCM1795データシート，日本テキサス・インスツルメンツ.
　http://www.tij.co.jp/jp/lit/ds/symlink/pcm1795.pdf
(3) レーザートリミングの原理.
　http://www.laserfront.jp/learning/oyo8.html
(4) オーディオ用D-A変換回路の性能と音質
　http://techon.nikkeibp.co.jp/article/LECTURE/20110803/194310/

(5) デジタル用語の基礎知識.
　http://www2.117.ne.jp/～vision/paf/term_d1.htm
(6) 浅田 邦博：アナログ電子回路，VLSI工学へのアプローチ，
　昭晃堂.
(7) 本田 潤：D級/ディジタル・アンプの設計と製作，CQ出版社.
(8) A-D/D-A変換回路技術のすべて，トランジスタ技術
　SPECIAL，No.16，CQ出版社.
(9) 32 bit対応DAC「AK4339」が到達した新たな境地，AV/ホ
　ームシアター ファイル ウェブ.
　https://www.phileweb.com/review/closeup/akemd-ak4399/
(10) グローバル電子ホームページ.
　http://www.gec-tokyo.co.jp/global-news/ess-technology_
　sabre_2m_series_32-bit_2ch_audio_dac

ヘッドホン

USB&Bluetooth

音質調整回路

パワー・アンプ

電源&プリアンプ

サウンド回路

マイク&スピーカ

第3部

音質調整回路

音質調整回路集

1 好みの周波数特性を実現する トーン・コントロール回路

松村 南

● 回路の説明

オーディオ・アンプのコントロール機能のなかでも，基本的なのがトーン・コントロール回路による音質調整です．スピーカの特性や聴取環境の補正をしたり，好みに合った周波数特性を実現するものです．紹介する回路は低音／高音それぞれについて増強および減衰の可変設定ができるものです．

図1に示すのは，回路増幅器の入力および帰還系に周波数特性をもたせたもので，NF型トーン・コントロールと呼ばれます．入力が並列電圧帰還タイプの場合は可変抵抗器の変化カーブはBタイプでよく，フラットな特性を得やすいという特徴があります．信号源インピーダンスが低くないと正しい周波数特性は得られないので，必要に応じてバッファ・アンプを設置します．

● 特性

周波数特性の算出式を図2に示します．一般的にトーン・コントロールの効果は100 Hzで±10 dB，10 kHzで±10 dBは必要といわれることが多いようですが，実際には使用目的により異なります．f_{LB} = 400 Hz，f_{HB} = 2.5 kHz くらいを選んで中心周波数を1 kHzにします．ここでは楽器音のエネルギーが多い周波数帯域が数百Hzであることに合わせて，低めの周波数にしています．

図1の最大可変特性は可聴範囲周辺の20 Hz，15 kHzにおいて±20 dBです．トーン・コントロール回路の周波数設定で注意したいのは，可変されない周波数の中心は常識的な1 kHzよりも低いということです．

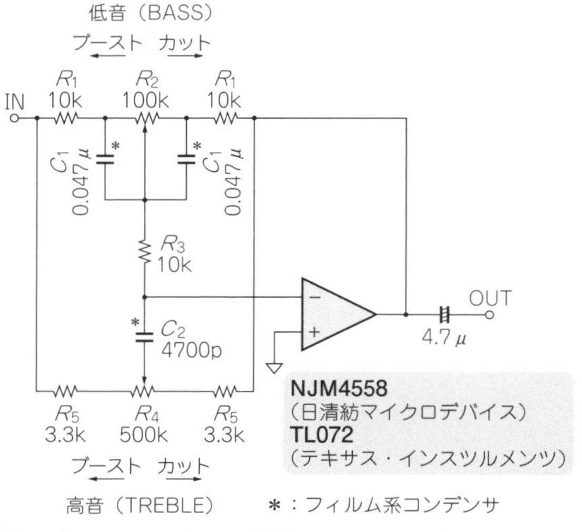

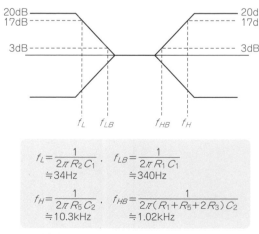

低音（BASS）
ブースト カット

IN

R_1 10k　R_2 100k　R_1 10k

C_1 0.047μ *　*　C_1 0.047μ

R_3 10k

C_2 4700p *

OUT
4.7μ

NJM4558
（日清紡マイクロデバイス）
TL072
（テキサス・インスツルメンツ）

R_5 3.3k　R_4 500k　R_5 3.3k

ブースト カット

高音（TREBLE）　＊：フィルム系コンデンサ

図1 トーン・コントロール回路

20dB
17dB
3dB

f_L　f_{LB}　f_{HB}　f_H

20dB
17dB
3dB

$$f_L = \frac{1}{2\pi R_2 C_1} \cong 34\text{Hz}$$

$$f_{LB} = \frac{1}{2\pi R_1 C_1} \cong 340\text{Hz}$$

$$f_H = \frac{1}{2\pi R_5 C_2} \cong 10.3\text{kHz}$$

$$f_{HB} = \frac{1}{2\pi (R_1 + R_5 + 2R_3) C_2} \cong 1.02\text{kHz}$$

図2 周波数特性の算出式

② 低音 / 高音レベルを同時チューンできるトーン調整回路

山口　晶大

オーディオ機器やリスニング・ルームの周波数特性を補正したり，音質を調整したりするときに必要なトーン・コントロール回路を紹介します．

通常は高音側と低音側のレベルを独立に調整できるようになっています．最近のオーディオ機器には，トーン・コントロールがついていないようです．理由は，高音と低音を別々に調整することがオーディオに詳しくないユーザにとって難しいからではないかと思います．

紹介するトーン・コントロール回路は，調整ツマミは1つだけで，低音のレベルを上げれば高音側のレベルが下がり，低音のレベルを下げれば高音側のレベルが上がるという，シーソーのような周波数特性の変化をするティルト・イコライザです．ラックスマン（ラックス）や英国Quad社のアンプに用いられています．

● 回路

図3は，OPアンプを用いた単電源動作のトーン・コントロール回路です．OPアンプは，汎用品であれ

ばなんでもOKです．適切なものを選べば$V_{CC} = 5$ Vでの動作も可能です．ボリュームVR_1（10 kΩ）にはB型（直線変化）のものを使います．抵抗$R_4 \sim R_7$は誤差1 %の金属皮膜抵抗，C_3 / C_4（0.022 μF）には誤差5 %のフィルム・コンデンサを使います．

回路定数は低めのインピーダンスになっているので，ボリュームまわりの配線の引き回しで動作が不安定になる心配はありません．

C_5（100 pF）は，可聴帯域より高域のゲイン上昇を抑えるためのものです．前段の回路の出力インピーダンスが十分に低ければ，IC_{1A}のボルテージ・フォロワは省略できます．

● トーン・コントロール曲線を確認

図4は，トーン・コントロール回路の周波数特性です．レベル変化量（最大±5 dB）が小さすぎるように思うかもしれませんが，変化する周波数帯域が広いので，十分な音質調整の効果が得られます．ボリューム中点で周波数特性はフラットになります．不自然なうねりは生じません．

● 海外のウェブ・サイトで技術情報をGET！

自作ヘッドホン・アンプ関連の記事（英文）が海外のウェブ・サイトで紹介されています．また，シーソー型を含めた各種のトーン・コントロール回路も解説されています．

（1）Designing A Pocket Equalizer For Headphone Listening（http://headwize.com/?page_id=741）

ほかにも，音像が頭の中に定位するのではなく，前方から音が聞こえる「頭外定位」と呼ばれる現象がヘッドホンで体感できるアダプタなどが紹介されています．

（2）A Soundfield Simulator for Stereo Headphones（http://headwize.com/?page_id=790）

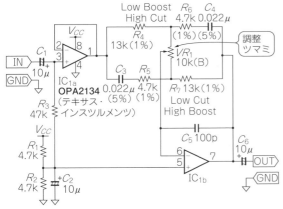

図3　ティルト・イコライザ回路

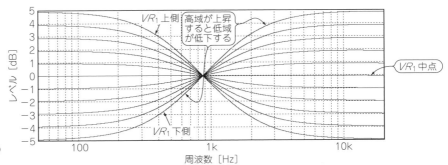

図4　ティルト・イコライザの周波数特性

③ OPアンプ1個で作る低音増強回路

松本 倫

● 中心周波数70Hzでゲイン10dB

図5は，中心周波数70Hz，ゲイン10dBの低域増強回路です．OPアンプを使った半導体インダクタを利用して共振回路を実現しています．

スピーカの口径が大きくできないミニ・システムなどでは，このような回路で低域の周波数特性を補償することがあります．

図6に示すLCR直列回路の共振周波数f_0とQは次式で表されます．

$$f_0 = \frac{1}{2\pi\sqrt{LC}}$$

$$Q = \frac{\sqrt{L/C}}{R}$$

ここで，$f_0 = 70$Hz，$Q = 2.5$，$R = 1$kΩとすると，$L \fallingdotseq 5.7$Hとなり，大型のコイルが必要です．コア入りのインダクタを使って小型化することも考えられますが，今度はコアの磁気飽和や直線性が問題となりま

す．またコイルからの電磁誘導ノイズも無視できません．そこで，図5に示すようにインダクタンスを能動素子を使って等価的に作り出す回路がいくつか考えられました．これならコイルが不要なので，共振周波数が低くても，小型化とコスト・ダウンが可能です．なお，図7に示すようにトランジスタによるエミッタ・フォロワでも実現できます．図8に，図5の周波数特性のシミュレーション結果を示します[1]．

仕様
- ■共振周波数：$f_0 = 70$Hz
- ■クオリティ・ファクタ：$Q = 2.5$
- ■共振点ゲイン：10dB
- ■共振帯域外のゲイン：0dB
- ■電源電圧：±15V

◆参考文献◆

(1) http://www.mos.t.u‑tokyo.ac.jp/asada/home‑j.html

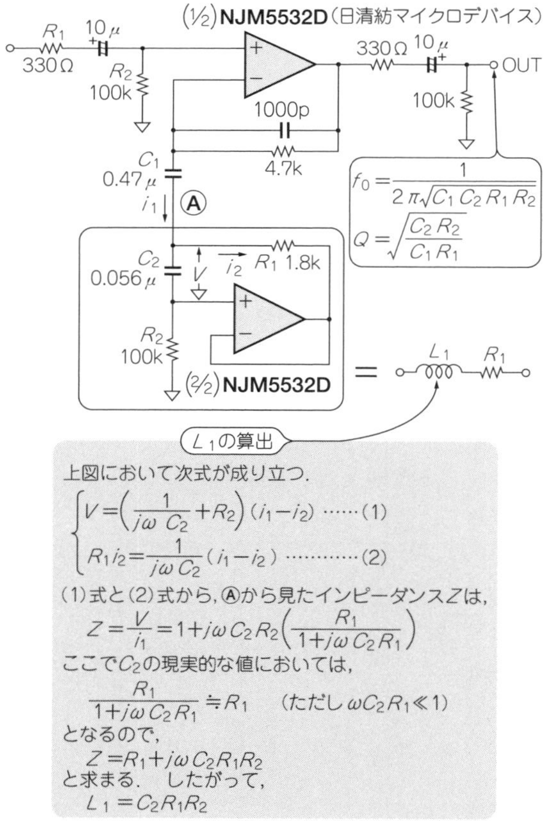

図5の回路

$$f_0 = \frac{1}{2\pi\sqrt{C_1 C_2 R_1 R_2}}$$

$$Q = \sqrt{\frac{C_2 R_2}{C_1 R_1}}$$

L_1の算出

上図において次式が成り立つ．

$$\begin{cases} V = \left(\dfrac{1}{j\omega C_2} + R_2\right)(i_1 - i_2) \cdots (1) \\ R_1 i_2 = \dfrac{1}{j\omega C_2}(i_1 - i_2) \cdots (2) \end{cases}$$

(1)式と(2)式から，Aから見たインピーダンスZは，

$$Z = \frac{V}{i_1} = 1 + j\omega C_2 R_2\left(\frac{R_1}{1 + j\omega C_2 R_1}\right)$$

ここでC_2の現実的な値においては，

$$\frac{R_1}{1 + j\omega C_2 R_1} \fallingdotseq R_1 \quad (\text{ただし } \omega C_2 R_1 \ll 1)$$

となるので，

$$Z = R_1 + j\omega C_2 R_1 R_2$$

と求まる．したがって，

$$L_1 = C_2 R_1 R_2$$

図5　OPアンプ1個で作る$f_0 = 70$Hz，$G = 10$dBの低域増強回路

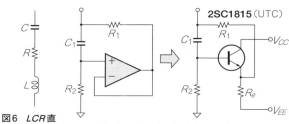

図6　LCR直列共振回路　　図7　トランジスタで作る半導体インダクタ

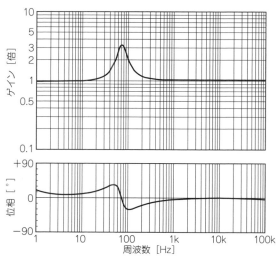

図8　図5の回路の周波数特性シミュレーション

[4] 低域/中域/高域3バンド・グラフィック・イコライザ

田尾 佳也

図9は100 Hz，1 kHz，10 kHzの3バンドで増強/減衰を調整できるグラフィック・イコライザです．PRO-G51（アキュフェーズ）の回路を参考にしています．

実測周波数特性を図10に示します．ボリュームが50％の位置でフラットな特性になります．入力インピーダンスが1 kΩと低いので，ボルテージ・フォロワを前段に設置してください．

回路の基本形は図11に示す，バンド・パス・フィルタをイコライザ素子としたアクティブ加算型グラフィック・イコライザです．

隣り合うバンドの周波数間隔が広いため，共振のピークの鋭さを表すQを低く設定しています．図12のように，Q＝0.5，ゲイン0.5倍の多重帰還型バンド・パス・フィルタで構成しています．ゲイン0.5倍では，

可変量が半減してしまいます．位相合わせに必要な反転アンプのゲインを2倍にしました．

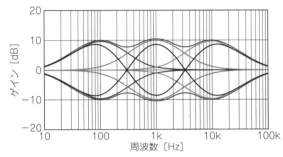

図10 図9のグラフィック・イコライザの実測周波数特性

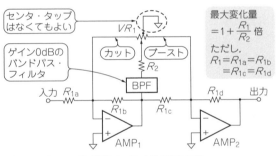

図11 アクティブ加算型イコライザの基本回路

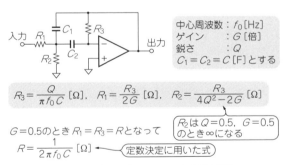

中心周波数：f_0 [Hz]
ゲイン ：G [倍]
鋭さ ：Q
$C_1 = C_2 = C$ [F] とする

$$R_3 = \frac{Q}{\pi f_0 C}\ [\Omega], \quad R_1 = \frac{R_3}{2G}\ [\Omega], \quad R_2 = \frac{R_3}{4Q^2 - 2G}\ [\Omega]$$

R_2は$Q＝0.5$，$G＝0.5$のとき∞になる

$G＝0.5$のとき $R_1 = R_3 = R$ となって

$$R = \frac{1}{2\pi f_0 C}\ [\Omega]$$ ←定数決定に用いた式

図12 図9に用いたバンドパス・フィルタの基本回路

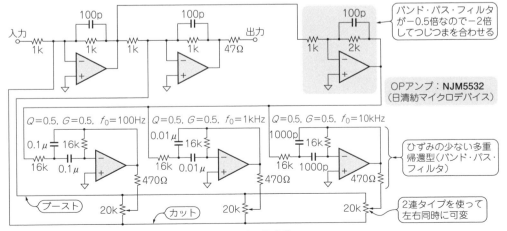

図9 反転アンプだけで構成されているグラフィック・イコライザ

⑤ 音空間がファーッと広がるサラウンド感強調回路

加藤　隆志

ステレオ・ワイドは，比較的簡単な回路で小型のステレオ・システムの左右の音の広がり感を増加させる機能です．昭和のラジカセなどではこの機能がよく見られます．サラウンドなどは，これに遅延などを付加して発展させたものと見なせます．

図13にステレオ・ワイド回路を示します．2信号の加算は VR_1 と VR_2 で行います．コレクタ抵抗で電流が電圧に変換されますが，コレクタ抵抗に流す電流のLチャネルとRチャネルをこの抵抗に流して加算します．VR_1 と VR_2 をそれぞれ最大側にすると，左右が等価加算となって中位の音が消えてしまいます．適当な調整範囲は，1/3〜2/3くらいです．

簡単なしくみで大きな効果を体感できるので，費用対効果の大きな回路です．図14はステレオ・ワイドの使用例です．オーディオ機器のLINE入出力の間に入れれば効果を体感できます．部品点数が少なく，小さなサイズで作れるので，小型オーディオ機器にも内蔵できます．

ステレオ・ワイドとは，Lチャネルの音声を位相反転してから減衰させてRチャネルに加算します．反対側のRチャネルも同じようにRチャネルの一部を位相反転させてから減衰させて，Lチャネルに加算するだけの回路です．

こうすると，実際のスピーカの位置がより左右に離れたように聞こえるばかりでなく，ホールの中で聞いているような錯覚を感じます．ソースによってはそれまで聞こえなかった音が聞こえる場合もあります．あくまで錯覚なので個人差で効果に差があります．

加算する比率は可変できると便利です．加算比率を左右で同じにすると，L−Rとなって中位の音（主にボーカル）が消えて演奏だけになります．広がり感は個人差があるので可変できることは重要です．

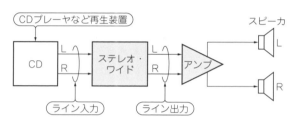

図14　ステレオ・ワイドの使用例
ライン入出力の間に入れて使用する．インピーダンスが高いのでヘッドホンやスピーカは駆動できない

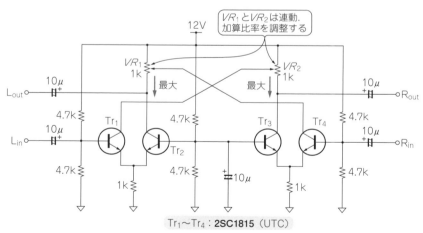

図13　ステレオ・サラウンド回路
反対チャネルの逆位相の信号をそれぞれ加算する回路．差動増幅回路を2個使って実現

第4部

パワー・アンプ回路

第11章

1チップからはじめる
パワー・アンプ回路集

1 定番LM386 1個で作る0.2Wパワー・アンプ

森田 一

● 回路の説明

　図1は，LM386（テキサス・インスツルメンツ）を使った0.2W出力のオーディオ用パワー・アンプです．ちょっとスピーカを鳴らしたいとか，もう少し音量を増やしたいときに便利です．定番のICであり，外付け部品の少なさはとても魅力です[1]．

　写真1は製作した基板の外観です．なお，実際に使用したICはセカンド・ソース品のNJM386（日清紡マイクロデバイス）です．

―仕様―
- 入力インピーダンス：$50\,k\Omega$
- 負荷インピーダンス：$4～16\,\Omega$
- 出力電力：$200\,mW/8\,\Omega$
- 周波数特性：$20\,Hz～20\,kHz$

● 設計上の注意

　外付けは，発振防止用のCRを入れてもコンデンサ2個と抵抗1個という手軽さです．アプリケーション・ノートには，ゲインを増加させる方法や，低域をブーストする方法，発振器にする方法などいろいろな応用回路が出ています[1]．なお，このICのピン名称を見ると入力＋と入力−がありますが，OPアンプのようには使えません．

● 特性

　図2は，負荷$4\,\Omega$で測定した400Hzと1kHzでの出力電圧対ひずみ率特性です．あり合わせの測定器で測定したため，小信号領域のひずみ率がノイズの影響で悪くなっています．

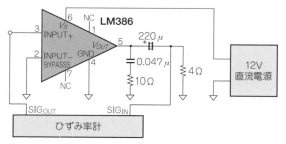

図1　LM386を使った0.2W出力のオーディオ・パワー・アンプ

◆参考文献◆
(1) LM386データシート，テキサス・インスツルメンツ．

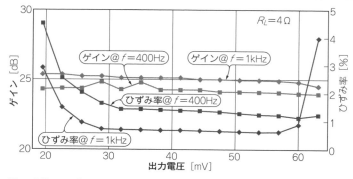

図2　製作したパワー・アンプの出力-ひずみ特性と出力-ゲイン特性

写真1　製作したパワー・アンプ基板の外観

② 1チップICで作るひずみ0.01％以下の10Wパワー・アンプ
佐藤　尚一

● **OPアンプのように使える1チップのパワー・アンプIC LM3886**

写真2に示すのは，モノリシックのオーディオ用アナログ・パワー・アンプICとして有名なLM3886(テキサス・インスツルメンツ)です．市販の高級オーディオにも搭載されていたため，ご存じの方も多いでしょう．最大出力は68W($R_L = 4\,\Omega$)です．20($\pm$10V)〜84Vまで動作して，数W〜68Wまでのパワー・アンプが作れます．

● **回路**

図3に示すのはLM3886を使ったひずみ率0.01％以下の10Wパワー・アンプです．出力に直列に接続するL_1とR_5の並列回路と，出力とグラウンド間に入るC_3とR_4の直列回路は，いずれも発振防止です．スピーカ用ケーブルの線間容量とアンプの等価的な出力抵抗による位相遅れを避けるのが目的です．

電源回路には3Aのポリヒューズ(F_2とF_3)を用いました．LM3886はもともとハイ・パワー仕様なので電流制限値が高く設定されています．そのため，大きな電流が流れるとICより先に電源が壊れる場合があるので保護回路が必要です．

● **特性**

図4にオーディオ・アナライザdScope Series III(Prism Sound社)で測定した$THD + N$(総合ひずみ率)対出力電力のグラフを示します．$8\,\Omega$負荷で10W強の最大出力です．

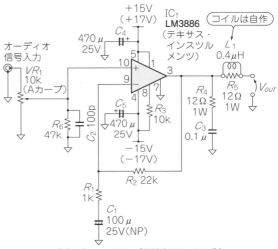

（a）パワー・アンプ回路（1チャネル分）

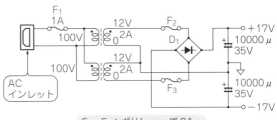

F_2, F_3：ポリヒューズ 3A
D_1：KBPC2504(Semtech)

（b）電源回路

写真2　1チップ・パワー・アンプIC LM3886
最大68W，1チャネル

$$L = K \mu \pi a^2 \frac{N^2}{\ell}$$

ただし，$\mu_0 = 4\pi \times 10^{-7} \fallingdotseq 1$H
$\ell = 10$, $N = 10$, $a = 3.5 \rightarrow L = 0.367\,\mu$H
$k = 7.60885 \times 10^{-1}$（長岡係数）

ドライバやドリルの軸など$\phi6$の棒に$\phi1$のエナメル線を10回密着巻き，心棒を抜いて熱収縮チューブをかぶせて製作する

（c）自作のアイソレーション・コイル

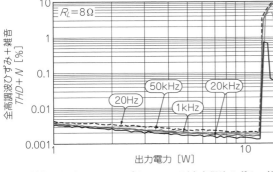

図4　製作したパワー・アンプの$THD + N$(全高調波ひずみ＋雑音)対出力電力

図3　LM3886を使って製作した10W出力@8Ωのアンプ回路

③ スピーカはモノラル＆ヘッドホンはステレオ対応の 2Wパワー・アンプ
石井 博昭

　図5に示すのは，内蔵スピーカはモノラルで，ヘッドホンはステレオで鳴らせるリニア・パワー・アンプです．電源は2.5～5.5Vなので，リチウム・イオン電池1セル，またはニッケル水素電池3～4セルの携帯機器に最適です．

　最大出力の2W（THD＝1％）は4Ωのスピーカ時に得られます．スピーカは平衡（BTL）接続，ヘッドホンは不平衡接続に自動的に切り替わります．ゲインは1.25～5倍（ヘッドホン），2.5～10倍（スピーカ）です．

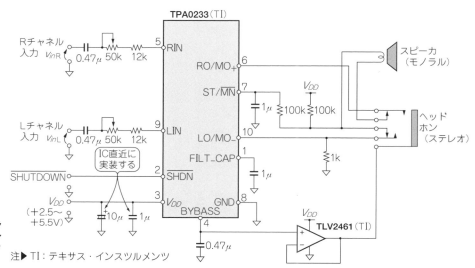

図5　スピーカはモノラル，ヘッドホンはステレオで鳴らせるワンチップ・パワー・アンプ

注▶ TI：テキサス・インスツルメンツ

④ バッテリ機器向け1.4W D級パワー・アンプ
渡辺 明禎

　図6に示すのは，1.4W＠8ΩのD級パワー・アンプです．3レベル（＝ダブル・キャリア）PWM方式で，無信号時の差動出力には，ほとんどスイッチング波形が出力されません．アンプとスピーカ間の距離が短い

ときはLCフィルタが不要です．ただし，電源と出力端子の間には常にスイッチング波形が出力されますので，アンプとスピーカ間の距離が長いときは，EMCを抑えるためのLCフィルタが必要です．

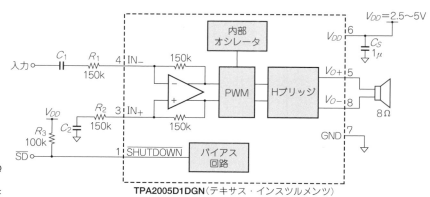

図6　TPA2005D1を使った1.4W＠8ΩのD級パワー・アンプの回路
ひずみ率0.3％，効率約80％が得られた

⑤ *LC*フィルタ不要の20Wステレオ1チップD級パワー・アンプ

中野 正次

図7に示すのは，*LC*フィルタが不要な1チップD級パワー・アンプです．MAX9708（アナログ・デバイセズ）は，放熱器無しで出力20 W × 2（電源18 V，負荷8 Ω，ひずみ率10 %時の最小値）が得られます．パッケージは8 mm角のQFNです．

● 2出力を並列接続すると40Wモノラル・アンプになる

このICの最大の特徴は，ステレオで使えるようにBTL（Bridge - Tied Load：平衡型）出力を2回路内蔵していながら，その出力を並列接続で直結してモノラルとしても使えることです．並列接続ですから出力電流は2倍まで取れることになります．

ただし，最適負荷インピーダンスはステレオ時が8 Ωなのに対して，並列接続では4 Ωになり，最大出力は40 Wのモノラルとなります．

● D級アンプに必要な全機能を搭載

もう1つの特徴は，8 × 8 × 0.8 mmという小さなパッケージに全機能が収まっていることです．周辺部品を小型なものにして放熱手段を確保すれば，極めて小さなスペースに組み込めます．メーカはテレビやカー・オーディオ用途をターゲットにしているようですが，ロボットの音声機能やモータ駆動などにも応用できるでしょう．

このような組み込み用途では，負荷とICの距離を短かくし，シールド（ケースやカバー）内で配線することで，出力のチョーク・コイルとコンデンサによるフィルタは不要になり，コンパクトさのメリットが最大限に生きてきます．

この場合，負荷との距離を縮めたことによって，逆に信号源からの距離が長くなってしまうことがありますが，入力端子が完全な平衡型になっているので，誘導ノイズの混入は最小限に抑えられます．

◆参考・引用*文献◆
(1)* MAX9708データシート，マキシム・ジャパン．

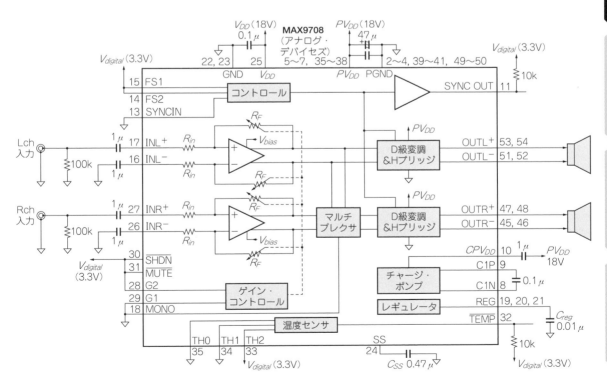

図7[(1)] *LC*フィルタが不要な1チップD級パワー・アンプ

第12章

本格的なパワー・アンプ回路集

① 4石1Wパワー・アンプ

渡辺 明禎

　図1に示すのは，ブートストラップ回路付き出力1Wのパワー・アンプです．ブートストラップ回路（C_5, R_8, R_9）の目的は，Tr_2の負荷抵抗を大きく見せてゲインを増加させることと，Tr_3のベース電流供給能力を増大させることにあります．$R_8 + R_9$を定電流源にしたのと等価な効果があります．

　電源が12V時に8Ω負荷に1W（$THD = 10\%$）供給できます．その際のTr_3, Tr_4それぞれの損失は約0.5Wになりますのでヒートシンクが必要です．

　この回路は出力端子に短絡保護回路がないので，出力端子を短絡するとTr_3とTr_4が熱破壊します．そこで0.5Aのポリ・スイッチを保護用に付けました．

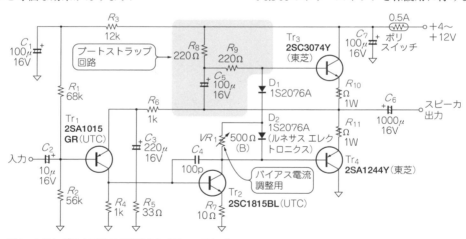

図1 トランジスタで作る1W@8Ωパワー・アンプ

② OPアンプ1つとトランジスタ2つで作るパワー・アンプ

渡辺 明禎

　LM324（テキサス・インスツルメンツ）のような単電源用OPアンプは，ほぼグラウンド・レベルまで出力できます．**図2**に示すように，この出力をコンプリメンタル・エミッタ・フォロワで電流ブーストすれば，スピーカを駆動できます．①R_5を定電流源にする，

②Tr_1とTr_2のベースを電解コンデンサ（100μF程度）で結ぶと，さらに性能がアップします．②はLM324出力のソース電流が40mAと大きいので効果的です．Tr_1とTr_2のエミッタ電位は$V_{CC} \times R_2 / (R_1 + R_2)$で決まります．

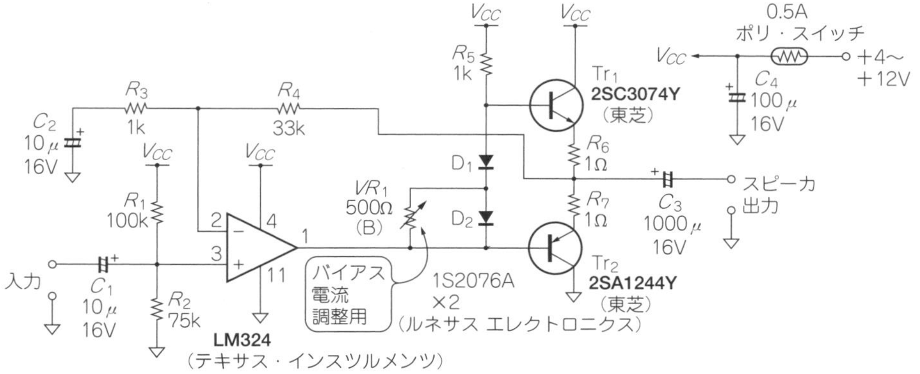

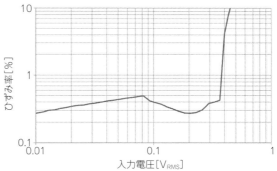

図2 単電源OPアンプ出力をエミッタ・フォロワで電流ブーストしたパワー・アンプ

③ 乾電池1本で動くフルディスクリートのパワー・アンプ

小川 敦

図3に示すのは，乾電池1本でスピーカを駆動する
レール・ツー・レール型パワー・アンプです．出力段
はPNPトランジスタとNPNトランジスタを組み合わ
せたコンプリメンタリ・プッシュプル・アンプで，
1.5Vの電源電圧でも1.1 V_{P-P} 以上の出力で8Ωスピー
カを駆動できます．ゲインは20dBに設定してありま
す．C_3 と R_9 は発振防止のため出力端子に接続してい
ます．

電源電圧を1.5V，8Ωの負荷抵抗を接続して出力が
クリップしはじめる電圧レベルを調べてみると，
1.1 V_{P-P} 以上が出力されました．

図4にアンプの入力レベル対ひずみ特性の測定結果
を示します．それほど良いひずみ率ではありませんが，
小型スピーカを駆動するには十分な性能です．

図4 レール・ツー・レール型パワー・アンプのひずみ特性
それほど良い値では無いが，小型スピーカを駆動するには十分な性能を
もつ（測定にはオーディオ・アナライザ MAK-6581 を使用）

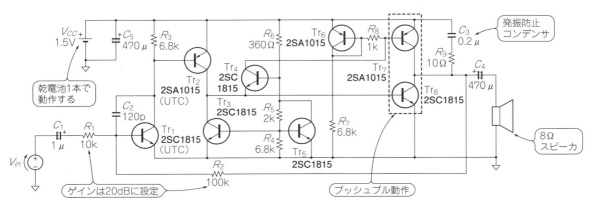

図3 乾電池1本で動くレール・ツー・レール型パワー・アンプ
電源電圧1.5Vでも1.1 V_{P-P} 以上の振幅で8Ωのスピーカをドライブできる

97

④ 電流正帰還でスピーカを強力駆動する 重低音パワー・アンプ

矢野目 勇士

　小型スピーカは，ユニットの口径が小さいので，低音を出すのが苦手です．とはいえ低音を出すのが得意な大型スピーカを置く場所などには限りがあります．なんとか小型スピーカでも迫力のある低音を楽しみたいものです．

　図5に示すのは，電流正帰還でバスレフ・スピーカを強力駆動する重低音パワー・アンプです．パワー・アンプIC_1にはLM3886（テキサス・インスツルメンツ）を使います．8Ω負荷で最大38Wの出力が得られます．

　電流正帰還のOPアンプIC_3には，低ひずみ，低雑音で定評のあるLME49720（テキサス・インスツルメンツ）を使います．電流正帰還によりスピーカのインピーダンスの低い帯域の電圧を増やすことで，スピーカから低音が出せるようになります．

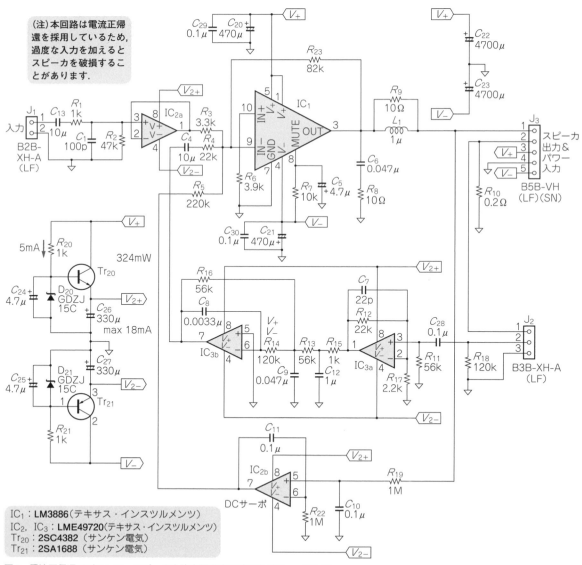

図5　電流正帰還でバスレフ・スピーカを強力駆動する重低音パワー・アンプ

⑤ メガ盛り54石の出力10W無帰還パワー・アンプ

加藤 大

　図6に示すのは，ICの回路設計技術をベースに設計した54石無帰還パワー・アンプです．全差動回路やAB級出力回路などICに使われる回路技術を駆使し，全体帰還を掛けない無帰還構成で低ひずみ化に挑戦しました．

　図7に周波数を100 Hz，1 kHz，10 kHzにしたときの片チャネルのTHD（Total Harmonic Distortion）を示します．1 W_{RMS}のとき100 Hzと1 kHzは0.004％と無帰還アンプとしては良好な結果となりました．10 kHzは少し悪化しますが，それでも0.01％以内に入っています．

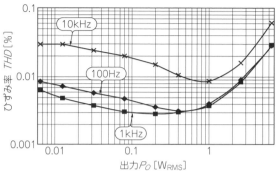

図7 本アンプのひずみ率THD（実測）
無帰還アンプとしては大変良好な性能が得られた

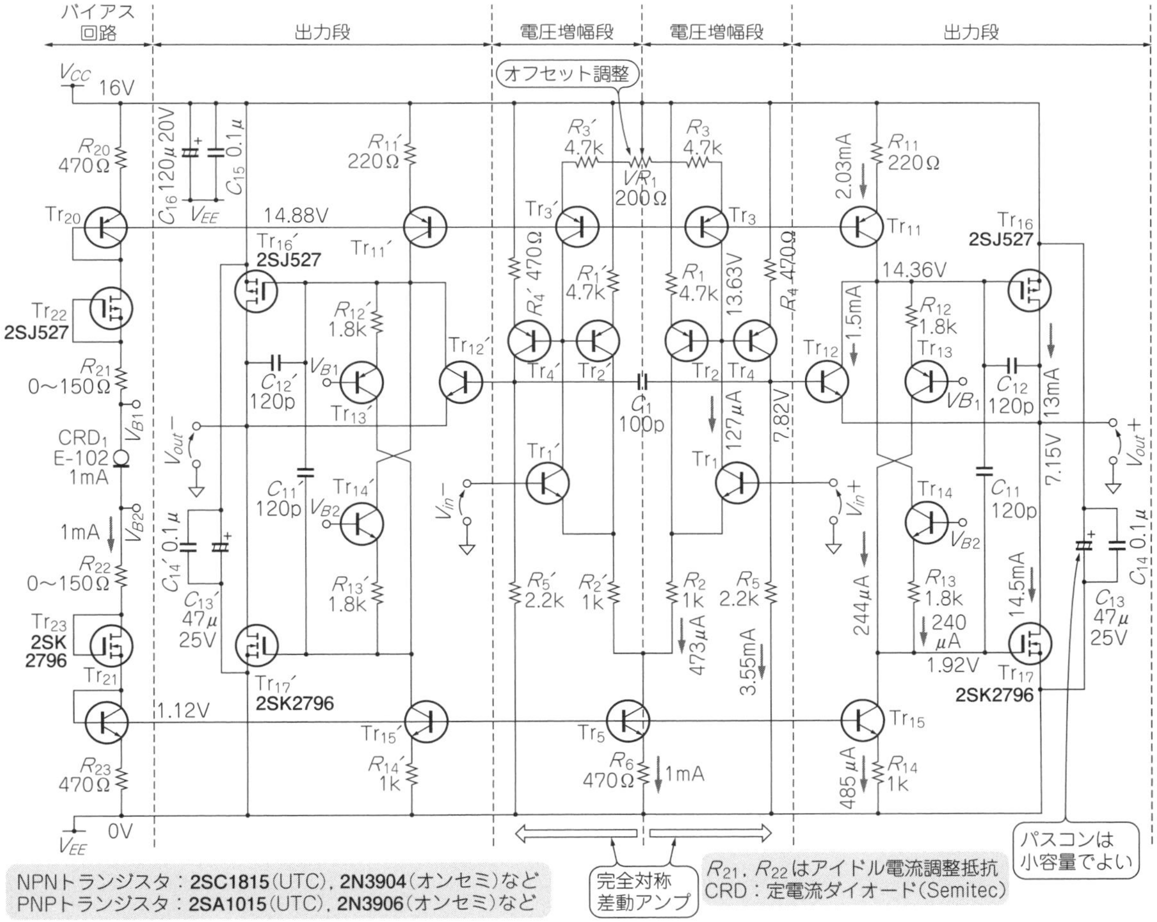

図6 ICの回路設計技術をベースに設計した54石無帰還パワー・アンプ
AB級ブリッジ出力の構成．入力から出力まで完全対称な回路．単電源16Vで動作する

NPNトランジスタ：2SC1815（UTC），2N3904（オンセミ）など
PNPトランジスタ：2SA1015（UTC），2N3906（オンセミ）など

完全対称差動アンプ

R_{21}，R_{22}はアイドル電流調整抵抗
CRD：定電流ダイオード（Semitec）

パスコンは小容量でよい

⑥ 高域でのひずみ率が小さい15Wパワー・アンプ

黒田　徹

OPA604（テキサス・インスツルメンツ）はFET入力型で，耐圧±25V，スルーレート25V/μs，GB積20MHzと高域特性に優れます．独自のひずみキャンセル回路をもち低ひずみを実現しています．図8に示したパワー・アンプ回路の出力段は2段ダーリントン・エミッタ・フォロワのAB級動作です．

Tr_1は出力段バイアス電圧の温度補償用です．パワー・トランジスタのケースに重ね合わせ，ビスで留めて熱結合します．R_{VR1}でパワー・トランジスタのアイドリング電流を35mAに調整します．D_3とD_4は出力端子が短絡したとき出力電流を制限します．正常動作時は非導通です．

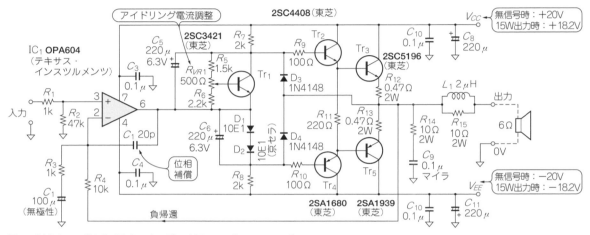

図8　高域でのひずみ率が小さいオーディオ用15Wパワー・アンプ

⑦ 出力60W@2Ωのフルディスクリート・パワー・アンプ

矢野目　勇士/Takazine

図9に示すのは，差動2段増幅＋3段ダーリントン出力段で構成したフルディスクリート・パワー・アンプです．電圧増幅段は差動2段構成で，2段目はカレント・ミラー回路による能動負荷です．

この差動2段構成は，1960年代の半導体アンプ初期に登場した画期的な回路で，今日でも広く使われています．差動回路を2段にすることで初段にある2個のトランジスタの動作点が等しくなっています．発熱も等しいので，出力のオフセット電圧が時間とともにずれるDCドリフトが発生しにくくなります．

カレント・ミラー回路による能動負荷はとても増幅率が大きく，2段目だけで60〜70dBに及ぶゲインが得られます．この大きなゲインを使って負帰還をかけると，出力バッファの非直線成分がより強く補正されて，低ひずみなアンプにすることができます．

出力段は低インピーダンスなスピーカも余裕で駆動できるように，あえて3段ダーリントンというオーバ・スペックな構成にしています．2Ω負荷も駆動できます．

8Ω，4Ω，2Ωと負荷を変えてテストした結果が図10です．2Ωでも全く問題なく駆動できているのが分かります．この図ではわかりませんが，2Ω負荷，$THD＝10%$時での出力は60Wに達しています．

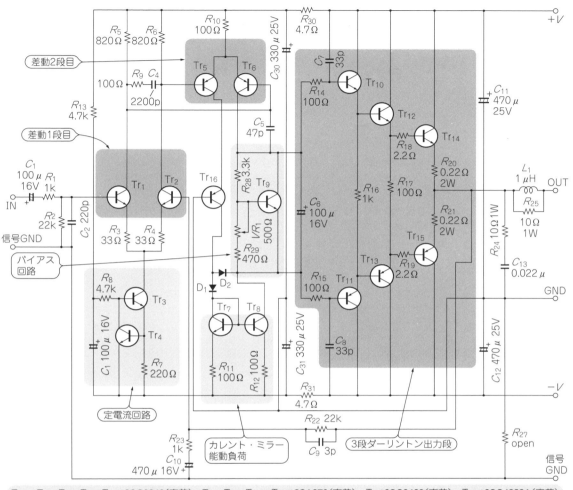

Tr₁〜Tr₄, Tr₇, Tr₈, Tr₁₀:2SC2240（東芝） Tr₅, Tr₆, Tr₁₁, Tr₁₆:2SA970（東芝） Tr₉:2SC3423（東芝） Tr₁₂:2SC4883A（東芝）
Tr₁₃:2SA1859A（サンケン電気） Tr₁₄:2SC3837（ローム） Tr₁₅:2SA1186（サンケン電気）

図9 製作したフルディスクリート・パワー・アンプの回路図
差動2段増幅＋3段ダーリントン出力段. 50年くらい昔に登場して今でも使われるオーソドックスな構成

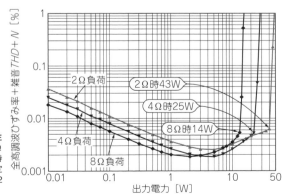

図10 8Ω，4Ω，2Ω負荷時の1kHzひずみ率特性
10%ひずみ時の出力は8Ω時20W，4Ω時35W，2Ω時60W．ノンクリップ・パワーは8Ω時14W，4Ω時25W，2Ω時43W．少し余裕を持たせた表記として定格出力（保証値）は10W@8Ω，20W@4Ω，40W@2Ωとする

ヘッドホン

USB&Bluetooth

音質調整回路

パワー・アンプ

電源&プリアンプ

サウンド回路

マイク&スピーカ

8 なんとひずみ0.0005％の40W高効率パワー・アンプ

黒田　徹

図11に示すのは，A級電力増幅回路とAB級電力増幅回路の長所をあわせもつトランスリニア・バイアス電力増幅回路を使った最大出力40Wのリニア・パワー・アンプです．AB級アンプと同等の効率で，A級アンプ並みの0.0005％以下＠20Hz～20kHzという低ひずみを実現しています．

● A級の低ひずみとAB級の低消費電力のいいとこどり「トランスリニア・バイアス」

A級電力増幅回路は，プッシュプル出力回路を構成する2個のパワー・トランジスタのバイアス電流が全動作領域においてカットオフすることがなくひずみが小さいですが，無信号時でも大電流が流れる欠点があります．一方，AB級電力増幅回路は，無信号時の電流がわずかですが，ひずみ（クロスオーバひずみ）が発生します．

トランスリニア・バイアス電力増幅回路は，カットオフしないのでクロスオーバひずみがなく，最小限のバイアス電流で低ひずみを実現できます．

● ひずみ率特性

図12に実測のひずみ率特性を示します．

1kHzと10kHzのひずみ成分は，雑音にマスクされて見えません．20Hzと20kHzは出力が10Wを超えると，2次ひずみが出現します．1kHz，10kHz，20kHzのノンクリップ最大出力は，シミュレーションより1割ほど低い37Wでした．

出力が37Wのときの全高調波ひずみ＋雑音（$THD+N$，Total Harmonic Distortion Plus Noise）は次のとおりです．

- 1kHz ：0.00028％
- 10kHz：0.00029％
- 20kHz：0.00046％

20Hzのノンクリップ最大出力は32Wで，$THD+N$は0.00047％でした．

図13に，出力37Wのときの信号とひずみの波形を示します．ひずみ率計のモニタ機能で観測しました．1kHz入力時［図13(a)］の$THD+N$はほとんど白色雑音です．20kHz入力時［図13(b)］の$THD+N$はホワイト・ノイズに2次高調波が乗っています．

● アイドリング電流とひずみ率の関係

$THD+N$は，アイドリング電流を60m～300mAの範囲で変えても一定ですが，図14に示すように20kHzのときは少し変化しますが，わずかです．

- 60mA ：0.00055％
- 300mA：0.00044％

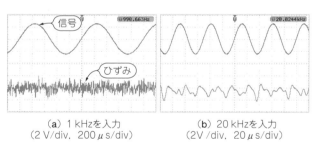

（a）1kHzを入力
（2V/div，200μs/div）

（b）20kHzを入力
（2V/div，20μs/div）

図13　本アンプの出力信号のひずみ波形（出力37Wで実測）

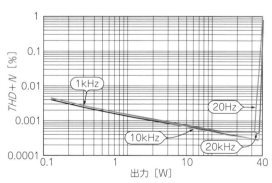

図12　製作した本アンプのひずみ率＋雑音特性（ノンクリップ最大出力状態で実測）
1kHzのとき0.00028％，10kHzのとき0.00029％，20kHzのとき0.00046％，20Hzのとき0.00047％

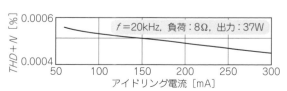

図14　基準電流を変えながら（60m～300mA）測定した本アンプのひずみ率（20kHzで実測）
入力信号が20kHzのとき，わずかに変化する程度

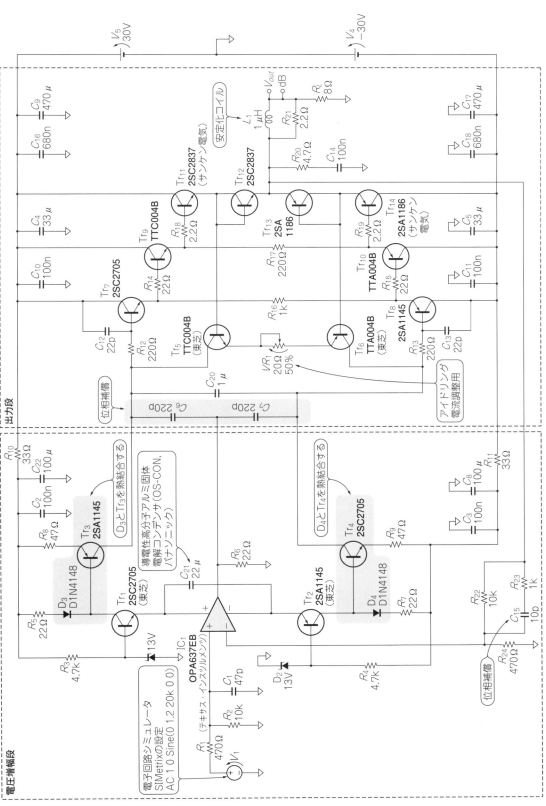

図11 わずか6Wのアイドリング消費で、0.0005%の超低ひずみを実現した出力40Wのリニア・パワー・アンプ
高GB積のOPアンプを使って電圧増幅段を構成しひずみを低減. さらに、3段ダーリントン, エミッタ・フォロワを使って, トランスリニア電力増幅段のアイドリング電流を削減

⑨ 原理がよくわかる0.2W出力D級パワー・アンプ

鈴木 雅臣

図15に示すのは，汎用ロジックICとパワー・トランジスタで作るD級パワー・アンプです．出力電力は8Ω負荷に対して0.2Wです．変調器にはPWM型を使いました．入力信号と三角波を加算してコンパレータで基準レベルと比較することで，振幅情報をディジタル化し，2値化したPWM波を得ています．電力スイッチはこのPWM信号にスピーカを駆動できるくらい大きな電力をもたせます．出力フィルタには電力損失が小さいコイルとコンデンサで作る受動型にしています．

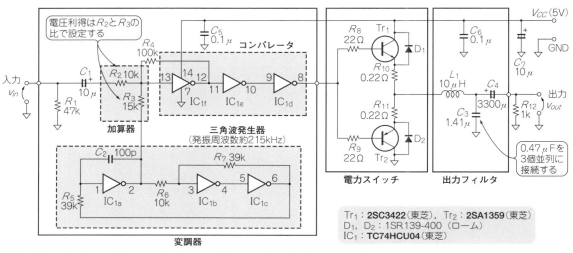

図15 汎用ロジックICとパワー・トランジスタで作る0.2W出力D級パワー・アンプ

⑩ 汎用ロジックICだけで構成するD級パワー・アンプ

黒田・徹

図16に示すのは，CMOSインバータだけで構成した自励発振式D級パワー・アンプです．出力段は片側に74AC04を12個(3パッケージ)，並列接続したフル・ブリッジ回路です．5V電源で8Ω負荷に1W(*THD*

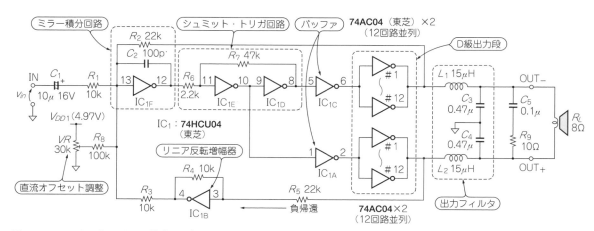

図16 CMOSインバータだけで構成した自励発振式D級パワー・アンプ

＝1％，f＝1 kHz）を出力できます．アンバッファ CMOSインバータ74HCU04を使って，積分器，コン

パレータ（シュミット・トリガ），反転増幅器のアナログ回路を構成しています．

11 本格構成の15 W出力D級パワー・アンプ

渡辺 明禎

図17に示すのは，D級アンプ制御IC IRS2092に MOSFETを2個外付けしたD級パワー・アンプです．最大出力は25 W（1 kHz，4 Ω）です．8 Ω負荷で±15 V /2 A，4 Ω負荷で±15 V/4 Aの安定化された電源が必要です．

1 kHzでの出力電圧-ひずみ率特性を**図18**に示しま

す．雑音を除いた高調波ひずみ成分は0.01％以下と非常に小さい値です．

4 Ω/7 W，8 Ω/3.5 Wでの周波数特性-ひずみ率特性を**図19**に示します．周波数全域にわたりひずみ率は0.1％以下でした．

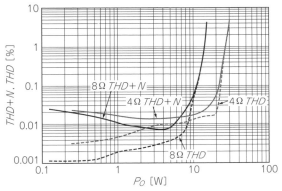

図18 出力電力-ひずみ率特性（1 kHz）

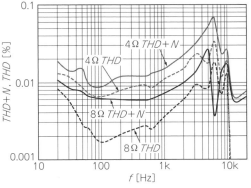

図19 周波数-ひずみ率特性（4 Ω/7 W，8 Ω/3.5 W）

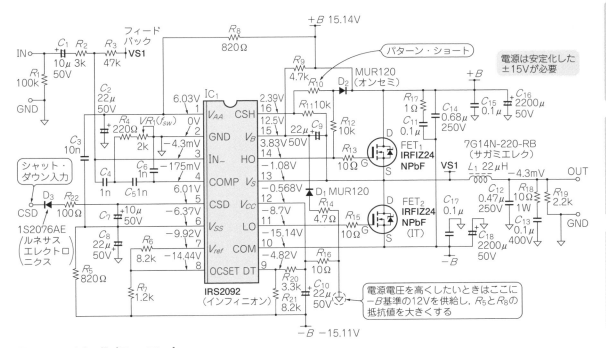

図17 15 W出力D級パワー・アンプ

⑫ ひずみを増減できる音質テスト用アンプ

漆谷 正義

オーディオ回路は，周波数特性やひずみ率で比べたり評価したりします．でも，どんなに再生信号のクオリティが高くても，心地良くなければ好まれないでしょう．

そこで，再生信号の質を聞き分ける耳の判定力をあきらかにする「音質判定力テスタ」を紹介します．調整できるのは次の3つです．

(1) クロスオーバひずみ
(2) 非直線ひずみ
(3) 帰還量

図20に音質コントロール・アンプの回路を示します．ディスクリートで構成し，トランジスタの動作条件をスイッチで変化させます．最大出力は0.5 Wです．

図21に示すのは，図20のパワー・アンプのひずみです．ひずみ率（THD：Total Harmonic Distortion）は0.069%です．スペクトルを見ると，1kHzの信号成分以外に目立つ雑音はありません．低域のやや大きい雑音はパソコンの電源が原因です．

図22にクロスオーバひずみが発生している実際の波形とスペクトラムを示します．

図23に非直線ひずみが発生した正弦波の波形とスペクトラムを示します．クロスオーバひずみほど音に顕著に現れませんが，これだけひずむとはっきり耳で認識できます．

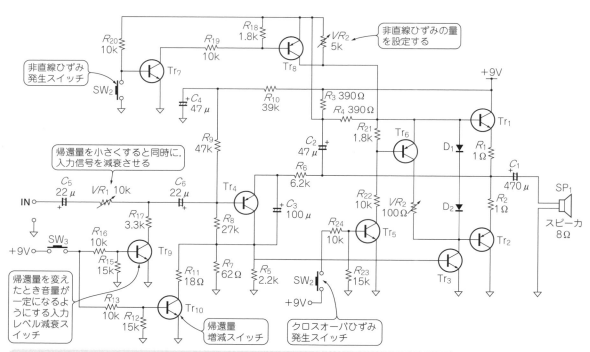

Tr₁:2SC2655L-Y(UTC)　Tr₂:2SA1020L-Y(東芝)　Tr₃:2SC1815GR(UTC)　Tr₄:2SA1015GR(UTC)
Tr₅, Tr₇, Tr₉:2SC1815(UTC)　Tr₆, Tr₈, Tr₁₀:2SC1015(UTC)　D₁, D₂:IN4148(オンセミ)

図20　耳の音質判定力をテストするひずみ発生ディスクリート・アンプ
トランジスタの動作条件をスイッチで切り換えることで，クロスオーバーひずみや非直線ひずみを増したり，帰還量を減らしたりする

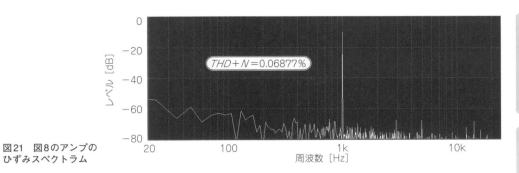

ヘッドホン

USB&Bluetooth

音質調整回路

パワー・アンプ

電源&プリアンプ

サウンド回路

マイク&スピーカ

図21　図8のアンプの
ひずみスペクトラム

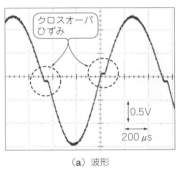

（a）波形

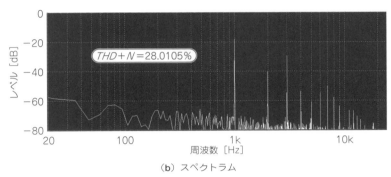

（b）スペクトラム

図22　パワー・アンプにクロスオーバひずみが発生しているときの正弦波出力信号
1kHz以外に高調波成分や混変調成分が見られる．ひずみ率は28.0％ととても大きい

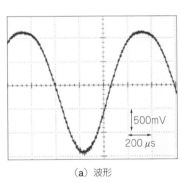

（a）波形

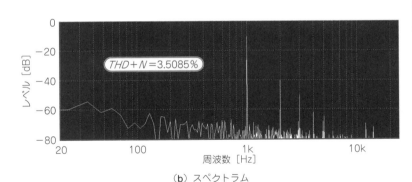

（b）スペクトラム

図23　パワー・アンプに非線形ひずみが発生しているときの正弦波出力信号
高調波成分が5kHzにまで広がっている．ひずみ率は3.5％

⓭ 100 W × 2 出力 D 級ステレオ・パワー・アンプ

西村 康

図24に示すのは，100 W × 2 出力の D 級ステレオ・パワー・アンプです．写真1に示すように，PWM パワー・モジュールには D 級アンプ用 IC の IR4301M(インフィニオン)と回路動作に必要な CR 類を搭載しています．1 モジュールで 95 ％以上の効率を実現できるため，放熱条件さえ良ければ 100 W 以上のパワーを連続して取り出せます．

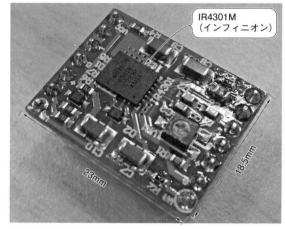

写真1　24 × 19 mm で100W 出力のパワー・アンプ・モジュール　LVX-IR4301M(Linkman)

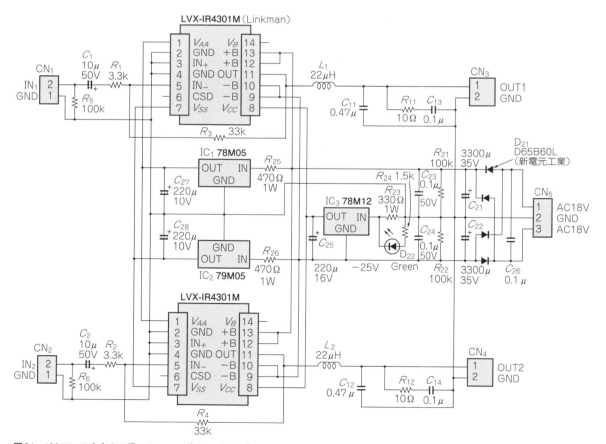

図24　100 W × 2 出力の D 級ステレオ・パワー・アンプ

第5部

電源&プリアンプ
周辺回路

第13章

1チップからはじめる電源&プリアンプ回路集

① 超定番78/79シリーズ3端子レギュレータで作るリニア電源

馬場 清太郎

● 3端子レギュレータとは

図1のようにシリーズ・レギュレータの全回路をIC化し，外部接続を入力（IN），出力（OUT），グラウンド（GND＝0V）の3端子にまとめたものです．図2に示すように，外部に2個のコンデンサを接続するだけで動作する使いやすいICです．

● 正電圧を安定化する3端子レギュレータ

各社から同等品が出されていますが，ここでは一例として日清紡マイクロデバイスの代表的なICの仕様を表1に挙げます．このICの特徴は，次のようなものが挙げられます．

（1）出力電圧は固定で，5V，6V，8V，9V，12V，15V，18V，24Vなどがあり，出力電圧

精度は定格値の±5.0％以内．
（2）出力電流は，100mA（NJM78L00），0.5A（NJM78M00），1.5A（NJM7800）の3種類．
（3）入力電圧は出力電圧よりも＋2.5V以上（保証値），＋2.0V以上（標準値）であることが必要．
（4）各種保護回路（過熱保護，過電流保護）を内蔵していて，壊れにくく使いやすい．

出力電圧を可変にしたNJM317［ナショナル セミコンダクター（現在はテキサス・インスツルメンツ）のLM317がオリジナル］もあります．

● 負電圧を安定化する3端子レギュレータ

各社から同等品が出されていますが，ここでも日清紡マイクロデバイスの代表的な仕様を表1に追記しま

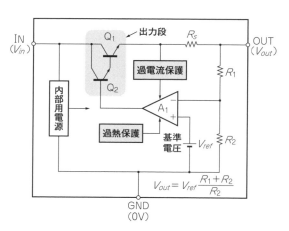

$$V_{out} = V_{ref}\frac{R_1+R_2}{R_2}$$

（a）正電圧出力タイプ

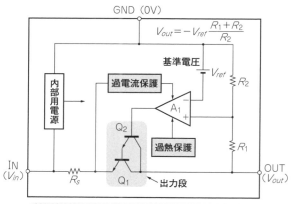

$$V_{out} = -V_{ref}\frac{R_1+R_2}{R_2}$$

内部OPアンプ（誤差増幅器）A₁の入力極性は出力段で反転されるため，正電圧出力タイプと逆になっている

（b）負電圧出力タイプ

図1　3端子レギュレータの内部構成
どちらもパワーOPアンプで基準電圧を増幅している

す．このICの特徴を以下にまとめます．

(1) 出力電圧は固定で，－5V，－6V，－8V，－9V，－12V，－15V，－18V，－24Vなどがあり，出力電圧精度は定格値の±4.2％以内．

(2) 出力電流は，100mA(NJM79L00)，0.5A(NJM79M00)，1.5A(NJM7900)の3種類．

(3) 入力電圧は出力電圧よりも－2.5V以下(保証値)，－1.5V以下(標準値)であることが必要．

(4) 各種保護回路(過熱保護，過電流保護)を内蔵しており，壊れにくく使いやすい．

(5) 正電圧型よりも発振しやすい．

同様に，出力電圧を可変にしたLM337(テキサス・インスツルメンツ)もあります．

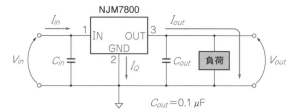

図2 3端子レギュレータの特性測定回路
正電圧用の場合を示している

$C_{out} = 0.1\,\mu F$

◆引用文献◆
(1) NJM7800データシート，2017年1月，日清紡マイクロデバイス．
(2) NJM7900データシート，2019年12月，日清紡マイクロデバイス．

表1[1][2] 代表的な標準型3端子レギュレータの主な仕様

シリーズ名	最大定格			熱抵抗 θ_{JC}	出力電圧精度	最大出力電流	レギュレーション		入出力電圧差		出力電圧温度係数(標準)
	入力電圧	動作温度	消費電力				ライン	ロード	標準	最大	
NJM78Lxx	35 V	－40〜+85℃	500 mW	－	±5.0%	100 mA	±2.1%	±1.7%	1.8 V	2.5 V	－75 ppm/℃
NJM78Mxx	35 V	－40〜+85℃	7.5 W	7℃/W	±4.2%	500 mA	±0.5%	±1%	1.8 V	2.5 V	－83 ppm/℃
NJM78xx	35 V	－40〜+85℃	16 W	5℃/W	±4.2%	1.5 A	±1%	±1%	2.0 V	2.5 V	－100 ppm/℃
NJM79Lxx	－35 V	－40〜+85℃	500 mW	－	±4.2%	100 mA	±2.1%	±0.83%	1.5 V	2.5 V	－92 ppm/℃
NJM79Mxx	－35 V	－40〜+85℃	7.5 W	7℃/W	±4.2%	500 mA	±0.67%	±1%	1 V	2.5 V	－33 ppm/℃
NJM79xx	－35 V	－40〜+85℃	16 W	5℃/W	±4.2%	1.5 A	±1%	±1.3%	1.2 V	2.5 V	－33 ppm/℃

注：±12V出力で，TO-92(L)，TO-220F(M/無印)外形のデータを元にした．

---

② レコード針先MC用イコライザ・アンプ

黒田 徹

アナログ・レコードの溝をなぞる針先の振動を電気信号に変換する装置(カートリッジ)は，電磁誘導を利用したものが一般的です．針先とともにコイルが振動するタイプをMC(ムービング・コイル)型カートリッジと呼んでいます．振動部が軽量なため高音質ですが，出力電圧が小さいので十分に増幅します．

アナログ・レコードは録音時に低域のレベルを下げ高域のレベルを上げているので，再生時に逆の周波数特性のフィルタでイコライジングします．その際の周波数特性は，RIAA(Record Industry Association of America)が規定したカーブを使うことになっています．RIAAイコライジングと増幅を1つのアンプで済ませた回路を図3に示します．OPアンプは次の条件を満足しなければなりません．

- 入力雑音電圧密度：1nV/√Hz以下
- 入力オフセット電圧：100μV以下
- オープン・ループ利得：120dB以上
- ゲイン・バンド幅積：100MHz程度

R_1はカートリッジの出力インピーダンスの10倍くらいにします．R_2は，カートリッジのインダクタン

ス成分と接続ケーブルの静電容量による共振をダンプするものです．R_2は接続ケーブルの特性インピーダンスと等しくします．R_3がカートリッジの直流抵抗より大きいとR_3の熱雑音によってSN比が悪化します．そこでR_3を10Ωにします．1kHzのクローズド・ループ・ゲインは59.4dBとなります．

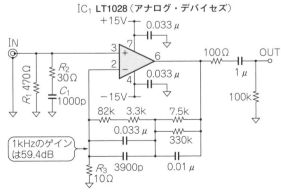

図3 ムービング・コイル専用イコライザ・アンプ

③ 低ひずみ＆広可変範囲のディジタル・ボリューム

渡辺　明禎

PGA2311（テキサス・インスツルメンツ）は，ディジタル制御でゲインを可変できる電子ボリュームです．チャネル数は2チャネルで，個別にゲインを設定できます．

ディジタル制御はシリアル通信で行い，制御線の数は3本です．ほかにゼロ・クロス検出，ミューティングの制御ができます．設定できるゲインの範囲は$-95.5 \sim +31.5 \, \mathrm{dB}$（0.5 dBステップ）です．

1 kHzのひずみは，Uグレードで0.0004 %，Aグレードで0.0002 %と極めて小さく，高級オーディオ用電子ボリュームとしても使えます．必要な電源はアナログ用が±5V，ディジタル用が＋5Vで，消費電流は12 mA以下です．

● PGA2311の内部ブロック

図4にPGA2311のブロック・ダイヤグラムを示します．ゲインは，入力回路のマルチプレクサによるアッテネータとOPアンプのゲインを可変して制御します．

$\overline{\text{MUTE}}$を“L”にすることにより，各チャネルの入力端子がAGNDに直結され，ミューティングされます．

ZCENはゼロ・クロス検出の制御用で，“H”にすることにより，信号の立ち上がりスロープがゼロを横切るとき，または一定時間経過したときにゲインが設定値に制御されます．したがって，ゲインが変化するときに雑音の発生を極小にすることができます．ゼロ・クロス検出を無効にしたい場合は，ZCENを“L”にします．

● ディジタル・ボリューム回路

ディジタル・ボリューム回路を図5に示します．制御にはH8/3069Fを使いました．PGA2311はピン配置が左側にディジタル，右側にアナログときれいに分離されているので，必ずアナログ・グラウンドとディジタル・グラウンドの配線は別個にし，その連結箇所は1カ所に限定します．

入力抵抗は10 kΩ，3 pF，出力インピーダンスは小さく600 Ωの負荷を駆動できます．したがって，ほと

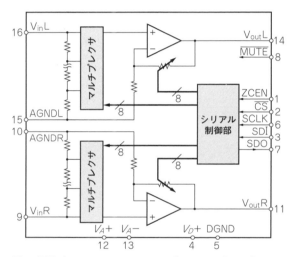

図4　電子ボリュームIC PGA2311のブロック・ダイヤグラム

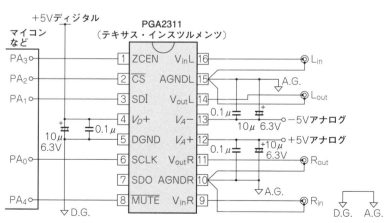

図5
PGA2311を使った電子ボリューム回路

んどのオーディオ機器にそのまま接続できます. この電子ボリュームはDCアンプなので, 直流電圧が出力端子に現れます. その電圧値は$0.5\ \mathrm{mV_{max}}$と極めて小さいのですが, 必要に応じて直流阻止用コンデンサを直列に接続します.

● マルチチャネルに対応させるにはデイジー・チェーン

マルチチャネルに対応するためには, 複数のPGA2311をデイジー・チェーンにします. 方法は次の2種類があります.

① すべてのチャネルのゲインを同時に制御
② 2チャネルごとに個別にゲインを設定

この場合の回路例を図6に示します.

� **◆参考・引用＊文献◆** ◀
(1)＊ PGA2311データシート, テキサス・インスツルメンツ.

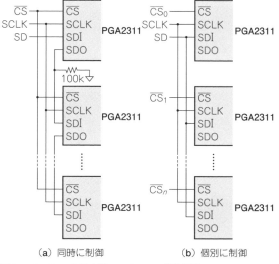

（a）同時に制御　　（b）個別に制御

図6　PGA2311のデイジー・チェーン接続回路

---

column :01　雑音評価用A特性フィルタ

黒田　徹

人の聴覚にも周波数特性があります. 人の聴覚は$100\ \mathrm{Hz}$以下や$10\ \mathrm{kHz}$以上の音に対して鈍感な反面, 中域周波数である$1\ \mathrm{k}$～$5\ \mathrm{kHz}$の音に対しては敏感です. したがって, 聴覚と等価な周波数特性のフィルタを通して雑音を測定すると, 耳で感じる雑音の大小と測定値の大小がよく合います.

このフィルタを聴感補正フィルタと呼びます. その周波数特性は, 米国のInstitute of High Fidelity Inc.が定めた「IHF標準低周波増幅器試験法（IHF standard Methods of Measurement for Audio Amplifiers）」の中で規定されたAカーブ周波数特性を使うことになっています.

聴感補正フィルタの実現回路を図Aに示します. その周波数特性は$50\ \mathrm{Hz}$～$20\ \mathrm{kHz}$においてIHF-Aカーブとよく合っています.

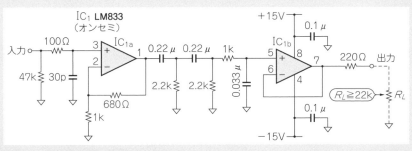

図A　聴覚と等価な周波数特性のフィルタ

第14章

いろいろな電源＆プリアンプ周辺回路集

① ±3V～±15Vで出力電圧を変えられる低雑音電源

遠坂　俊昭

● ±15V出力レギュレータに定番ワンチップICを使う

　図1に示す電源回路では，±15V出力のレギュレータにLM723（テキサス・インスツルメンツ）を使っています．発売は1/4世紀ほど前で非常に古いICです．しかし，基準電圧の安定度と雑音特性が優秀で，同等のICが各社から販売され入手性も良いことから，未だに世の中でたくさん使用されています．

　図1に示すように，基準電圧出力（V_{ref}）と基準電圧入力（N.I.：Non‐Inverting Input）が分離されています．

このため，この間に雑音除去用のCR（R_2とC_4）を挿入することができ，基準電圧素子から発生した雑音を低減できます．

　LM723は，出力電圧をR_4，R_5で分圧した4ピンの電圧と，基準電圧入力5ピンの電圧が等しくなるように動作します．出力電圧が＋15Vでは4ピンの電圧が6.875Vになります．基準電圧7.15VをRV_1とR_1で5ピンの入力電圧が6.875Vになるよう調整します．

　R_4とR_5の値を変更すれば7 ～15Vの範囲で出力電圧を変更できます．

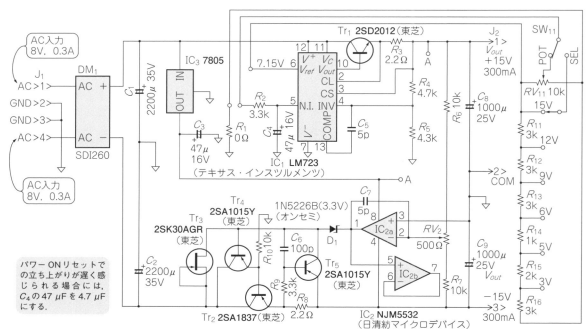

図1　±3～±15Vまで出力電圧を変えられる電源回路（最大300 mA）

● 正電圧から負電圧を生成する

LM723と同等の機能をもった負電圧用のリニア・レギュレータICがないので，負の出力電圧は＋15Vを基準電圧としてIC₂とTr₃〜Tr₅の回路で生成しています．

IC₂ₐの回路はIC₂ₐの＋入力が0V，そして$R_6 = R_7$なので，負電圧出力が正電圧出力と同じ電圧になるようにトラッキング動作します．

OPアンプの電源が変動すると，その変動がOPアンプ出力に若干現れます．このため変動のごく少ない±15Vの出力電圧からIC₂ₐの電源を供給しています．IC₂ₐの出力電圧範囲は電源電圧の±15Vよりも2〜3V狭くなります．しかし，Tr₄のベース電圧は出力電圧の−15Vよりもさらに1.2V低い，−16.2V程度の電圧が必要になります．そこで，Tr₃により数mA

の電流を流し，D₁で約12Vの電圧をシフトさせ，IC₂ₐの出力電圧を16.2V − 12V = 4.2V付近で動作するようにしています．C_2の−側端子では1V程度のリプル電圧が現れますが，Tr₃の定電流特性によってTr₃に流れる電流のリプル成分はごく少なくなります．

R_{10}は，出力電流がごく少ないときTr₄のg_mの低下を防ぐとともに，Tr₂のI_{CBO}の対策としています．

● 出力電圧を可変するには

電子回路を試作するとき，出力電圧が可変できると便利です．図1の電源回路では出力電圧を±3V程度〜±15Vで可変できます．通常の電源として使用する場合はロータリ・スイッチで設定し，可変直流信号として使用する場合は10回転ポテンショメータで連続可変して使用できます．

② 低雑音OPアンプとディスクリート・トランジスタで作る ＋5V出力レギュレータ

遠坂 俊昭

＋5V出力レギュレータにもLM723（テキサス・インスツルメンツ）を使用したいところですが，LM723の基準電圧は7.15Vのため，最低入力電圧はさらに高い電圧が必要になります．最低入力電圧が9.5Vのため，5V出力の場合，必要な入力電圧が高くなりすぎてしまいます．このため部品点数が少々多くなりますが，図2に示すようにOPアンプとトランジスタでレギュレータを構成しました．回路動作は図1で示した−15V出力のレギュレータとほぼ同じです．

基準電圧はTL431（テキサス・インスツルメンツ）で生成し，2.5Vです．TL431はツェナー・ダイオードよりも定電圧特性とその温度特性が優れています．市販のスイッチング電源には，たいていTL431かその同等品が使われています．このため生産量が非常に多

く，低価格で手に入ります．

出力電圧は$V_{out} = 2.5 \text{V} \times (1 + R_5/R_6)$で決められます．$R_5$と$R_6$の値を変更することにより2.5〜5Vの出力電圧に変更でき，電源トランスとOPアンプを変更すればさらに高い電圧も得られます．2.5V以下の出力電圧が必要な場合は，基準電圧が1.25VのTLV431（テキサス・インスツルメンツ）かその同等品に変更します．

ここで使用したNJM2122は，電源電圧が最大±10V（DIP品の場合，SOPは±7V）で，ヘッド・ルームが0.3Vとレール・ツー・レールに近い特性をもっており，入力換算雑音電圧が$1.5 \text{nV}/\sqrt{\text{Hz}}$と低雑音です．$GBW$は12MHz，スルー・レートは$2.4 \text{V}/\mu s$で，高ゲイン/低雑音の増幅器に向いています．

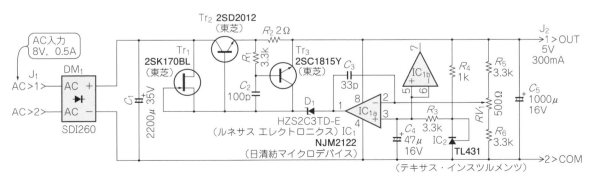

図2 低雑音OPアンプとディスクリート・トランジスタで作る＋5V出力レギュレータ
パワーONリセットでの立ち上がりが遅く感じられる場合には，C_4の47 μFを4.7 μFにする

③ 単電源から±電源を作る仮想グラウンド

佐藤 尚一

単電源を2分割して中間の電圧を作り，その中間電圧を回路の基準電圧，つまりグラウンド（GND）として利用することがあります．インピーダンスを下げるためにOPアンプのバッファを使いますが，周波数が高いとインピーダンスが上がります．コンデンサを追加したくなりますが，OPアンプの出力にコンデンサを追加すると発振の危険性があります．

実際には，図3のような回路にします．中点に流れ込む電流のうち，周波数の高い成分はコンデンサでバイパスされ，周波数の低い信号電流はOPアンプが吸収します．流れ込む電流値を増やすには，図3(b)のようにトランジスタを追加します．

デバイス，回路定数は一例です．トランジスタはNPNとPNPで多少特性が違ってもかまいません．メーカ違いやP_C = 10 Wと25 W，I_C = 1 Aと3 A，h_{FE}

= 50と100のような組み合わせでも大抵は動作します（メーカでコンプリメンタリと指定されているものの組み合わせがベスト）．

特性がばらついても中点電圧はOPアンプの強力な負帰還によって担保されます．変更時は動作確認をしてください．

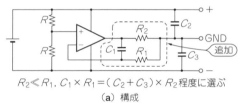

$R_2 \ll R_1$，$C_1 \times R_1 = (C_2 + C_3) \times R_2$ 程度に選ぶ

（a）構成

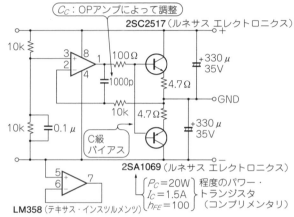

（b）実際の回路

図3　OPアンプを使った安定に動作する仮想グラウンド回路

④ 電源電圧の低下を検出して動作するミュート回路

西村 康

電源OFFによる電源電圧のわずかな電圧降下を検出して動作するミュート回路が図4です．電源電圧が低下し始めるとC_1を充電していた電流が遮断され，Tr_1がカットオフします．次いでTr_2がONして，C_2

の電荷が素早く放電され，リレーがONします．

シミュレーションでは0.1 Vの電圧降下で動作します．R_1を330 kΩにすると感度は0.2 Vに鈍化します．

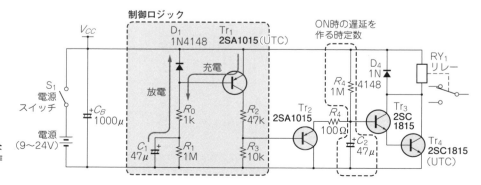

図4　DC電源のわずかな電圧低下を検出して動作するミュート回路

⑤ 偏差±0.5 dBのフルディスクリート・レコード用プリアンプ

黒田 徹

レコードは低域を減衰，高域を増幅して記録されているため，カートリッジから得られた信号をイコライザに通して正しい信号を得ます．イコライザにはRIAA（Recording Industry Association of America）

で定められた特性を使うのが一般的です．

ディスクリート構成ながら高性能OPアンプ並みの低雑音，低ひずみで，RIAA特性に対する偏差が0.5 dBと小さい回路が図5です．

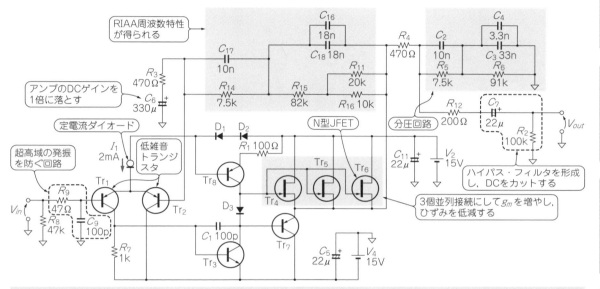

$D_1 \sim D_3$：1N4148（オンセミ）T_{r1}，T_{r2}：**2SA1163**（東芝）または**2SA1587**（東芝）T_{r3}：**2SC2713**（東芝）または**2SC4117**（東芝）
$T_{r4} \sim T_{r6}$：**2SK209**（東芝）または**2SK880**（東芝）T_{r7}：**2SA1162**（東芝）または**2SA1586**（東芝）

図5　ディスクリート構成のRIAAイコライザ
非反転アンプはゲインが1以下にならないため，高域でRIAA偏差が大きくなる．分圧回路を使うと高域でも偏差を減らせる

column ▶01　生産終了したトランジスタの代替品選びのコツ

黒田 徹

メーカでは生産が終了したトランジスタがいくつかあります．パッケージ違いでほぼ同性能の代替品が存在している品種もあります．自分で代替品を探す場合は，定格のほかh_{FE}，f_T，C_{ob}，NFなどの主要なパラメータも近い品種を選ぶと，トラブルなく置き換えできる可能性が高くなります．例を表Aに示します．

表A　代替品の例

図中の品種	代替品の例
2SA1680/2SC4408	2SB1201/2SD1801，2SB647/2SD667
2SB1375/2SD2012	KSB1366/KSD2012，2SA1488/2SC3851
2SA1837/2SC4793	TTA006B/TTC011B，2SA1859A/2SC4883A
2SA1358/2SC3421	TTA004B/TTC004B，KSA1220A/KSC2690A

⑥ 汎用トランジスタで作るミュート回路

黒田 徹

図6はトランジスタ・スイッチの2段重ねによるミュート回路です．以下のような特徴があります．

- DCオフセット電圧が小さい（実測0.6 mV）
- ミュートON時の減衰量が大きい（実測92.4 dB）
- 負電圧が不要

ミュートOFF時，ベース-コレクタに逆バイアス電圧を与えていませんが，図7の実測ひずみ率特性が示すように問題ありません．ただし，エミッタ-ベース耐圧V_{EBO}により信号振幅が制限されます．2SD2704（ロ

ーム），2SC4213（東芝）のようなミュート用トランジスタはV_{EBO}が25Vと高くなっています．

スイッチ用のトランジスタは，逆方向ベース接地電流増幅率が0.75以上，コレクタ-エミッタ間飽和電圧$V_{CE(sat)}$が50 mV以下のトランジスタが使えます．具体的には2SC945，2SC1815などです．

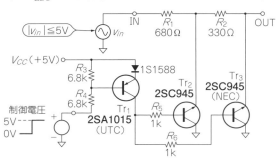

図6　汎用トランジスタで作るミュート回路

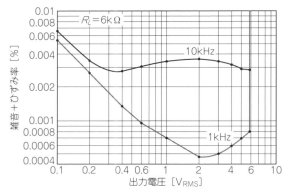

図7　ミュートOFF時のひずみ率特性

⑦ 低/中/高音スピーカ用の帯域分割フィルタ

黒田 徹

低/中/高音スピーカで構成する3ウエイ・スピーカ・システムは，スピーカを負荷とするLCフィルタで帯域分割するのが一般的ですが，スピーカのインピーダンスは周波数とともに変化するためフィルタの設計は容易ではありません．また，LCフィルタに大きな電流が流れるため，大型のコイルとコンデンサが必要で，これらは音質に影響します．

低/中/高音用の各スピーカを3台の専用パワー・アンプでドライブすれば，上の問題は一挙に解決しま

す．帯域分割フィルタはパワー・アンプの前段に挿入します．状態変数フィルタを使った帯域分割フィルタを図8に示します．3種類のフィルタの各伝達関数は，

$$G_{LPF(S)} = \frac{-\omega_0^2}{s^2 + 3\omega_0 s + \omega_0^2}, \quad G_{HPF(S)} = \frac{-s^2}{s^2 + 3\omega_0 s + \omega_0^2}$$

$$G_{BPF(S)} = \frac{-3\omega_0 s}{s^2 + 3\omega_0 s + \omega_0^2}, \quad \text{ただし}\,\omega_0 = \frac{1}{R_1 C_1} = \frac{1}{R_2 C_2}$$

となります．3種類のフィルタの伝達関数を加算すると，$G_{LPF(S)} + G_{HPF(S)} + G_{BPF(S)} = -1$となります．

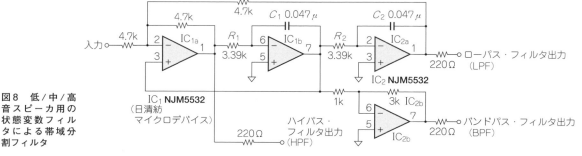

図8　低/中/高音スピーカ用の状態変数フィルタによる帯域分割フィルタ

8 ウーファとツィータを独立駆動できるチャネル・ディバイダ

森田 創一

　図9に示すのは，中低音再生用のウーファと高音再生用のツィータで構成された2ウェイ・スピーカを駆動するチャネル・ディバイダ回路です．チャネル・ディバイダ［図9(b)］には音量調節機能を搭載せず，入力バッファ側［図9(a)］で調整します．

　ウーファとツィータの再生帯域がクロスオーバする周波数は，図10に示すように1.5 kHzです．ツィータの下帯域のカット特性は -6 dB/oct，ウーファの上帯域のカット特性は -12 dB/octになります．図中の f_0 はスピーカの最低共振周波数を示します．f_0 は振動板の振幅が大きくなる周波数なので，f_0 での入力電力が大きいとひずみが出ます．そのため，$f_C=1.5$ kHzで使うツィータなら，少なくても $f_0=600$ Hz以下のスピーカが必要になります．

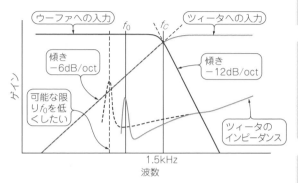

図10 チャネル・ディバイダ回路の周波数特性

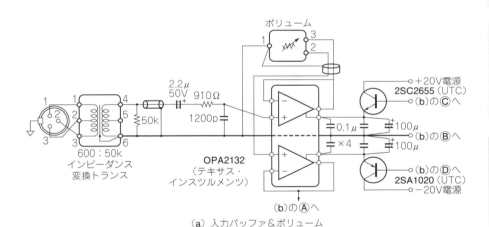

（a）入力バッファ&ボリューム

図9　ツィータの低域カット -6 dB/oct，ウーファの高域カット -12 dB/octのチャネル・ディバイダ回路

片チャネルだけを示す．配線パターン設計を反映した図にしてある．電源の20 Vは無帰還のエミッタ・フォロワで作り，低雑音の5 Vツェナー・ダイオード3本と定電流回路で生成した15 Vを元に，OPアンプの近くでさらに安定化する．電源のGND配線が＋側と－側で分かれているのは，平滑コンデンサのGND側配線を独立してトランスまで戻すため．電源のGND配線も1点グラウンド・ポイントで合流させる

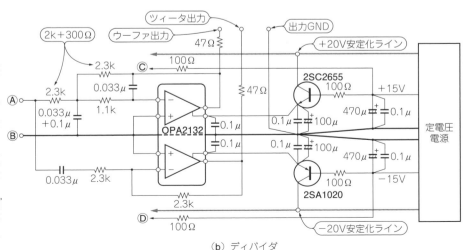

（b）ディバイダ

⑨ 低域信号と高域信号に分けるクロスオーバ・ネットワーク

細田 隆之

　ウーファとツィータから2ウェイ・スピーカを駆動する場合，それぞれのアンプの前に入力信号を低域と広域に分けるクロスオーバ・ネットワークが用いられます．一般的なローパス・フィルタとハイパス・フィルタでは出力を足しても元の波形に戻りません．そこで再合成後の伝達関数が定数になるコンスタント・ボルテージ・クロスオーバ・ネットワーク[1]と呼ばれる回路が用いられます．図11に示すのは状態変数型フィルタで構成した回路です．入力インピーダンスは7.5 kΩ，増幅度は−1倍で入出力信号の極性は反転します．図12はNJM4580のマクロ・モデルを使用してSPICEでシミュレーションした特性です．

◆参考文献◆
(1) AN-346 High-Performance Audio Applications of the LM833, SNOA586D, テキサス・インスツルメンツ.
(2) 総合特性が定数になるコンスタント・ボルテージ・クロスオーバ・ネットワーク．http://www.finetune.co.jp/~lyuka/technote/svf3/#cvxover

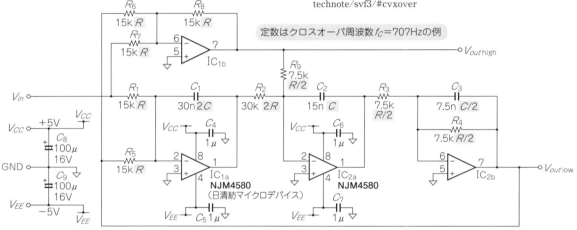

定数はクロスオーバ周波数 f_C=707Hzの例

※実際には使用するスピーカに合わせて，クロスオーバ周波数の変更やレベル調整，場合によってはスピーカの位置調整などが必要です．クロスオーバ周波数 f_C は $f_C = 1/(2\pi CR)$ で定まります．図中に示した C と R の比に応じて C と R の値を設定します．

伝達関数

$$T_{low}(s) = \frac{sC_1R_1\frac{R_2}{R_9}+1}{s^3C_1C_2C_3R_1R_2R_3+s^2C_1C_2R_1R_2\frac{R_3}{R_4}+sC_1R_1\frac{R_2}{R_9}\frac{R_8}{R_6}+\frac{R_1}{R_5}} \quad \cdots(1)$$

$$T_{high}(s) = \frac{s^3C_1C_2C_3R_1R_2R_3+s^2C_1C_2R_1R_2\frac{R_3}{R_4}}{s^3C_1C_2C_3R_1R_2R_3+s^2C_1C_2R_1R_2\frac{R_3}{R_4}+sC_1R_1\frac{R_2}{R_9}\frac{R_8}{R_6}+\frac{R_1}{R_5}} \quad \cdots(2)$$

ただし，$R_1 = R_5$，$R_6 = R_7 = R_8$ とする．

図11　合成特性が1になる12 dB/octの2ウェイ用クロスオーバ・ネットワーク

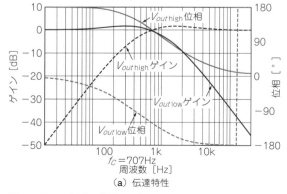

f_C=707Hz
周波数 〔Hz〕
（a）伝達特性

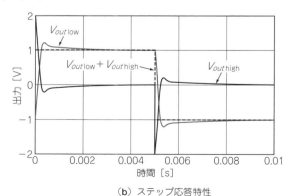

時間 〔s〕
（b）ステップ応答特性

図12　図11の回路の特性をシミュレーションした結果

第6部

サウンド回路

第15章 回路の工夫でいろいろできる

1チップではじめる サウンド回路集

1 トランジスタ1石で作る「チチチ…」効果音発生回路

富澤 瑞夫

● 回路構成

　ピヨピヨと小鳥が鳴いているような音をスピーカから鳴らせるトランジスタ1個（1石）の回路が**図1**です．

　シンセサイザが高価で一般にはなじみのない1960～1970年代は，効果音（電子擬音）を専用の電子回路で作っていました．部品点数が少なくなるよう工夫された回路がいろいろあり，工作の題材として，よく取り上げられていました．

　小型トランスは，品種は限られるものの今でも生産されていて，電子部品販売店で普通に入手できます．インピーダンス変換を行い8Ωのスピーカを駆動すると同時に，1次側のセンタ・タップで反転した電圧を作り，反転アンプと合わせて発振回路を構成しています．

　R_1を可変すると，音色を調整できます．音量はトランジスタに流れる電流で変わるので，エミッタ抵抗を大きくすると音量は小さくなります．

● 発振器の原理

　発振回路の基本原理は，増幅した出力信号を適切な極性（位相）で入力に戻すことによります．入力に戻された信号は，再び増幅され，この繰り返しで発振します．発振の源となる入力は，小さな雑音などです．

　うまく発振するかどうかは，増幅度と信号の位相（向き）で決まります．トランジスタ1石の増幅器だと，ベースに入力し，コレクタから増幅した信号を出力すると，位相は反転してしまうので，出力を入力に戻しても発振させられません．

　電子小鳥の回路では，トランスのセンタ・タップをグラウンドに落とすことで，反対側の端子に，ベースと同相の信号を得ています（**図2**）．

　図1の回路は，ピーという一定の発振ではなく，チチチ…という時間変化がある音を出します．基準信号なら振幅も周波数も一定の純粋な正弦波なのに対して，楽器や擬音は，音高や振幅を時間変化させて音色を作ります．**図1**の回路では，ベースに入っているCRの充放電により時間変化を作っています．

　繰返しの速さは，コンデンサの値で変わります．ボリュームVR_1を調整すると，音の高さと繰り返しの速さの両方が同時に変わります．

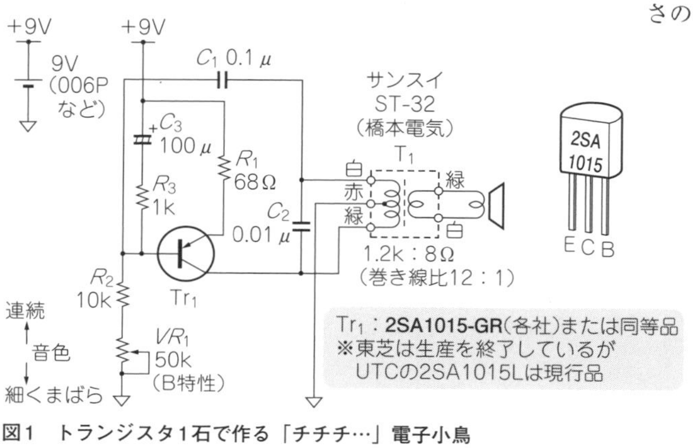

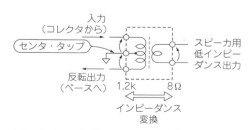

図1　トランジスタ1石で作る「チチチ…」電子小鳥

図2　トランスはインピーダンス変換と位相反転という2つの役割を持っている

2 トランジスタ1石で作る「ピーン」という効果音発生回路
富澤 瑞夫

図3はスイッチを押すたびに音が出る効果音発生回路です．ディレイやリバーブなどの遅延素子を使うエフェクタの調整にも使えます．

ツインT発振回路を発振寸前に調整してパルス信号を入れると，減衰振動が発生して「ピーン」という音が作れます．負荷によって発振に対する調整具合が変わってしまうので，接続先によって音が変わります．図中に示すようにエミッタ・フォロワを後置すると動作が安定します．

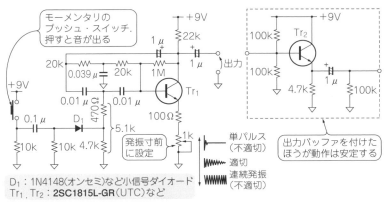

D₁：1N4148(オンセミ)など小信号ダイオード
Tr₁，Tr₂：**2SC1815L-GR**(UTC)など

図3 「ピーン」という音を作る回路

3 トランジスタ1石で作るバス・ドラム音発生回路
富澤 瑞夫

図4はバス・ドラムのような低い音のする回路です．移相型発振器の回路を発振寸前にして利用します．3個使いのコンデンサ値の値で，音高が変わります．こちらも，エミッタ・フォロワを後置したほうが動作が安定します．

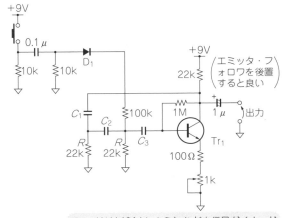

D₁：1N4148(オンセミ)など小信号ダイオード
Tr₁：**2SC1815L**(UTC)など
C₁～C₃：0.068μF(68nF)

図4 バス・ドラムに似た「ペタ」という音を作る回路
スピーカを鳴らすアンプが別途用意できるときはこんな回路も使える

ヘッドホン

USB&Bluetooth

音質調整回路

パワー・アンプ

電源&プリアンプ

サウンド回路

マイク&スピーカ

④ 2回路入りOPアンプ1個で作る「ピーポー」電子サイレン

富澤 瑞夫

● 回路構成

汎用OPアンプは2回路入りが一般的です．定数の違う発振器を2個作ってつなげると，図5に示すように電子サイレンが作れます．

図6のように，1つめの発振器の出力を使って，2つめの発振器のコンデンサ端電圧または比較電圧に変化を加え，発振周波数を時間変化させます．発振周波数が高/低に変化して，サイレンのような音になります．くりかえし変化速度は1つめの発振器で，音の高さは2つめ後の発振器で決まります．

汎用OPアンプのNJM4558（日清紡マイクロデバイス）は本来±電源用です．9Vの006P電池1個で動作させるために，抵抗分割で約4.5Vを作り，この電圧を基準として±4.5Vで動作させています．

OPアンプの出力では直接8Ωのスピーカを駆動できないので，圧電スピーカを選びます．

この回路は電源ONすると発振し続けます．ボタンを押した時だけ鳴らすなら，電源スイッチをプッシュ・タイプにするのが簡単です．

● 周波数変調による音作り

この回路は矩形波による周波数変調なので，サイレンのような音になります．1つめの信号をコンデンサ側に入れたほうが滑らかな感じがするのは，変調波が鈍るからです．1つめの発振器の出力をつなげる抵抗を大きくすれば，周波数の変化幅は小さくなります．

同じ周波数変調でも正弦波で変調したときは効果が異なり，2つの周波数がごく近いときはうなり（ビート）が生じます．2つのオシレータの周波数比によってはビートが消え，調和する場合と濁った音になる場合があります．ずれがごくわずかなときは，にじんだ音に聞こえます．2つの周波数を十分離し，特に変調周波数を10Hz以下にすると，ゴロゴロした音になります．さらに1Hz以下になると，繰り返し感の強い不安定な音に聞こえます．

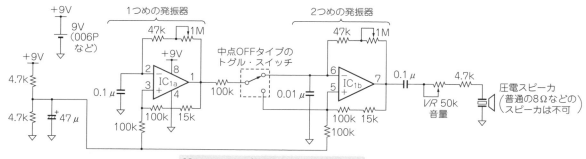

IC₁：NJM4558（日清紡マイクロデバイス）

図5 2回路入りOPアンプ1個で作る「ピーポー」電子サイレン
矩形波発振回路を2個つなげている

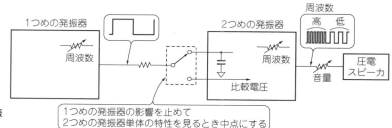

図6 1つめの矩形波発振器で2つめの発振器の周波数を変える

5 ロジックIC 1個で作る電子メトロノーム

富澤 瑞夫

● 電源電圧3～15Vで動く標準ロジックICがある

CMOSロジックICの4000シリーズは3～15Vと広い電源電圧に対応していて，9V電池(006P)などで動かせます．

4回路入りNANDゲートTC4011BP(東芝デバイス&ストレージ)が1個で作れる電子メトロノーム回路を図7に示します．インバータを使った自走マルチバイブレータで矩形波を出力します．

● ON/OFF制御できる発振器を作っている

図7の回路では，1個のICで2個の発振器を作っています．1つめの発振器では，NANDゲートの2つの入力を並列にして，インバータとして使っています．NANDの2入力の一方を使うと，発振のON/OFF制御が行えます．"H" 入力のときだけ出力が反転するので発振します．

● メトロノーム風のクリック音を作る方法

1つめの発振器には，抵抗をバイパスするダイオードがあります．これにより，出力が "H" になる期間はコンデンサの充電が速くなり，出力 "H" 期間が短いパルスが得られます．この細いパルスの時だけ2つめの発振器をONすることで，「ピッ」というクリック音を発生しています．

1つめの発振器でクリック音のテンポ(速度)を決め，2つめの発振器でクリック音の音高が決められます．テンポを速くしていくと出力が "H" になるパルス幅の比率が大きくなります．デューティ比を変化させない回路では，テンポが速くなったときにパルス幅も短くなって聴きとりにくくなってしまうからです．

パルス幅を長くするには，ダイオードと直列になっている1kΩを大きくします．このパルス幅を広くし過ぎると，速いテンポのときは音がほぼつながってしまい，聴きとりにくくなります．

● 圧電スピーカに合わせた音作り

発振音の周波数を変えると，音が大きくなるところと小さくなるところがあることに気づきます．これは圧電スピーカの周波数特性があまり平坦ではないことによります．周波数を調整すると，音の大きくなるところでは余韻も感じます．これは圧電スピーカが共振しているためです．

音が刺激的すぎると感じたときは，圧電スピーカに並列に1000p～0.047μFのコンデンサを入れると，丸い音にできます．直列に入っている抵抗と合わせてローパス・フィルタを作り，矩形波に含まれる高調波をカットします．打楽器類を離れて聴いたときのような音にも聞こえてきます．

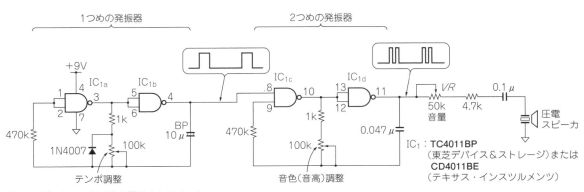

図7 ロジックIC 1個で作る電子メトロノーム
無安定マルチバイブレータを2個つなげる

打楽器の音源回路と自動演奏回路

富澤 瑞夫 Mizuo Tomizawa

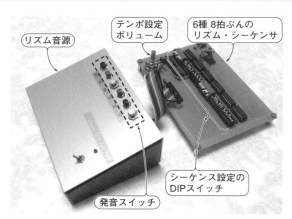

写真1 筆者が製作したアナログ・ドラム音源ボックスと自動演奏シーケンサ
6種類の音源を発音できる. シーケンサと組み合わせてリズム・マシンになる

写真2 バス・ドラム，スネア・ドラム，ハイハット，シンバル，タムの外観(写真提供：パール楽器製造)

ドラムやシンバルの音を作る音源回路とその自動演奏回路

● 作る音源回路

写真1に示すリズム音源とシーケンサを作りました. リズム音源は，パネルのスイッチを押すたびに発音します.

写真2に標準的なドラム・セットを示します. ここでは(1)バス・ドラム，(2)スネア・ドラム，(3)ハイハット，(4)シンバル，(5)タムの音源と，ラテン系の音楽でよく使われる(6)コンガ(写真3)の音源を作ります.

● 作る自動演奏回路

マイコンで制御すると，曲に合わせて自動演奏させることもできます.

6種類の音源があるので，曲に合わせていろいろなサウンドを奏でることができます.

本稿では，8拍ぶんのパターンを繰り返し再生できるコンパクトなシーケンサ回路も作りました.

リズム・パターンの例を表1に示します.

● アナログ回路で生楽器に似た音を作る

ドラム，シンバルなどの打楽器の役割は，音楽のリズムを作ることなので，リズム楽器と呼ばれます. リズム楽器の音を作る電子回路をリズム音源と呼びます. いまどきのリズム音源やドラム・マシンは，リアルさを求めたものが一般的です. 実際のドラムなどの音をディジタル・データで記録しておき，そのデータを再生するPCM音源がほとんどです.

初期のリズム音源は，電子回路を工夫して楽器に似た音の信号を発生させていました. 本稿で紹介するのは，そのころの回路です. アナログ回路なので微妙な調整を楽しむことができます. ドラムのチューニングやダンプに相当するでしょうか.

パーカッション音源の中でもハンド・クラップは，実音より作られた音のほうがそれっぽくサウンドします.

写真3 **コンガの外観**（写真提供：パール楽器製造）

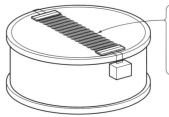

裏面の膜に接するようにのばしたバネのようなワイヤを取り付ける. 叩いたときは, このワイヤが膜とともに振動してスネア独特の音を出す

図1 **スネア・ドラムの裏側にはばねを伸ばしたようなワイヤが付いている**
太鼓の音とともに, じゃらじゃらしたノイズっぽい音が出る

表1 **自動演奏シーケンサに設定するリズム・パターンの例**
リズム音源用シーケンサIC LM8972のパターンを参考にした

音楽ジャンル	楽器	番号	拍の番号							
			1	2	3	4	5	6	7	8
ビギン	BD	1	○				○			
	SD	2		○		○		○		○
	HH	3	○	○	○	○	○	○	○	○
	CY	4		○						
	CL	5							○	
ボサノバ	BD	1				○		○		○
	HH	3	○	○	○	○	○	○	○	○
	CL	5				○			○	
ロック	BD	1	○		○		○		○	
	SD	2			○				○	
	HH	3	○	○	○	○	○	○	○	○
ボサ・ロック	BD	1	○			○			○	
	SD	2			○				○	
	HH	3	○	○	○	○	○	○	○	○
	CL	5								
マーチ	BD	1	○				○			
	SD	2			○				○	
	CY	4	○							
ポルカ・マーチ	BD	1	○				○			
	SD	2			○				○	
	HH	3		○		○		○		○
	CY	4	○							○
タンゴ	BD	1	○				○			
	SD	2		○		○		○		○
	HH	3	○		○		○		○	
	CY	4								○
ロックンロール	BD	1	○			○		○		
	SD	2							○	
	HH	3	○	○	○	○	○	○	○	○

BD：バス・ドラム, SD：スネア・ドラム, HH：ハイハット, CY：シンバル, CL：クラベス（ここでの音源ではSC：コンガで代用）

音源の作り方

● パーカッション音源の発音原理は2つ

リズム音源は, シンセサイザのような汎用的音源ではなく, 楽器固有の回路で音を作っています. 音程感のある打楽器（皮を張ったドラム系）と, 音程感が少ないノイズっぽい楽器（シンバル系）では発音原理が違います.

この2つを併せもつ打楽器もあります. 例えばスネア・ドラムは, 裏面に図1のような金属線（スナッピーまたはスネア・ワイヤ）があることで, 独特の音を出します. ドラム系の音と, ノイズ系の音を足し合わせて作ります.

● 音程のあるドラム系打楽器の波形はQの高いフィルタ回路にパルスを入れて作る

バス・ドラム, コンガなど, 音程感のある打楽器の音は, Qの高いフィルタ回路にパルスを入力することで作ります.

初期はLC共振回路で作っていたようです. 移相発振器やツインT型発振器などを発振手前に調整しておいて, パルスを入力することもあります. OPアンプによるブリッジドTフィルタを使った例もありました.

共振回路にパルスを入力する発音原理は, 実際の物理現象に近く, 先人の知恵として興味深いです.

● 音程のないシンバルなどの波形はノイズ音源に適切な時間変化を与えて作り出す

シンバルなど, 音程感のない打楽器の音は, ノイズ音源を元にします. トランジスタのベース-エミッタ接合間に逆電圧を加えたときに発生する雑音などを利用します.

例えばマラカスは, ヤシの実の空洞に砂を入れた構造です. ホワイト・ノイズにバンドパス・フィルタを通し, 時間変化（エンベロープ）を付けて作ります. これも, 楽器の構造による発音原理と回路動作が近くて, 興味深いです. シンバルは, 独特の金属的な響きを再現する必要があります. ノイズ源にフィルタを複数通したり, いくつかの発振器出力を合成（リング変調など）してからフィルタをかけたりして, 金属感のあるノイズ音源を作ります.

具体的な音源回路

ブロック図を図2に, 回路を図3に示します.

● バス・ドラム，タム，コンガ…Qの高いバンドパス・フィルタで作る

　バス・ドラム，タム，コンガは，それぞれの音色にふさわしい中心周波数のバンドパス・フィルタにパルスを入力して，減衰音を得ることで作ります.

● スネア・ドラム…バンドパス・フィルタ出力とノイズ音を足し合わせる

　スネア・ドラムは，2つの音を足し合わせて作ります. タイコの胴や皮の鳴りは，バンドパス・フィルタにパルスを入力して作り，スナッピーによる音は，ロジックIC TC4069UB（東芝）によるアンプで作ったノイズ音をキーイングして作ります.

● ハイハットとシンバル…金属ノイズ音にフィルタと時間変化をつけて作る

　シュミット・トリガ・インバータICで発振器を6回路作ります. それらが出力する信号を足し合わせて，ノイズに近い信号を作ります. ハイハットは2つ，シンバルは1つのフィルタを通して，周波数特性に癖を持たせ，金属的なノイズ音を作ります.

　トリガ信号から作った波形を金属ノイズ音でキーイ

ングすることで，適切な時間変化（エンベロープ）を持たせた金属音を作ります.

● 全種類の音を同時に鳴らせるよう加算して出力

　作られた各音をミキシングし，出力します.

　以上を，ユニバーサル基板1枚にまとめ，傾斜形のタカチのケースに収めました.

　それぞれの出力波形を図4に示します. リアルな音よりは，昔ながらのリズム音，という方向で音作りしてあります. ポコスカした懐かしいリズム音です.

自動演奏回路の製作

● リズム音源と組み合わせてリズム・マシンになる

　単体機器で，パーカッション音源のパターンを鳴らせるのがリズム・マシンです. リズム音源に，発音を制御するシーケンサを加えたものになります.

　いまは音楽用のシーケンサというと，MIDI（Music Instruments Digital Interface）というディジタル信号規格を扱うのが一般的です. ここでのリズム・シーケンサは，MIDIではなく，発音指示のパルス信号（ゲート・パルス）を出して，アナログ・リズム音源を直

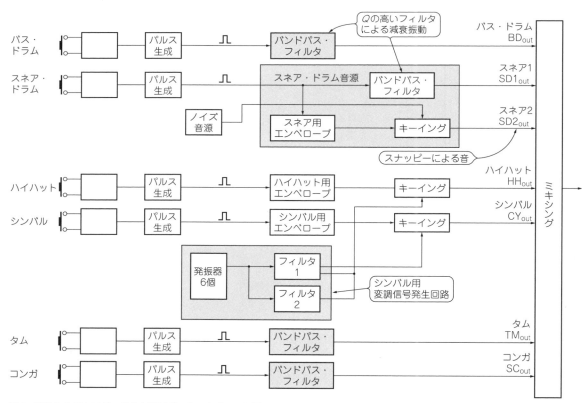

図2　製作したアナログ・ドラム音源ボックスのブロック図
音源に合わせて別々の回路を搭載する

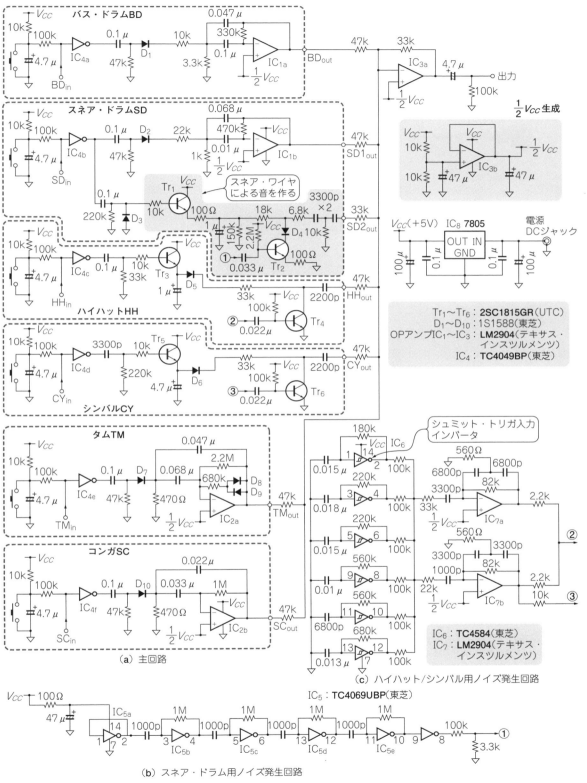

（a）主回路

（b）スネア・ドラム用ノイズ発生回路

（c）ハイハット/シンバル用ノイズ発生回路

図3 製作したアナログ・ドラム音源ボックスの回路図
スネア・ドラムのスナッピー音にはアナログ・アンプを直列にして得たノイズ源を，金属音には数kHzの発振器を6個まとめた音を使う

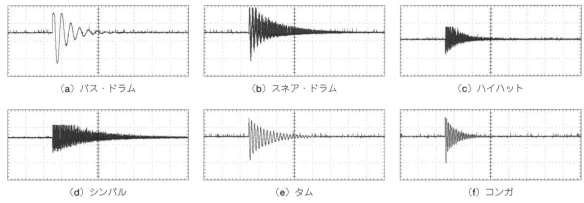

（a）バス・ドラム　　　（b）スネア・ドラム　　　（c）ハイハット

（d）シンバル　　　（e）タム　　　（f）コンガ

図4　製作したアナログ・ドラム音源ボックスの出力波形
ドラム系は共振回路による減衰振動，シンバル系はエンベロープの付いたノイズ波形なのがわかる

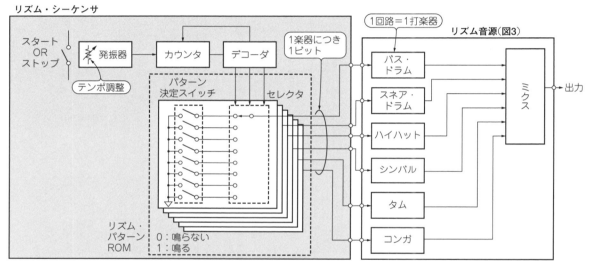

図5　ドラム音源ボックスを自動演奏するシーケンサのブロック図
1ビット1音源にすると動作がシンプルでわかりやすくなる

接制御するシンプルなタイプです．

● **原理**

　リズム・シーケンサのブロック図を**図5**に示します．内部にパターン・データのROMをもち，それを繰り返し出力します．1リズム楽器を1ビットに対応させているので，動作はわかりやすいでしょう．

　リズム・シーケンサの基本動作は，1で発音，0で消音として，拍ごとにステップを進めていき，数小節ぶんを繰り返す形式です．本稿では，シンプルな機能のシーケンサをハードウェア回路で構成しています．リズム音源の評価や実験用に便利です．

● **わかりやすいハードウェア回路で作る**

　初期のリズム・マシンは，メーカが用意したリズム・パターンを読み出すだけでしたが，マイコンが搭載されるとすぐにオリジナルのリズム・パターン作成ができるものへと発展していきました．

　リズム・パターンの作成方法には，(1)リアルタイム演奏記録，(2)ステップ記録，(3)演奏しながらの記録，などがあります．中でも，確認や修正がしやすいことから，(3)の方法が人気です．

　回路を**図6**に示します．

　昔あったリズム・マシン用の専用ICのように，テンポ・オシレータのクロックを分周，デコードしてROMからリズム・パターンを読み出します．

　評価用のパターンを作成し記憶させるには，普通に考えるとメモリが必要です．データの保存や修正の機能が必要となり，作るのが難しくなってきます．

　音を出している最中でもパターンを作成できるように，半導体メモリは使わずスイッチによる設定でパターンを設定する方式にします．動作は見ればすぐわか

ヘッドホン

USB&Bluetooth

音質調整回路

パワー・アンプ

電源&プリアンプ

サウンド回路

マイク&スピーカ

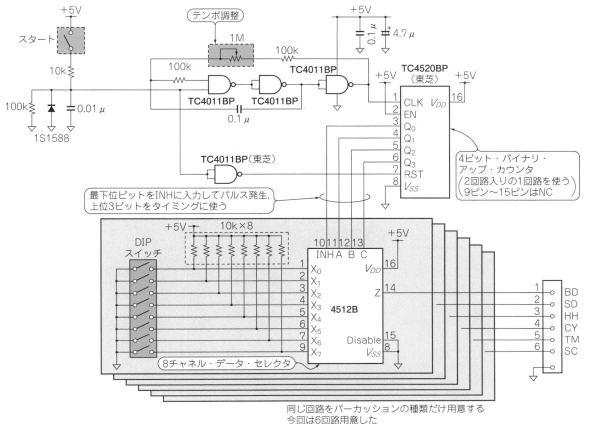

図6 製作した自動演奏シーケンサの回路図
DIPスイッチ1個に1楽器を割り当ててパターンを設定する

りますし，パターン変更も簡単です．

8ビットのDIPスイッチを使って，8分音符8個，1小節分のパターンを作ります．これを楽器の数だけ用意します．ここでは6個用意しました．

このパターン設定スイッチの状態を1音符分ずつ読み出します．

CMOSロジックICによるテンポ・オシレータの出力をバイナリ・カウンタ4520で**図7**のように数えます．

column：01 余韻を楽しめるアナログ式リズム・マシン

富澤 瑞夫

リズム・マシンは，ドラマやリズム・セクションの代役です．本物に近い音色を目指してアナログ音源が改良されたのち，PCM音源を採用することで，より本物に近い音へ近づいていきました．

ディジタル時代になってから，アナログ時代の音への回帰がありました．楽器ではなく，アナログ音源をサンプリングしたPCM音源もあります．

ディジタル技術の向上により，サンプリングされたアナログ音源と，真のアナログ音源の音色の違いは微々たるものです．大きな違いは，音色そのものではなく，音が重なったときに発生します．

PCM音源では，どんなタイミングでも同じ音がします．ところが，アナログ音源では，前の発音の余韻が残っている間，あるいは発音中に再度トリガがかかると，同じ音にはなりません．

発振手前のフィルタにパルスを印加して発音するタイプの音源は，印加前の状態の影響を大きく受けます．発音前の状態に影響を受けるのは，実際の打楽器でも起こります．

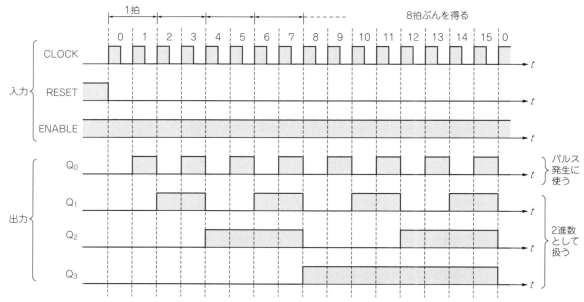

図7　4ビット・カウンタ4520の動作
2回路入りだが今回は1回路だけ利用している

入　力					出力
A	B	C	Inhibit	Disable	Z
L	L	L	L	L	X_0の値
H	L	L	L	L	X_1の値
L	H	L	L	L	X_2の値
H	H	L	L	L	X_3の値
L	L	H	L	L	X_4の値
H	L	H	L	L	X_5の値
L	H	H	L	L	X_6の値
H	H	H	L	L	X_7の値
*	*	*	H	L	L
*	*	*	*	H	HiZ

＊：HまたはL，どちらでもよい
HiZ：ハイ・インピーダンス状態

図8　8チャネル・データ・セレクタ4512の動作
A，B，Cにカウンタ出力をつなげば，X0〜X7に設定した値が順番に取り出せる

DIPスイッチのON/OFF＝H/Lをセレクタ ICの4512（**図8**）で切り替えて，パターンを出力します．出力をパルス波にするために，セレクタのINH端子を使っています．

さらなる高機能化

● クラベスの追加

表1にはクラベスという名前があります．**写真4**のような硬い木同士を打ち合わせる楽器です．クラベスの音源回路の例を**図9**に示します．

● 音色の可変機能

音の高さや音の長さ（**図10**）を変えると大きく印象が変わります．パネルに付けたボリュームで調整できるようにしておくと面白そうです．**図3**の回路にそれらの調整機構を設ける例を**図11**に示します．リズム・パターンとセットにしてアナログ・スイッチで切り替えれば，パターンに合わせた音を作ることもできます．

打楽器の音色作りでは，実際の楽器の音の要素を分析し，足し合わせて実現するのが正攻法です．作る音を疑声音（例えばハイハットなら「チッチッチ」）で置き換えてみると，作るべき音の方向性と，現状の差を見出しやすくなります．

▶メタリック感の調整

ハイハット，シンバル，スネアなど金属的な成分を出す楽器の場合，**図12**のような調整回路を加えると，メタリック感を調整できます．バンドパス・フィルタで4k〜7kHzの成分を強調して加算します．テクノ系の音楽などでは面白い機能だと思います．

● 打ち分けのバリエーション

同じ回路でチューニングを変えるのではなく，別々に回路を用意するほうが有効な場合もあります．タムやコンガのバリエーション，演奏上のハイやローの打ち分けなどがこれに当たります．

1回路の定数をアナログ・スイッチで切り換える方法もありますが，別回路を用意したほうが，余韻の重なりも表現できて音色が豊かになります．

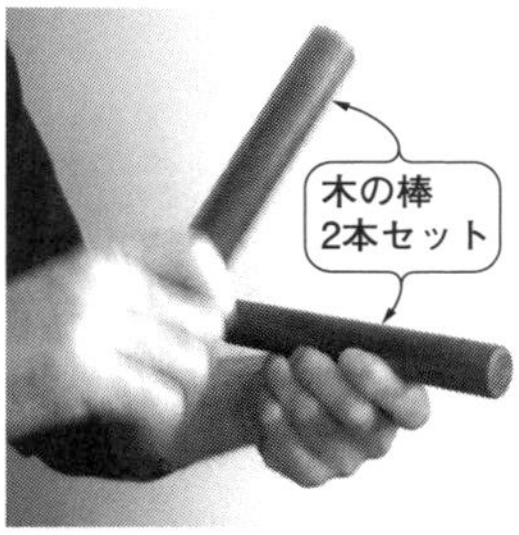

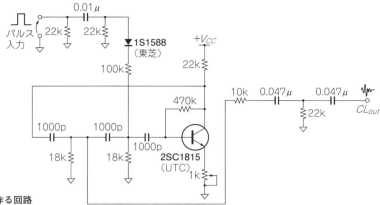

写真4 クラベスは木の棒を打ち合わせる楽器

木の棒
2本セット

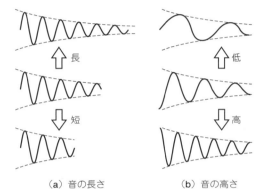

▶図9 クラベスの音を作る回路

▶ノイズ系の音源を増やすときの注意点

シンバルなどのノイズ源を使うタイプは，1つのノイズ源から作ると自然な音色になりにくく，かといって複数のノイズ源を用意すると干渉して好ましくない音が出てしまう場合があります．

シンバルとハイハットのように，特性の違う複数のフィルタを利用する方法も有効です．

● ステレオ化

ミキシング部をステレオ構成にして，楽器ごとに左右の音量レベルを変えると，音の分離が良くなります．モノラルの場合に比べると，音源の集中がなくなり自然に聞こえます．

音楽のジャンルにより定位の希望は変わるので，打楽器ごとに出力を出しておき，外部ミキシングするほうが自由度は高くなります．楽器ごとにエフェクタを追加することもできます．

（a）音の長さ　　　（b）音の高さ

図10 ドラムやパーカッションの音色を左右する代表的なパラメータ

● リズム楽器同士のバランス調整機能

個々の楽器ごとに音量レベルを調整する方法は自由度が高いのですが，調整はなかなか大変です．**図13**

column 02 市販リズム・マシンの多彩な機能

富澤 瑞夫

市販のリズム・マシンは，リアルタイムな演奏再生に使える機能があります．例えば，何種類かのリズム・パターンの繰り返し数を制御して，曲の長さに合わせたり，リズムの構成をアドリブで変えていく機能などがあります．そのほか，代表的な機能は以下です．

▶リズム音の付加

ギロ，タンバリンなどのリズム音を一定の決まったタイミングで追加して鳴らす機能です．

▶フェード・イン/アウト

スタート/ストップでいきなり再生/停止するのではなく，徐々に音が大きく/小さくなる機能です．電圧制御アンプを使って実現します．

▶アクセント機能

あらかじめ決めた拍タイミングで強弱のアクセント（音量の大小）を作る機能です．拍タイミングは，パターンごとに違うものを持たせるのが普通です．

▶フィルインのパターン機能

いわゆる「おかず」と言われる合いの手パターンを入れる機能です．入れる/入れないの管理を小節単位で制御するのが普通で，演奏中にONすれば，次の小節で反映されます．ライブ性のある機能で，演奏中にアドリブで使われます．

似た機能に，エンディング機能があります．フット・スイッチなどでタイミングをもらい，次の小節から終了用のパターンを挿入し，演奏後に停止します．

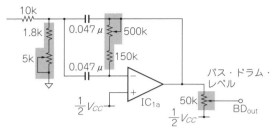

（a）バス・ドラム用周波数/レベル調整

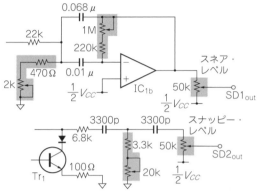

（b）スネア・ドラム用周波数/レベル調整

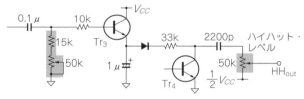

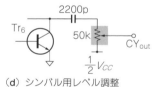

（c）ハイハット用エンベロープ/レベル調整

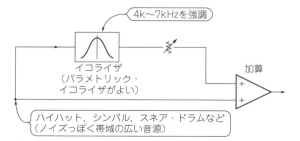

（d）シンバル用レベル調整

図11 ドラム音源ボックスへ音色調整ボリュームを加える方法

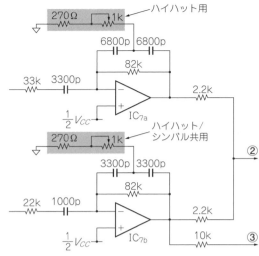

（e）ハイハット/シンバル用メタリック感調整

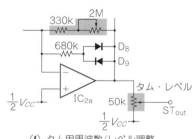

（f）タム用周波数/レベル調整

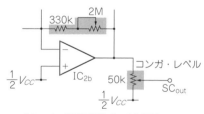

（g）コンガ用周波数/レベル調整

のように，高音系（シンバル，ハイハット）と低音系（バス・ドラムなど）でまとめてバランスをとる方法があります．

● **実用的なシーケンサを作るにはマイコンが楽**

2小節ぶんのリズム・パターンを実現するには，DIPスイッチの数を2倍にする必要があります．今回は8分音符の分解能ですが，16ビートのリズムを実現したければ，それもスイッチの数が倍になります．ハードウェアだけの構成では，高機能化に限界がありま

[図12 シンバル系音源のメタリック感を調整する方法の図：4k〜7kHzを強調／イコライザ（パラメトリック・イコライザがよい）／加算／ハイハット，シンバル，スネア・ドラムなど（ノイズっぽく帯域の広い音源）]

図12 シンバル系音源のメタリック感を調整する方法
パラメトリック・イコライザがあるとこのようなときに便利

す.

実際のリズム・マシンは，マイコンを使って高機能化しています．パターンの組み合わせをプログラムして1曲分を作る機能などが代表的です．

本稿のリズム音源は，外部からの5Vの論理制御で鳴らせるので，マイコンからの自動演奏に対応します．簡単にプログラムできるマイコン・ボード，例えばArduinoなどが利用できます．

このとき大切な要素として，パルス幅があります．発音と関係するかどうかは音源によって違います．パルス幅が決まっている場合は，一定のパルス幅を出す回路を間に入れる必要があります．

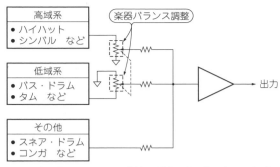

図13 楽器間のバランスは高域，低域，その他に分けて大ざっぱに調整する
それぞれのレベルをすべて調整できると大変なので，この方法が便利

---

column ▷ 03 シーケンサ回路作りに参考にしたリズム・マシン用IC

富澤 瑞夫

LM8372，LM8932［三洋電機（当時）］はリズム・パターンのROMを内蔵したリズム・マシン用ICです．内部ブロック図を**図A**に示します．

リズム音源と組み合わせると，数種類のリズム・パターンを発生でき，電子オルガンやキーボード楽器に自動リズム機能を付加できました．構成のしやすさから，後年このICを使ったリズム・マシン・キットも発売されていたようです．

入手は難しいのですが，データシートはウェブで見つけられます．内部構成は，リズム・シーケンサ作りの参考になります．本稿の回路や，**表1**のリズム・パターンは，このICを参考にしています．

5本のリズム選択入力により，8種のリズム・パターンを切り替えられます．これは内蔵ROMの読み出しエリアの選択です．

テンポ・オシレータの外部クロックを入力し，カウンタ・レコーダで該当するパターンを読み出します．パターン出力はリズム楽器ごとになっていて，ゲート回路により発音パルスになります．

LM8372は，電子オルガン用の出力端子をもちます．伴奏音発生タイミングが出力されるので，電子オルガン演奏での左手和音をカッティングするのに使えます．LM8972では，テスト端子になっています．

エフェクタやシンセサイザに使われたICは，入手できない品種も多いのですが，だからといって情報や扱いを疎む傾向は残念です．現品が入手できなくとも，そのICの内部回路や応用回路は，大切なヒントやノウハウを今でも提供してくれます．

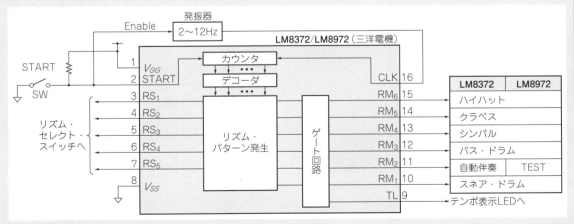

図A リズム音源用の自動演奏シーケンサIC
本稿のシーケンサ回路やリズム・パターンの参考にしている

第17章 アナログ回路で多彩に鳴らす

ハンドクラップ音が作れる
シンセサイザ回路

富澤 瑞夫 Mizuo Tomizawa

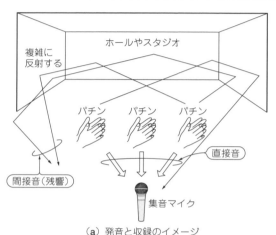

（a）発音と収録のイメージ

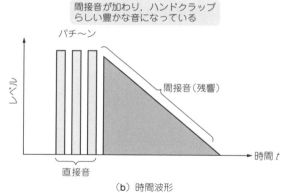

間接音が加わり，ハンドクラップらしい豊かな音になっている

図1 ハンドクラップ音の構成
複数人が手をたたき，その直接音と間接音（残響音）が重なる

ハンドクラップとは

● 本当の手拍子とは違うがアナログ音源で人気

ハンドクラップはリズム音源（パーカッション）の一種で，もともとは手拍子音の模擬です（図1）.

リズム音源は，真空管のアナログ回路から始まっています. トランジスタ化したのち，ディジタル化（主

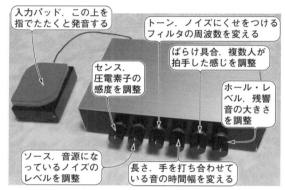

写真1 アナログ・ハンドクラッパ・シンセサイザ
多彩なハンドクラップ音が作れる

にPCM音源化）されました. 再生パターンも，固定のプリセットからユーザ・プログラマブルへ，さらにMIDIシーケンサを組み合わせて音源へと進化しました. アナログ回路によるリズム音源の中で，特に人気があったのがハンドクラップです.

● リズム・マシンに内蔵された音源の1つだったものが単体の音源に発展

ハンドクラップの音が評価されたのは，TR-808（ローランド）というリズム・マシンでした.

ハンドクラップの音だけ取り出し，たたいて発音できるようにしたのがハンドクラッパで，当時は製品だけでなくキットまで発売されるほどの人気でした.

現在でも，TR-808などの電子的なハンドクラップの音をディジタル化（PCM化）して，リズム音源の1つとしていろいろな音楽の中で利用されています.

● 出音を調整できるハンドクラッパを製作

本稿ではアナログ音源の良さを生かしながら，各種パラメータを調整可能な発展型のハンドクラッパを紹介します（写真1）. ハンドクラップ・シンセサイザとも言える仕上がりです. バリエーション豊かなハンドクラップ音を作り出せます.

使い方

● 圧電フィルムを指でたたくと鳴る

センサとして圧電フィルムを使い，パッド風にしました．圧電フィルムの上を指でたたくと発音します．たたき方で音に強弱（ダイナミクス）をつけられるようにしてあります．

● 音の調整

写真1に示すように6種類の調整つまみがあります．図2に示すように，ハンドクラップはいろいろな音を出します．

▶センス

入力の感度設定です．センサを叩いたときの強さが音量に反映されるように調整します．感度を過大にしておくと，強めにたたいたときは一定音量，弱めにたたけば強さに応じて音量が調整できる，リミッタの入ったような動作になります．

▶ソース

音源になるノイズの音量です．回していくと音量が大きくなりますが，あるレベルを超えると音がひずんで太めの音になります．ハンドクラップ音としては熱っぽく，迫力のある音が出てきます．

▶トーン

ノイズ・ジェネレータ出力を通すバンドパス・フィルタの中心周波数を可変します．手のひらのサイズやたたき位置に相当する音色変化です．

トーンを高い方に回しきったときは，かなり音が高く，クセの強い音色になります．

---

column ▶ 01

ディジタルは面白みに欠ける？

富澤 瑞夫

PCM化された音源への不満は，写真のコラージュのような実体を規則的に並べたものになってしまい，自然さや変化を得にくいところにもあるようです．近年は波形レベルの再現ではなく，当時の回路の振る舞いを解析してシミュレーションを行うように真似て信号を作る製品もあります．アナログに似た音を出すだけでなく，アナログ回路がもつ変化（可能性）のある楽器音を出そうという取り組みです．

▶長さ

手を打ち合わせたときの形や長さによる音色変化に相当します．ばらけ時間の総量の調整でもあります．

▶ばらつき

手をたたいたときのタイミングのばらつきです．つまみを回し切ると，タイミングにばらけない，完全に一致したような音になります．

▶ホール

ハンドクラップに付帯する残響音を調節します．回しきると残響が大きく長く聞こえ，豊かな響きが付きます．収録ホールの違いに相当します．

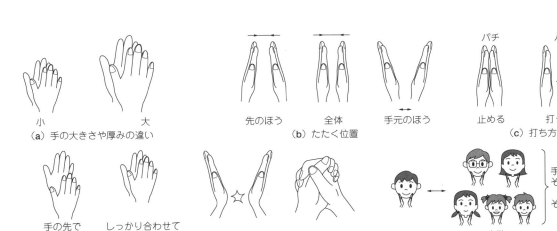

（a）手の大きさや厚みの違い　小　大

（b）たたく位置　先のほう　全体　手元のほう

（c）打ち方　パチ 止める　パーン 打って離す

（d）ずらし方　手の先で手のひらをたたく　しっかり合わせてたたく

（e）手のひらの形　そり加減　組み加減

（f）人数やタイミング　1人　多数　手拍子がそろう／そろわない

図2　ハンドクラップ音は手のたたき方で七変化する
これらの音の違いを調整できるようにしてある

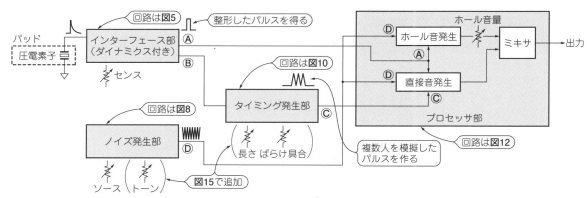

図3 製作したアナログ・ハンドクラップ・シンセサイザのブロック図
回路規模が大きいので，いくつかのブロックごとに分けて解説する

回路

● 全体構成

製作したハンドクラッパのブロックを図3に示します.

▶ **直接音とホール音を別々に作って足し合わせる**

単体の打楽器としてたたけるようにパルスを発生するインターフェース部をもち，トリガ信号を作ります．直接音とホール音の2系統を別々に作り，ミックスして最終的な出力を得ます．

図1から，直接音を作ってそれに残響をかければ良

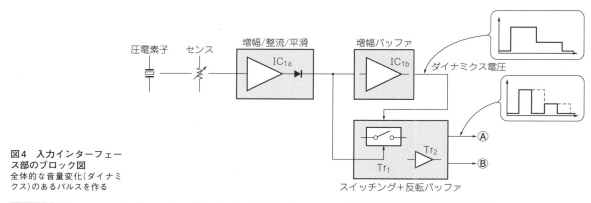

図4 入力インターフェース部のブロック図
全体的な音量変化(ダイナミクス)のあるパルスを作る

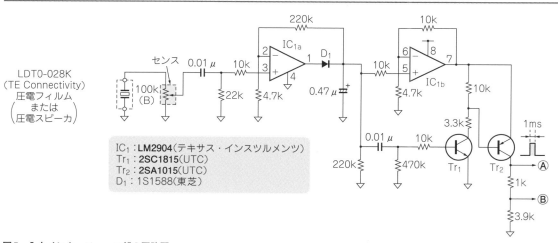

IC₁：**LM2904**(テキサス・インスツルメンツ)
Tr₁：**2SC1815**(UTC)
Tr₂：**2SA1015**(UTC)
D₁：**1S1588**(東芝)

図5 入力インターフェース部の回路図
整流/平滑した信号(IC₁ь出力)を微分回路で作った信号でON/OFFしてパルスにする

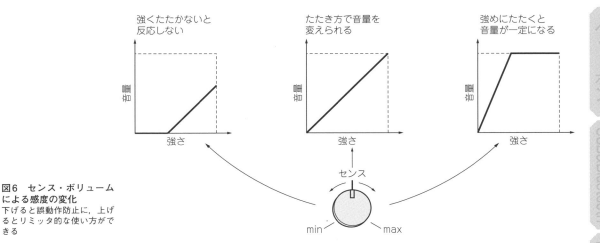

強くたたかないと
反応しない

たたき方で音量を
変えられる

強めにたたくと
音量が一定になる

センス

min　max

**図6　センス・ボリューム
による感度の変化**
下げると誤動作防止に，上げ
るとリミッタ的な使い方がで
きる

さそうに思えます．しかし，ハンドクラップ音のよう
なパルス性の音に，滑らかできれいな残響を付けるの
は，簡単ではありません．
　直接音とは別に作った残響音を足し合わせます．
▶動作原理…発音源のノイズに周波数特性をもたせて
時間変化をつける
　発音のソースは，ノイズ・ジェネレータです．特徴
（癖）を持たせるためにフィルタを通して周波数特性を
もたせます．そのノイズにエンベロープ（時間変化）を
つけて出力信号を作ります．この考え方は，多くのリ
ズム楽器の電子音と同様です．
▶電源は電池運用を考えた9V
　電源電圧は使いやすい9Vです．両電源用のICを
使うために，内部で中点電圧を作っています．

● **入力インターフェース部**
　入力インターフェース部の構成を図4に，回路図を
図5に示します．
　パーカッションなので，スイッチではなく平面のパ
ッドをたたいて発音する方式にします．パッドをたた
いたことを検出するには圧電素子を使います．私は過
去，圧電スピーカを逆にセンサとして使用したことも
あります．圧電スピーカをケースに取り付ければ，振

動をピックアップできるので，より簡単に作れます．
反面，ケースに振動が生じれば，意図しない場合に発
音しやすくなります．
　本稿ではフィルム状の圧電素子を使用して**写真2**の
ように作りました．
　圧電素子の出力は，感度調整用のボリューム（セン
ス・ボリューム）を通った後，OPアンプ＋ダイオード
で半波整流，平滑されます．さらにゲイン付きのバッ
ファ・アンプを通り，Tr_1とTr_2の電源となります．
　一方で，微分した信号でTr_1をON/OFFさせ，Tr_2

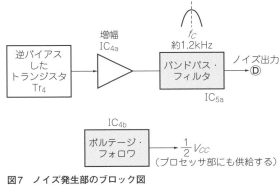

増幅
IC_{4a}

逆バイアス
した
トランジスタ
Tr_4

f_C
約1.2kHz

バンドパス・
フィルタ

ノイズ出力
Ⓓ

IC_{5a}

IC_{4b}

ボルテージ・
フォロワ

$\frac{1}{2}V_{CC}$
（プロセッサ部にも供給する）

図7　ノイズ発生部のブロック図
ノイズを十分大きく増幅し，バンドパス・フィルタを通す

（a）ケースの上にウレタンで段
を設けてその上にフィルム状の
圧電素子をのせる

（b）圧電素子にナイロンたわし
を被せてその上にはんこ用のゴ
ム台をのせる

写真2　感圧パッドを圧電素子で作る
100円ショップで手に入るナイロンたわし（5個入り），捺印マットを利用

ヘッドホン

USB&Bluetooth

音質調整回路

パワー・アンプ

電源&プリアンプ

サウンド回路

マイク&スピーカ

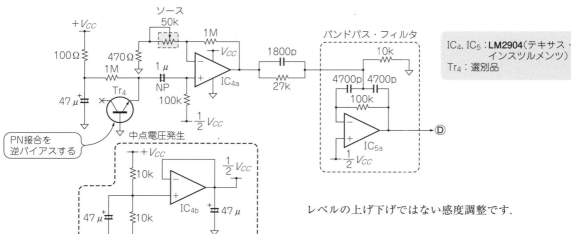

図8　ノイズ発生部の回路図
Tr₄は自分の好みのトランジスタを探す

IC₄, IC₅：**LM2904**（テキサス・インスツルメンツ）
Tr₄：選別品

で反転することで出力パルスを得ます．このパルスは入力を整流，平滑した電圧から作られているので，入力電圧の大きさを反映し，たたいたときの強弱を振幅で表します．

　センス・ボリュームを回すと圧電素子の出力電圧が変わります．出力電圧（パルスの波高値）はたたき方でも異なるので，センス・ボリュームの位置でダイナミクスの反映のされ方も変わります（**図6**）．単純な出力

レベルの上げ下げではない感度調整です．

● **ノイズ発生部**

　ノイズ発生部の構成を**図7**に，回路図を**図8**に示します．ノイズ・ジェネレータから発生した信号をバンドパス・フィルタに通します．

▶トランジスタを逆接続するとノイズを発生させられるノイズ・ジェネレータには，

（**1**）トランジスタの逆接続
（**2**）ツェナー・ダイオード
（**3**）CMOSインバータのアナログ動作
（**4**）ロジック回路で疑似雑音生成

などいろいろな方法があります．

　回路方式によって素子も音色も回路規模も変わりま

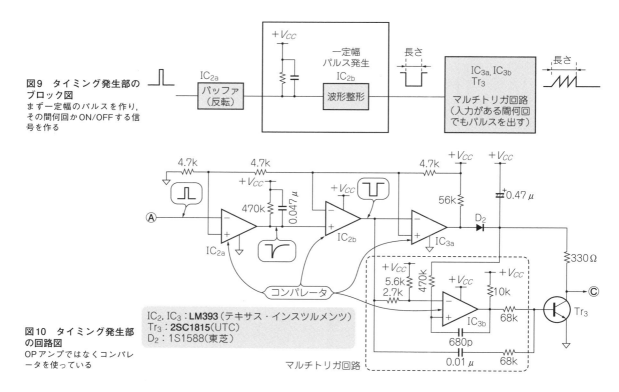

図9　タイミング発生部のブロック図
まず一定幅のパルスを作り，その間何回かON/OFFする信号を作る

図10　タイミング発生部の回路図
OPアンプではなくコンパレータを使っている

IC₂, IC₃：**LM393**（テキサス・インスツルメンツ）
Tr₃：**2SC1815**（UTC）
D₂：**1S1588**（東芝）

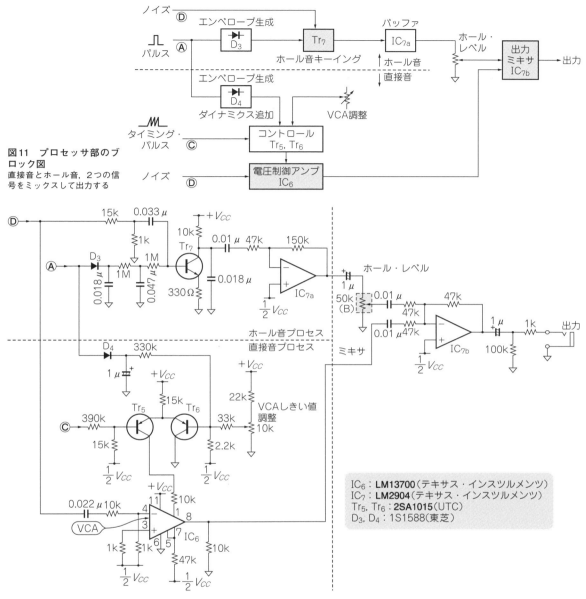

図11 プロセッサ部のブロック図
直接音とホール音，2つの信号をミックスして出力する

図12 プロセッサ部の回路図
(1/2)V_{CC}はノイズ発生部（図8）で作っている

IC$_6$：**LM13700**（テキサス・インスツルメンツ）
IC$_7$：**LM2904**（テキサス・インスツルメンツ）
Tr$_5$, Tr$_6$：**2SA1015**（UTC）
D$_3$, D$_4$：**1S1588**（東芝）

す．ここでは回路規模や音色の多様さから（1）を採用しました．

　ノイズの質や量は使うトランジスタにより変わります．

▶得られるノイズは振幅が小さいので増幅する

　後置のアンプは，帰還量を変えることでゲインを変えることができます．アンプ出力がクリップしない範囲にゲインを設定するのが一般的ですが，ハンドクラップでも破裂感を強める場合は，あえてノイズ発生部で少しひずませて音色作りすることもあります．

　ノイズの質（目の細かさ粗さ，低いゆらぎなど）によってひずみ音が異なります．そのためトランジスタはソケットにして差し替え可能にしておきます．

▶バンドパス・フィルタの通過中心周波数は1.2 kHz

　バンドパス・フィルタの中心周波数は，メーカ製とだいたい同じ約1.2 kHzに設定しました．

● **タイミング発生部**

　タイミング発生部の構成を**図9**に，回路図を**図10**に示します．

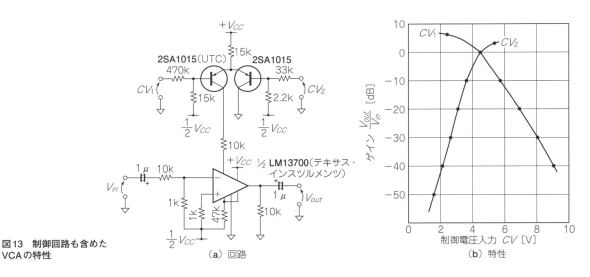

図13　制御回路も含めた
VCAの特性
（a）回路
（b）特性

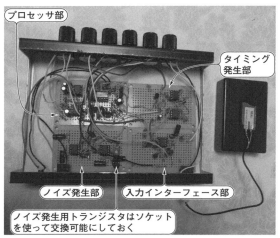

プロセッサ部

タイミング
発生部

ノイズ発生部　　入力インターフェース部

ノイズ発生用トランジスタはソケット
を使って交換可能にしておく

写真3　製作したハンドクラップ・シンセサイザの内部
回路が大きいので，それぞれのブロックごとに組み立てて接続すると作りやすい

複数の人で手拍子をとっても，全く同時に発音することはなく，普通は音がバラけます．その様子を再現するために，1回の入力で複数回のパルスを発生させます．ハンドクラップ特有の回路です．

● プロセッサ部

プロセッサ部の構成を図11に，回路図を図12に示します．直接音とホール音の2つをそれぞれ作ってミックスします．

▶直接音生成

ノイズ音源を電圧制御アンプ（VCA）に入力し，タイミング回路から得られた波形でノイズ音源を変調します．これで，タイミングのばらけた手拍子音を発生させます．

VCAには2チャネル内蔵のLM13700（テキサス・イ

ンスツルメンツ）の片側だけを使っています．このICは本来両電源動作なので，ノイズ発生部のIC_4で作った$(1/2)V_{CC}$を仮想的なグラウンドとして動かします．

制御回路を含めたVCAの特性を図13に示します．

▶ホール音生成

ホール音は，Tr_7でノイズ音源をキーイング（変調）して得ます．最終のミックス・アンプへはホール音レベル調整用のボリュームを通して出力します．

● 回路ブロックごとに製作／動作確認／調整

内部を写真3に示します．ブロックごとに4つの基板にまとめました．

調整は2カ所です．聴感で行うことが可能です．ノイズの出力レベルは，クリップして音がつぶれる手前で止めます．VCAのしきい値調整は，無入力状態でノイズ音が出ないところまで絞ります．波形を観測しながら行うとより確実です．

各部の出力波形の例を図14に示します．

改　良

① 音の調整パラメータを6個に増やす

当初は，センス，ソース，ホールの3つの調整しかありませんでした．

音作りの幅を広げるためにソースの可変範囲を広げ，さらにトーン，長さ，ばらけ具合の調整を追加しました．変更箇所を図15に示します．

2個入りVCAの片側を使えば，ホール・トーンの信号を加工することもできます．最終段に使用して，外部制御で音量をコントロールする拡張もありえます．この最終段にVCAを入れる方法は，リズム系の音源で比較的多い手法です．

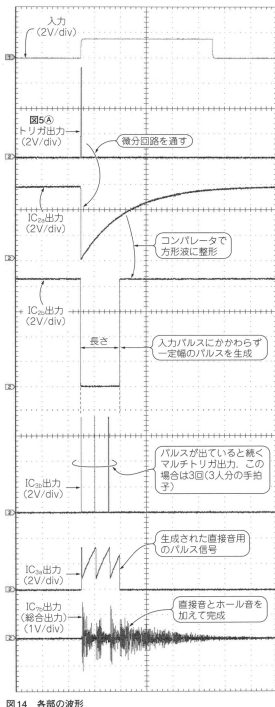

図14 各部の波形

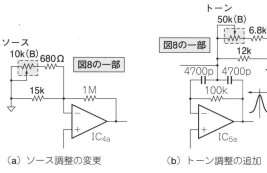

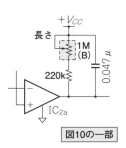

（a）ソース調整の変更

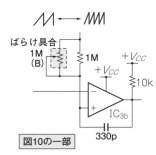

（b）トーン調整の追加

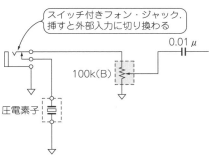

（c）長さ調整の追加　　　　（d）ばらけ具合調整の追加

図15 調整パラメータの拡張方法（太字が追加・変更ぶん）

スイッチ付きフォン・ジャック.
挿すと外部入力に切り換わる

0.01μ

100k(B)

圧電素子

図16 外部入力の追加方法

② 外部入力対応

　外部からパルス信号を入力して発音をコントロールすることもできます.

　本体パッドとの切り替えは外部入力端子の接点を利用すれば操作も簡単です（**図16**）.

　200 mV以上の信号を入力するとトリガできます. ロジック・レベルのパルス信号は振幅が大きすぎます. 1パルスで2度打ちしないよう, センス・ボリュームを適切に絞ります.

　パルス幅は数msもあれば動作します. 内部で一定幅のトリガ・パルスを生成しているので, パルス幅に神経質にはなることはありません. ただし, 微分回路でパルスを作るので, 立ち上がりが遅い波形ではうまく動作しません.

第7部

マイク&スピーカ
電気-音技術

第18章 センシング, 高感度増幅から長距離伝送, 指向性制御まで

プロが教える！マイクロホン技術大解剖

秋野 裕 Hiroshi Akino

1 普及型マイクロホンの回路構成

現在使われているマイクロホンは, 大きく次の2つに分類されます.

- コンデンサ型
- ダイナミック型

ここでは, 最も多く普及しているコンデンサ型の構造や電気的性能, 音響性能, 指向性など, マイクロホンに作り込まれている技術を紹介します.

普及型マイクの外観と内観

写真1に実際のコンデンサ・マイクロホンを示します. 安価ながらスタジオでの収音にも耐える性能をもった単一指向性エレクトレット・コンデンサ型AT2020（オーディオテクニカ）です. マイクロホンの横方向から収音するサイド・エントリ・タイプです.

参考までに寸法も示しておきます.

写真2は, 中から, 音センサであるエレメントやJFETや出力トランスが実装されたプリント基板を取り出したところです. このように, コンデンサ型は電子回路を内蔵しており, 動作させるために電源を供給する必要があります. 一方のダイナミック型の多くは電子回路を用いておらず電源も不要です.

①センシング部（エレメント）〜音圧を電荷量に換える〜

■ 音が電気信号に変わるメカニズム

● コンデンサのように音圧で2枚の電極間の距離が変化して電圧が発生する

コンデンサ・マイクロホンには, 音を電気信号に変

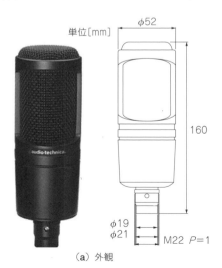

単位[mm]

φ52

160

φ19
φ21

M22 P=1

（a）外観

（b）音が入る方向

音

写真1　コンデンサ・マイクロホンの製品例（AT2020, オーディオテクニカ）

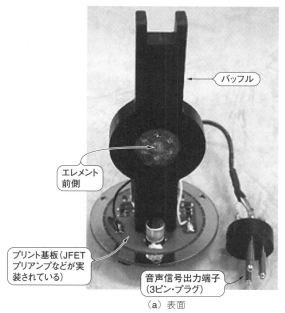

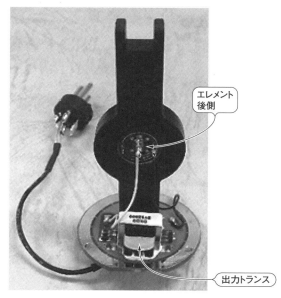

（a）表面 　　　　　　　　　　　　　　　　　　（b）裏面

写真2　コンデンサ・マイクロホンには，電子回路が実装されたプリント基板や音センサ（エレメント）が内蔵されている

換するエレメントと呼ばれるセンサ部品が内蔵されており，次のような原理で電気信号が発生します．

　2枚の導電性の平板をある間隔で隔てて作られているコンデンサの造りをイメージしてください．**図1**に，コンデンサ・マイクロホンのエレメント（音センサ部分）の振動板と固定極の形状を示します．コンデンサの静電容量は次式で求まります．

$$C = \frac{\varepsilon_0 S}{d} \cdots\cdots\cdots\cdots\cdots (1)$$

　静電容量Cは平板の面積Sが大きいほど，間隔dが狭いほど大きくなります．このコンデンサに蓄えられる電圧と電荷の関係は次の容量Cと比例関係にあります．

　音波が振動板に加わって動くと，式(1)のdが変化してコンデンサの静電容量Cが変化します．容量Cと電荷Q，電極間の電圧Vの間には，次の関係があります．

$$Q = CV \cdots\cdots\cdots\cdots\cdots\cdots (2)$$

　式(2)から，Qが一定ならVはCが大きくなると低下し，小さくなると増加します．電荷Qは一定であることが大切で，漏れてしまわないように作り込む必要があります．

● **電荷の与え方の違う2種類のコンデンサ型**
（1）ピュア型（ピュア・コンデンサ・マイクロホン）

　電圧発生回路を用いてコンデンサに電荷を与えるタイプです．電圧発生回路で成極電圧を調整できるので，マイクロホンが完成した後でも感度を調整できます．

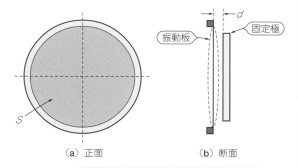

S：振動板と固定極の間の有効面積 $[\text{m}^2]$
d：振動板と固定極の間隔 $[\text{m}]$
ε_0：8.854×10^{-12} $[\text{F/m}]$

図1　コンデンサ・マイクロホンの心臓部！音を電気信号に変換する「エレメント」の構造
振動板と固定極で構成されている

（2）エレクトレット型（エレクトレット・コンデンサ・マイクロホン）

　固定極の表面，あるいは振動板に，電荷を蓄えることができる素材で作った膜（エレクトレット膜）を用いるタイプです．電圧発生回路が不要という利点がありますが，エレメントを作るときに，エレクトレットの表面電位を調整した後，組み立てる必要があります．次の2種類があります．

- 膜エレクトレット型：振動板にエレクトレット・フィルムを用いたもの
- バック・エレクトレット型：固定極表面にエレクトレット・フィルムを固定したもの

ヘッドホン

USB&Bluetooth

音質調整回路

パワー・アンプ

電源&プリアンプ

サウンド回路

マイク&スピーカ

■ 実際のマイクロホン(エレクトレット型)をばらして内部を調べてみた

● 計算上のコンデンサ部の静電容量は6.8 pFぐらい

実際のコンデンサ・マイクロホン CM-102(アイコー電子)を入手して分解してみました．内蔵されている音センサ(エレメント)の寸法を測り，容量を算出してみました[**写真3(c)**]．

振動部分の直径が7 mm，振動板と固定極の間隔が0.05 mm(スペーサの厚み)です．この部分が信号を発生させる静電容量です．

静電容量C_bを寸法から計算で求めてみると次のようになります．

$$C_b = \frac{\varepsilon_0 S}{d} = \frac{8.854 \times 10^{-12} \times 3.85 \times 10^{-5}}{0.05 \times 10^{-3}}$$
$$\fallingdotseq 6.8 \text{ pF}$$

● 実測値10 pFのうち3 pFは音検出に働かない浮遊容量

静電容量を実測すると約10 pFでした．先ほどの計算でエレメントの静電容量は6.8 pFと考えられるので，センサとして働く部分以外にストレー容量(浮遊容量)C_Sが約3.2 pFあるようです．ストレー容量は音圧によって変化しない容量で，感度を劣化させる要因です．

どのくらい感度が落ちるのかは，インピーダンス比から計算できます．このコンデンサ・エレメントは，

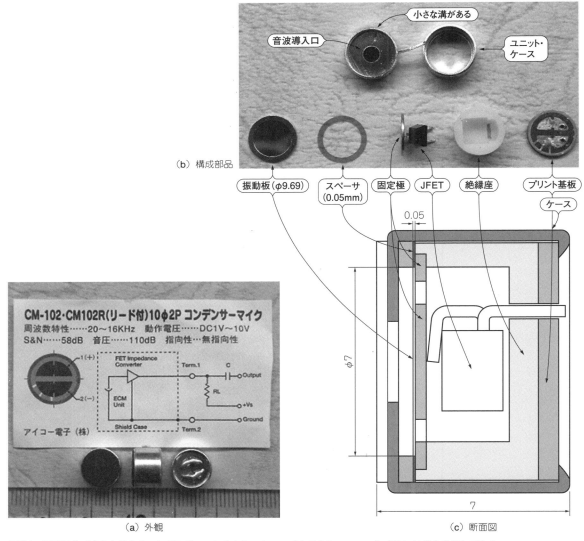

(b) 構成部品

振動板(φ9.69)　スペーサ(0.05mm)　固定極　JFET　絶縁座　プリント基板

CM-102・CM102R(リード付)10φ2P コンデンサーマイク
周波数特性……20～16KHz　　動作電圧……DC1V～10V
S&N……58dB　　音圧……110dB　指向性……無指向性

アイコー電子(株)

(a) 外観

(c) 断面図

写真3　電子工作でもおなじみのコンデンサ・エレクトレット・マイクロホン・ユニット(CM-102)を分解してみた
寸法図を書き起こして，エレメントの容量などを計算してみた

出力インピーダンスが6.8 pFのコンデンサ相当の信号源と考えることができます．その出力に3.2 pFのストレー容量が接続されます．すると出力電圧は，インピーダンス比で分圧されます．

$$\frac{\dfrac{1}{\omega C_S}}{\dfrac{1}{\omega C_b}+\dfrac{1}{\omega C_S}} \propto \frac{\dfrac{1}{3.2\text{p}}}{\dfrac{1}{6.8\text{p}}+\dfrac{1}{3.2\text{p}}} = 0.68 \text{倍}$$

コンデンサ・エレメントの本来の容量6.8 pFに対してストレー容量3.2 pFがあることで，信号は0.68倍に小さくなっています．つまり−3.3 dB失われています．

エレメントの構造を作るときは，ストレー容量をいかに小さくして感度の低下を避けるかが重要です．

● 感度に効くエレクトレット部の帯電電位は−41 V

コンデンサ・マイクロホン・ユニットの直径は，2〜30 mmと言われています．

写真3(a)にCM−102の外観を示します．分解して得られたパーツが**写真3**(b)で，それがどの位置にあるかを示す断面図が**写真3**(c)です．

振動板は，電荷を溜められるフィルムに金属を真空蒸着したもので，表面電位をエレクトロメータで測定したところ約−41 Vでした．

エレメントの感度はエレクトレットの表面電位，つまり膜に帯電した電荷量に依存します．表面電位が低すぎると感度も低くなります．一方，高すぎると振動板が固定極に吸着します．このため膜エレクトレット型(振動板がエレクトレット・フィルムであるもの)は，フィルムの張力を高くできないことから表面電位を高めることがことができません．−41 Vは妥当な表面電位だと思われます．

②アンプ
～エレメントで発生した電圧変化を電流に変える～

● 入力容量が数pF以下であること

エレメントの出力信号を増幅するアンプの入力容量は，エレメントの容量より無視できるくらい小さくする必要があります．入力容量がエレメントの静電容量と同じくらい大きいと，ここで信号レベルは半分に減衰してしまいます．

● 入力抵抗が数GΩ以上であること

コンデンサ・エレメントの静電容量と電子回路の入力抵抗は，ハイパス・フィルタを形成します．

例えば，電子回路の入力抵抗が1 MΩだったとしま

す．入力抵抗とコンデンサ・エレメントのリアクタンスが同じになる周波数は次のようになります．

$$f = \frac{1}{2\pi CR} = \frac{1}{2 \times 3.14 \times 6.8 \times 10^{-12} \times 10^6}$$
$$\simeq 23.4\text{kHz}$$

これでは，可聴帯域の音波を拾うことができません．電子回路の入力インピーダンスが3 GΩあれば$f = 7.8$ Hz程度になり，可聴帯域の音波を電気信号に変換できます．

コンデンサ・マイクロホンの電子回路の入力抵抗はできるだけ高いことが求められます．

▶ JFETを使って作る

入力インピーダンスが$10^9 \sim 10^{11}$ Ωと高いJFET(接合型電界効果トランジスタ)や電子管(真空管)を使えば，GΩ級の高入力インピーダンスのアンプを作ることができます(**図2**)．

静電容量が小さいエレメントと組み合わせる場合は，JFETアンプから生じる$1/f$雑音が支配的になります．JFETには$1/f$雑音が少ないタイプを選びます．PチャネルよりNチャネルのほうが小容量の信号源に対して雑音が小さいことから，実際の製品ではNチャネルが多く用いられています．

また，JFETはゲートしきい値電圧が0 Vのときドレイン電流が流れない特性(ディプリーション特性)をもつため，バイアス回路が必要です．バイアス回路の抵抗値は1 GΩ以上必要です．コンデンサ・マイクロホン・ユニットの多くは，バイアス回路を内蔵した使いやすいJFETを利用していて，AT2020にも内蔵されています．

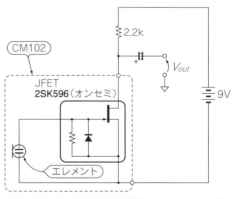

図2 エレメントが出力する電荷を入力インピーダンスの高いJFETアンプで増幅する

② マイクロホンの収音性能の測り方

マイクロホンの性能は音響特性と電気的特性の2つで評価できます．エレメントに電気信号を入力して測定されるマイクロホンの性能を電気的特性と呼びます．一方，無響室で測定して得られるマイクロホンの性能，つまり感度，固有雑音の等価音圧レベル，指向性を音響特性と呼びます．なお，日本音響学会編の「音響用語辞典」には「音響特性」という用語はありません．

マイクロホンの性能を表す指標

① 感度
無響室で測定する音響特性の1つです．マイクロホンの感度とは，94 dB＝1 Paの音圧が加えられたときのマイクロホンの出力レベルです．

② 雑音とSN比
雑音は，電子回路だけでなく，エレメントからも発生します．このエレメントの雑音は，無響室で測定します．雑音レベルは，A特性で補正した無音時のマイクロホンの出力レベルを測定し，「固有雑音の等価音圧レベル」で表現します．

③ 信号対雑音比（SN比）
感度と固有雑音レベルの比で，電気的特性の1つです．

④ 最大許容入力音圧
電気的特性の1つです．マイクロホンに大きな音圧を加えると，ひずみが発生します．ひずませるほど大きな音圧を発生できるスピーカを用意するのは困難なので，電子回路に電気信号を入力して，全高調波ひず

み率が1％になる出力レベルを求め，その出力レベルと感度から，マイクロホンの最大許容入力音圧レベルを逆算します．

⑤ ダイナミック・レンジ
電気的特性の1つです．マイクロホンが使えるのは，固有雑音の等価音圧レベルから，最大許容入力音圧レベルまでの間です．このレベル差をダイナミック・レンジと呼んでいます．

⑥ 指向性
音響特性の1つです．周囲の音を均一に収音したいときに有効な無指向性，目的音だけを収音したいときに有効な単一指向性，遠くの音波に感度が低く，近くの音波に感度が高くて周波数応答がフラットな双指向性があります．

実際のマイクロホンの性能を測ってみる

コンデンサ・マイクロホン CM-102の音響特性と電気的特性を測ってみました．表1にCM-102の電気的特性と音響特性の実測結果をまとめました．

● 音響特性
無指向性コンデンサ・マイクロホン CM-102（写真3）の音響特性を例に実際の測定方法を説明します．

図2のように接続して測定します．2端子出力方式，またはプラグイン・パワーと呼ばれている接続法です．CM-102の付属資料にも示されています．2端子出力方式の詳細は，JEITA規格 RC-8162C「マイクロホンの電源供給方式」を参照してください．

JEITA規格には，JFETのドレインに接続する抵抗は1 kΩ以上，電源電圧は1.5～3.0 Vとありますが，状況に合わせて，測定条件を調整します．例えば，ここで行うCM-102の評価実験では，電源に9 V電池を使って，JFETのドレイン抵抗を2.2 kΩに変更しました．2.2 kΩの両端電圧は0.4 Vで，ドレイン電流は約180 μAと計算できます．ドレイン抵抗を大きくすれば，出力レベルを高められますが，マイクの中のJFETでミラー効果が発生し，抵抗値を大きくしても感度が上がらないことがあります．

写真4は無響室で音響特性を測っているようすです．CM-102をセットするときは，障害物による反射が発生しないようにします．スピーカからマイクロホンま

表1　コンデンサ・マイクロホン・ユニット CM-102 の性能のまとめ
3端子出力方式についてはコラム2と第3項を参照

項目 \ 方式	2端子出力	3端子出力
感度	−37 dBV/Pa	−41.1 dBV/Pa
出力インピーダンス	1898.6 Ω	1261.7 Ω
雑音レベル（A特性）	−104.3 dBV	−108.4 dBV
固有雑音の等価音圧レベル	26.7 dB	26.7 dB
信号対雑音比	67.3 dB	67.3 dB
最大許容入力音圧レベル	99.5 dB	144.5 dB
ダイナミック・レンジ	72.8 dB	117.8 dB

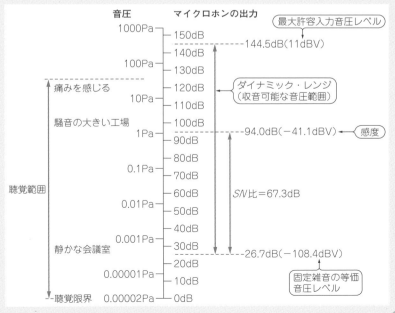

0.5 m

音源
（スピーカ）

マイクロホン・
ユニット

（a）無響室にマイク
ロホンをセット
したところ

マイクロホン・
ユニット

ユニットを支える竹串

（b）CM-102を電池などといっしょに固定する

写真4　無響室でコンデンサ・マイクロホン・ユニット（CM-102）の音響特性を測ってみた

column▷01　**性能測定時にマイクロホンに加える音圧と出力レベル**

秋野 裕

図Aに示すのは，音圧と出力レベルの関係です．縦軸が音圧です．音圧の単位は，本来は圧力の単位である[Pa]（パスカル）ですが，電気音響変換器では，2×10^{-5} Paを0dBとしたdB表記の音圧レベルが多く用いられます．

音圧　マイクロホンの出力

音圧	マイクロホンの出力	
1000Pa	150dB	
	144.5dB(11dBV)	最大許容入力音圧レベル
100Pa	140dB	
	130dB	
10Pa	120dB	ダイナミック・レンジ（収音可能な音圧範囲）
	110dB	
	100dB	
1Pa	94.0dB(−41.1dBV)	感度
	90dB	
	80dB	
0.1Pa	70dB	
	60dB	SN比=67.3dB
0.01Pa	50dB	
	40dB	
0.001Pa	30dB	26.7dB(−108.4dBV)
	20dB	
0.00001Pa	10dB	固定雑音の等価音圧レベル
0.00002Pa	0dB	

痛みを感じる

騒音の大きい工場

聴覚範囲

静かな会議室

聴覚限界

図A　性能測定時にマイクロホンに加える音圧と出力レベルの関係
（　）内の数値[dBV]はCM-102（3端子接続方式）の出力レベル

ヘッドホン

USB&Bluetooth

音質調整回路

パワー・アンプ

電源&プリアンプ

サウンド回路

マイク&スピーカ

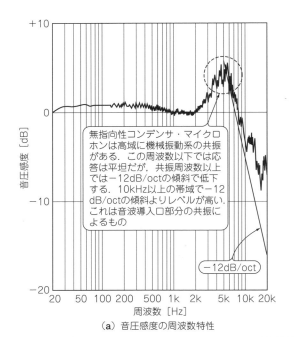

無指向性コンデンサ・マイクロホンは高域に機械振動系の共振がある．この周波数以下では応答は平坦だが，共振周波数以上では−12dB/octの傾斜で低下する．10kHz以上の帯域で−12dB/octの傾斜よりレベルが高い．これは音波導入口部分の共振によるもの

−12dB/oct

（a）音圧感度の周波数特性

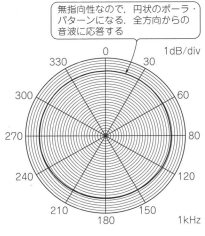

無指向性なので，円状のポーラ・パターンになる．全方向からの音波に応答する

感度：−37.0dBV
インピーダンス：1898.6Ω
自己雑音：26.7dBSPL（A Weighted）
　　　　　−104.3dBV
SN比：67.3dB

（b）指向性

図3　コンデンサ・マイクロホン・ユニット CM-102の音響特性（実測，2端子出力方式）

での距離を0.5mにして，マイクロホンに1Pa（音圧レベルで94dB）の音圧を加えます．

CM-102の音響特性の測定結果を**図3**に示します．

● **電気的特性**

図4に示すように，10pFのコンデンサを介して正弦波発振器から信号を入力します．出力レベルは，2.2kΩとグラウンドの間を電圧計で測ります．**図5**に測定結果を示します．

▶**通過損失（ゲイン）の測定**

図5(a)に示すように−39.5dBV を入力したとき出力レベルは−37.0dBVですから，＋2.5dBのゲインがあります．

▶**最大許容入力音圧レベル**

出力にひずみ率計を接続して全高調波ひずみ率（THD：Total Harmonic Distortion）をモニタしながら入力レベルを上げていき，THDが1％に達したときの正弦波発振器の出力レベルを読み取ります．

CM-102は，入力レベルが−34dBVのときにTHDが1％になりました．このことから，ヘッド・マージンは5.5dB（＝39.5−34）とわかります．感度は音圧レベルを94dBに設定して測りますから，99.5dB（＝5.5＋94）の音圧がマイクロホンに加わるとTHDは1％になることがわかります．最大許容入力音圧レベルは99.5dBです．

ひずみは回路からだけではなく，エレメントからも発生します．大きな音圧を放射できるスピーカは用意できないときは，回路測定の結果か，またはエレメントの数値計算結果のどちらか小さいほうを最大許容入力音圧レベルとします．実際の設計では，最大許容入力音圧レベルを入力したとき出力が最大出力レベル以上になるようにエレメントを作り込みます．

▶**回路の雑音**

正弦波発振器を取り外し，JFETのゲートとグラウンドをコンデンサ（10pF）でつなぎ，出力をA特性フィルタに通してスペクトラム・アナライザに入力します．

図5(c)にCM-102の出力信号に含まれる雑音のスペクトラムを示します．これは電源や他の機器からの干渉がないかどうかを確認するための測定です．商用電源が干渉していると，50Hzとその整数倍のところに大きなハム・ノイズが観測されます．対策は，静電シールドや磁気シールドを確実にすることです．

● **測定結果からわかること**

図5(b)の測定結果から，最大許容入力音圧レベル（全高調波ひずみが1％になるレベル）が99.5dBしかなく，あまり高くありません．

2端子出力方式は，プラグイン・パワーによる接続の簡単さがメリットですが，楽音の収音には向いてい

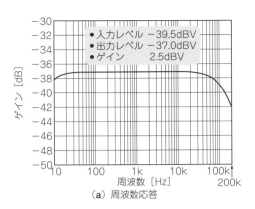

・入力レベル −39.5dBV
・出力レベル −37.0dBV
・ゲイン 2.5dBV

（a）周波数応答

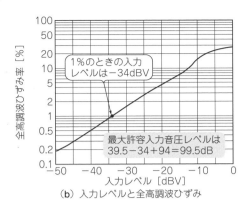

1％のときの入力レベルは−34dBV

最大許容入力音圧レベルは
39.5−34＋94＝99.5dB

（b）入力レベルと全高調波ひずみ

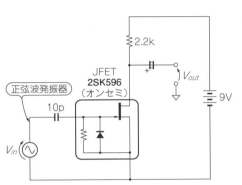

図4 電気的特性を測るときは10 pFのコンデンサを介して正弦波発振器から回路に直接信号を入力する（2端子出力方式の場合）

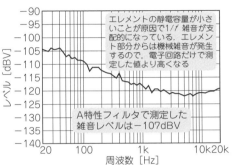

エレメントの静電容量が小さいことが原因で1/f 雑音が支配的になっている．エレメント部分からは機械雑音が発生するので，電子回路だけで測定した値より高くなる

A特性フィルタで測定した雑音レベルは−107dBV

（c）電子回路に起因する（固有雑音）のスペクトラム（回路が見つかる）

図5 コンデンサ・マイクロホン・ユニット CM-102の電気的特性（実測，2端子接続方式）

ないことがわかります．歌手が大きな声で歌うと，マイクロホンに加わる音圧レベルは120 dBにもなります．大きな音の出る楽器を収音するときには，さらに高い音圧がマイクロホンに加わります．

表1に示した「3端子出力方式」は，最大許容入力音圧レベルを高める手法です．楽音を収音するコンデンサ・マイクロホンで多く用いられています．表1のダイナミック・レンジを比べると，3端子出力方式の方が45 dBも優れています．詳しくはコラム2または第3項で説明します．

3 業務用マイクロホンの低雑音＆高音質技術

雑音の多い野外コンサートなどでも利用できる業務用コンデンサ・マイクロホンを紹介します．写真5に示すのは，業務用コンデンサ・マイクロホン AT2020（オーディオテクニカ）です．エレクトレット・コンデンサ型の比較的安価な単一指向性サイド・エントリ・タイプで，48 Vのファントム電源を供給して動かします．

低雑音化のテクノロジ

1 JFETソース・フォロワの出力をトランスで平衡出力に変換

業務用マイクロホンでは，出力信号を運ぶケーブルが数百mも引き回されることがあるので，ノイズとの闘いになります．

コラム2の図Bで紹介した3端子出力方式のコンデ

column 02　3端子出力方式に改造したCM-102の音響特性と電気的特性

秋野　裕

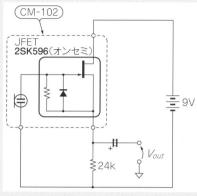

図C　コンデンサ・マイクロホン・ユニット CM-102を3端子出力方式に改造して測定した音響特性

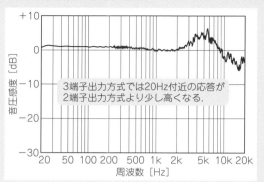

3端子出力方式では20Hz付近の応答が2端子出力方式より少し高くなる.

図B　3端子出力方式の接続

　図Bに示すのは，2端子出力方式のCM-102を3端子出力方式に改造した回路です．このように信号出力とは別に電源端子が必要です．CM-102のソース側のランドを切断し，ソースと接地の間にソース抵抗を接続しました．24kΩのソース抵抗の両端電圧は3.7Vなので，JFETには154μA流れています．

　図Cと図Dは3端子出力方式の音響特性と電気的特性です．

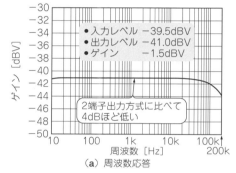

● 入力レベル　−39.5dBV
● 出力レベル　−41.0dBV
● ゲイン　　　−1.5dBV

2端子出力方式に比べて4dBほど低い

（a）周波数応答

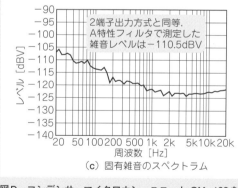

2端子出力方式と同等.
A特性フィルタで測定した雑音レベルは−110.5dBV

（c）固有雑音のスペクトラム

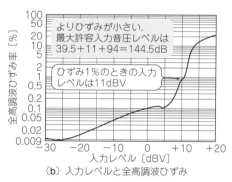

よりひずみが小さい.
最大許容入力音圧レベルは39.5+11+94=144.5dB

ひずみ1%のときの入力レベルは11dBV

（b）入力レベルと全高調波ひずみ

図D　コンデンサ・マイクロホン・ユニット CM-102を3端子出力方式に改造して測定した電気的特性

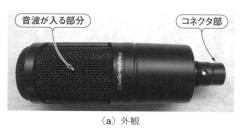

音波が入る部分　　　コネクタ部

（a）外観

写真5　業務用コンデンサ・マイクロホン AT2020（オーディオテクニカ）の外観と内観

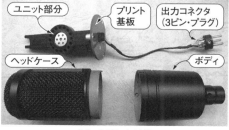

ユニット部分　　プリント基板　　出力コネクタ（3ピン・プラグ）

ヘッドケース　　　　　　　　　　ボディ

（b）分解した状態

ユニット部分とプリント基板はヘッド・ケースの内側に取り付けられる．プリント基板は両面で，ボディ側接地ランドは静電シールドの役割を果たす

ンサ・マイクロホンのJFET回路は，ソース・フォロワ型です．ソース・フォロワは出力インピーダンスが低いと言われていますが，それでも約1.2 kΩあります．理由は，JFETの順方向伝達アドミタンスが1 mS程度と小さいからです．そこで業務用マイクロホンでは，トランス(出力インピーダンス200 Ω)を使って，音声が正と負の互い違いに振幅する2本の信号線で出力しています．これを平衡出力と呼びます．出力インピーダンスが低いので，ノイズが混入しにくくなります．

② エレメントを活性化する48 V高圧電源「ファントム」を供給

● 出力信号の電圧レベルを高められる

コンデンサ・マイクロホンには電源を供給しなければなりません．

代表的なのがファントム電源です．ミキサ，プリアンプやオーディオ装置のマイク入力に多く搭載されています．ミキサからはマイクロホンに電源を供給し，マイクロホンからはミキサに音声信号が送られます．

ファントム電源を加えると，平衡伝送路に直流電圧が重畳されます．供給電圧は48 Vと高いので，高出力レベルのマイクロホンを作ることができます．

● マイクロホンとファントム電源の接続

図6に，48 Vのファントム電源とAT2020との接続を示します．供給抵抗回路とAC結合回路の組み合わせです．出口には，平衡入力をもつマイクロホン・アンプが接続されます．Vは48 ± 4 Vです．R_1とR_2は6.8 kΩ ± 10 %で，R_1から見たR_2の値は0.4 %以内で一致しています．供給電流の最大値は10 mAです．マイクロホンとこれらの機器はXLR(3ピン)オス・メス・ケーブルで接続します．マイクロホンに接続する側がメスです．

ファントム電源の標準仕様はJEITA規格RC-8162D「マイクロホンの電源供給方式」に定められています．

● 使用上の注意

マイクロホンにファントム電源が供給されたままの状態で，ケーブルを着脱すると音声信号に大きな雑音が発生するほか，マイクロホンや接続される機器を損傷する可能性があります．

必ず，機器にマイクロホンを接続したあとに機器側にあるファントム電源のON/OFFスイッチを操作します．またON/OFFスイッチを操作する前に，機器側のフェーダを下げて，耳障りなノイズを防止します．

高音質化のテクノロジ

① 振動板に理想材を使えるように固定極をエレクトレット化する

● プロ用マイクロホンのエレメント

写真6に示すのは，AT2020のコンデンサ・エレメントです．直径は16 mmで，単一指向性に作られています(指向性については第4項を参照)．その関係で，エレメントの前と後の両方に音波の入り口があります．

前側から入った音波は，振動板の前側に音圧を加えます．これに対し，後側から入った音波は音響抵抗(不織布)で音波の強さを調節してから振動板の裏側に音圧を加えます．

● 固定極にエレクトレット層を作り，振動板に理想的な素材を使う

業務用のように高性能が求められるエレクトレット・コンデンサ・マイクロホンの多くは，固定極にエレクトレット層が作り込まれています．これを「バック・エレクトレット型」と呼びます．固定極は，0.5 mmの真鍮板に約12 μmのFEP(フロロ・エチレン・ポリマ)を貼り付けた後に，プレス加工で抜いて作ります．この構造のおかげで振動板には最適な素材と厚みのフィルム(あるいは金属箔)を用いることができます．

▶固定極の構造

写真7に固定極の外観を示します．

固定極をエレクトレット化するときは，負コロナ放電で負イオンを発生させ，これをエレクトレット層に電界を加えてFEPの中に閉じ込めます．コピー機などで用いられる荷電器(スコロトロンと呼ぶ)を用いて

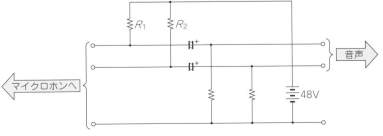

図6　48 Vのファントム電源とマイクロホンAT2020との接続

ヘッドホン

USB&Bluetooth

音質調整回路

パワー・アンプ

電源&プリアンプ

サウンド回路

マイク&スピーカ

（a）外観

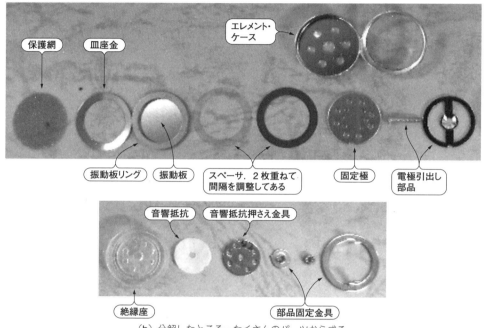

（b）分解したところ…たくさんのパーツから成る

写真6 業務用マイクロホン AT2020 に内蔵されているコンデンサ・エレメント

エレクトレット化しています.

▶表面電位には最適値がある

固定極の表面電位が高いほど感度が高まります. 非接触型の表面電位計（エレクトロメータ）で, AT2020の固定極の表面電位を測ると約 −140 V あります.

エレクトレットの表面電位には最適値があります. 表面電位が高すぎると, 振動板が固定極に吸着して動かなくなります. 振動板の張力を高めて吸着しないようにすると, 振動板と固定極を組み合わせたときの電極間の電界が空気の破壊電界を越えた場合に, 火花放電が発生します. 火花放電が発生すると, 熱で振動板や固定極が損傷し, 表面電位が部分的に消えます.

② 温度や湿度に強く, 動きのいい 振動板

振動板の素材は, 厚みが 2 μm の PPS（ポリフェニ

レン・サルファイド）フィルムに金を真空蒸着したものです. 温度や湿度の変化に対して機械的に安定しているので, 長期間マイクロホンの性能を維持できます.

▶電気的接続が安定している金を蒸着した電極

写真8に振動板の外観を示します. 多くのコンデンサ・マイクロホンは, プラスチック・フィルムに金を真空蒸着して振動板にしています. 金以外の金属を真空蒸着したフィルムでは, 振動板に強い張力を加えると, 小さなひび割れ（マイクロクラックと呼ぶ）が発生して, 電気的接続が不安定になります.

▶細かな立体成型により性能アップ

写真9に示すように, AT2020の振動板は, 感度を高め, 低域の周波数応答を伸ばすために, 細かい立体成形が施されています（ウエイブ・ダイヤフラムと呼ぶ）. 立体成形された PPS フィルムの断面はまるで蛇腹です. 振動板の張力は, 蛇腹の伸び縮みによっても

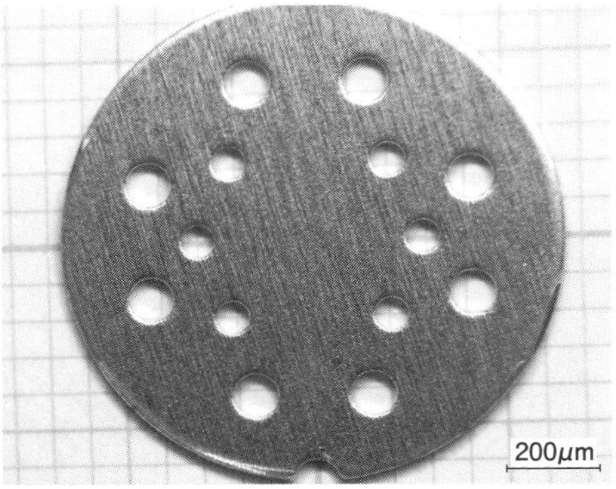

写真7　コンデンサ・エレメントの重要パーツ①「固定極」

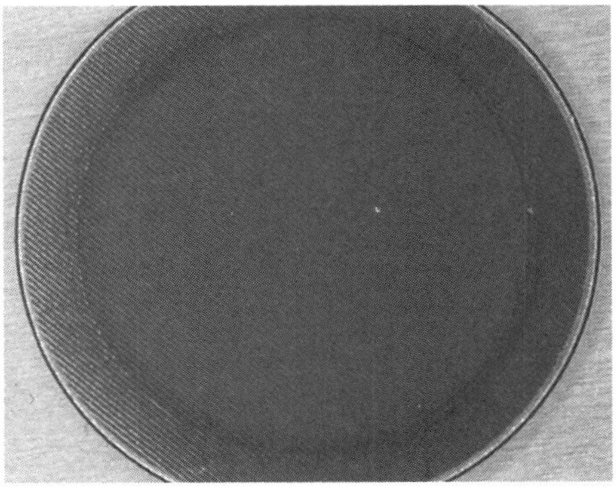

写真8　コンデンサ・エレメントの重要パーツ②「振動板」

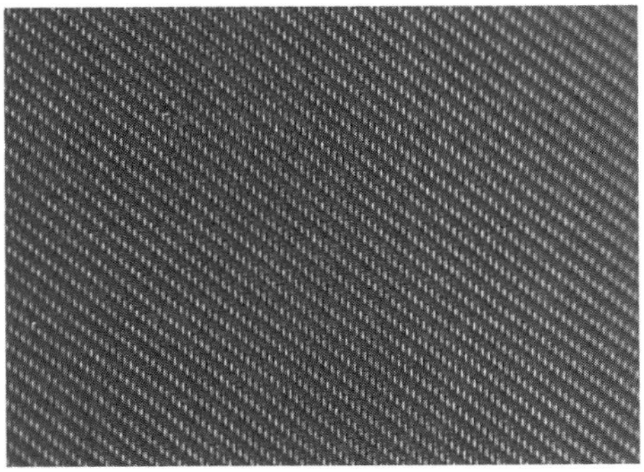

写真9　PPSフィルムでできた振動板の断面は蛇腹構造になっている

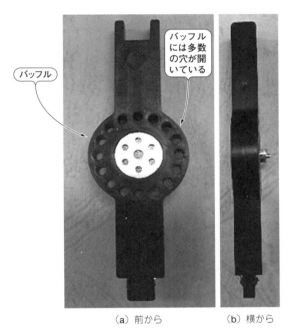

（a）前から　　　（b）横から

写真10　エレメントが振動しないように支持する部品
ゴムでできている

与えられるため，振動板が動きやすく，固定極に吸着しにくくなります．

　振動板には，固定極にあるエレクトレットの表面電位によって静電吸引力が働いています．形状が平坦になっていると，固定極に平面的に吸着して，振動板が動かなくなってしまいます．

③ 振動するエレメントをしっかり支えて雑音を小さくするゴム

　写真10に示す黒い部品は，エレメントを保持するゴムです．ゴムの弾力でエレメントを防振支持し，マイクロホンに振動が加わったときにエレメントから生じる雑音を低減します．このようなショック・マウントは振動雑音を減らすのに有効です．

　この部品は，エレメントの前側の音の入り口と後側の音の入り口の距離を大きくする役割も果たします．この距離が大きくなると，前後の音の入り口に加わる音圧差が大きくなり，振動板を駆動する力が増します（第4項参照）．

　写真10(a)の円盤状の部分をバッフルと呼びます．この直径を大きくするほど感度が上がりますが，波長がバッフルの大きさに近い周波数で応答が乱れることがあります．

　AT2020ではバッフルの直径を約30 mmとして，バッフルの周辺部に穴をたくさん開けることで，高い感度と良好な周波数応答を実現しています．穴の大きさと数は，試作して測定しながら調整して決めます．

実際のプロ用マイクロホン AT2020

■ 内部はこうなっている

● 電子回路

　図7に示すのはAT2020(オーディオテクニカ)の電子回路です．主な電子部品は，JFETとトランジスタが各1個，ダイオード2個と出力トランスです．これだけでスタジオでも使える高性能が得られます．

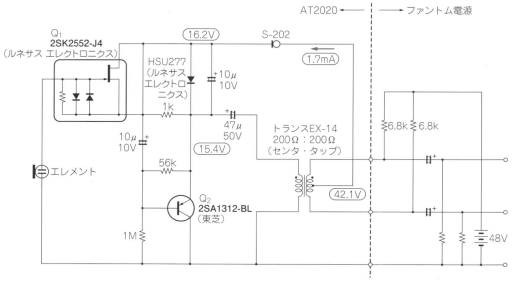

図7　業務用マイクロホン AT2020（オーディオテクニカ）の電子回路

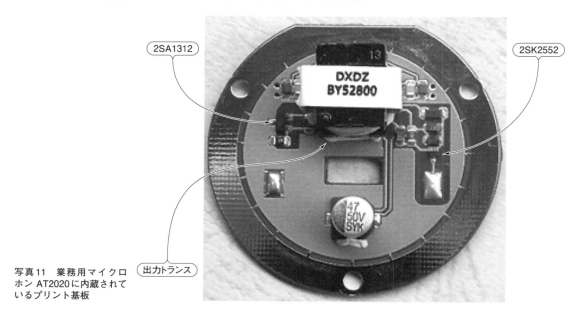

写真11　業務用マイクロホン AT2020 に内蔵されているプリント基板

　回路は，JFETのソース・フォロワとトランジスタのエミッタ・フォロワの組み合わせです．エミッタ・フォロワの負荷は，定電流ダイオード（Current Regulative Diode）です．定電流ダイオードを使うことで，出力トランスの2次側のセンタ・タップが交流的に高いインピーダンスになるため，バランスが崩れにくい平衡出力になります．

● 基板

写真11に示すのはプリント基板です．トランスと電解コンデンサは接着剤で補強しています．マイクロ

ホンが落下したときでも，部品が脱落しないようにするためです．出力トランス以外はチップ部品です．中央付近にある角型の穴には，前述のエレメントを支持する防振部品を取り付けます．

　JFETで構成したインピーダンス変換器の入力インピーダンスはとても高くなっています．はんだに含まれるフラックスがJFETのゲート付近のプリント基板の表面に残っていると，湿度が高くなったときに電荷が漏洩して雑音が発生します．このため，リフロで部品を取り付けた後にエチル・アルコールなどの洗浄剤でフラックスを取り除いています．

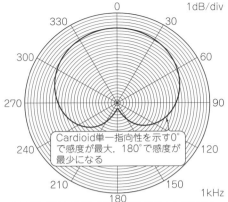

図8　業務用マイクロホン AT2020 の音響特性（実測）

0°，90°と180°の周波数応答．0°と180°のレベル差が大きいほど良好な単一指向性である．0°と90°のレベル差が均一であるほど，マイクの向きが変わったときの音質変化が少ない．このマイクロホンは主に歌声を収音することを想定して設計されており，0°の周波数応答に極端な凸凹がない

感度：−38.1dBV　　　　　SN比：76.0dB
インピーダンス：98.8Ω　消費電力：1.7mA
自己雑音：18.0dBSPL（A Weighted）
　　　　　−114.1dBV

（a）指向性

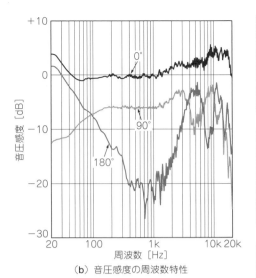

（b）音圧感度の周波数特性

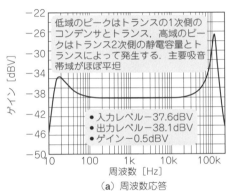

（a）周波数応答

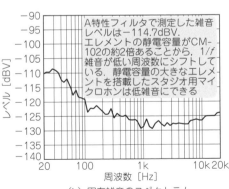

（b）固有雑音のスペクトラム

図9　業務用マイクロホン AT2020 の電気的特性（実測）

表2　業務用マイクロホン AT2020 の公表スペックと実測値

項目 \ 値	公表スペック	実測
感度	−37 dBV/Pa	−38.1 dBV/Pa
出力インピーダンス	100 Ω	98.8 Ω
雑音レベル（A特性）	−108 dBV	−114.1 dBV
固有雑音の等価音圧レベル	20 dB	18 dB
信号対雑音比	74 dB	76 dB
最大許容入力音圧レベル	144 dB	148.6 dB
ダイナミック・レンジ	124 dB	130.6 dB

洗浄後にインピーダンスの高い部分を指で触ると，その汚れで同様に雑音が発生します．インピーダンスが高い部分はとても慎重に組み立てる必要があります．

■ 音響特性と電気的特性

　図8と図9に示すのは，AT2020 の音響特性と電気

的特性です．この性能ならスタジオで十分利用できます．出力トランスが小さいため，低い周波数の大きな音波ではひずみます．ボーカルには十分な指向周波数応答とダイナミック・レンジだと思います．表2に示すのは，AT2020 の公表スペックと測定結果です．ダイナミック・レンジには6dBのマージンがあります．

ヘッドホン

USB&Bluetooth

音質調整回路

パワー・アンプ

電源&プリアンプ

サウンド回路

マイク&スピーカ

*

より高価なコンデンサ・マイクロホンでは，より高い性能を出せるエレメントと部品点数の多い電子回路を用いています．具体的には，25 mmを超える直径の

エレメントや，指向性を可変する振動板を前後に2枚用いて低雑音化したり，バイアス回路を内蔵しないJFETを採用してダイナミック・レンジを広げたりしています．電子管を用いることもあります．

④ マイクロホンの指向性と周波数特性

マイクロホンの音の入り口であるエレメントの構造と指向性の関係，周波数応答について説明します．

3種類の指向性

① 無指向性型

どの方向の音に対しても均一の感度で収音することができます．無指向性型は，後出の単一指向性型のように，近接効果（コラム3）にともなう音質変化がないので，インタビュー・マイクロホンや携帯電話などに多く用いられています．

② 単一指向性型

目的音に狙いを定めて収音したいときに用いられます．カラオケで使用されるマイクロホンの多くは単一指向性です．無指向性マイクロホンで収音して増幅し，スピーカで音を出すと，その音波がマイクロホンに入り込みます．すると，音の一巡経路ができて発振します．これをハウリングといいます．こんなときは単一指向性マイクロホンを用いると防止できます．

単一指向性型は，真直ぐに口元に近づけていくと，低い声が強調され，口元正面から90°の方向に回転すると低い声が強調されなくなります．この低い声が強調される現象を近接効果と呼びます．ベテラン歌手はこの近接効果を上手に利用しています．

③ 双指向性型

単一指向性型と同様に前後に音の入り口があります．0°方向と180°方向に応答がありますが，90°と270°には応答しません．単一指向性型より近接効果が大きいため，遠方からの音波には応答しにくいですが，近くの音波に対しては，周波数応答がフラットになるように作ることができます．離れた場所からの騒音に比べて口元の音に応答しやすいため，ヘッドセット・マイクロホンなどの接話マイクロホンに用いられます．

指向性のない音圧型エレメント

マイクロホンの振動板は前後の圧力差（駆動力）で変位します．無指向性のエレメントは，音波の入り口が

---

column ⦂ 03 指向性をもつ音圧傾度型エレメントは音源との距離が短いほど低音が強まる

秋野　裕

音圧傾度型エレメントは，近接効果を起こします．図Eに示すのは，音源とエレメント（音響端子間距離$d = 3.4$ cm）の距離rと音圧傾度の関係です．音源

からの距離が，$\infty \rightarrow 50$ cm $\rightarrow 10$ cmというふうに短くなるほど，低域に対する音圧感度が高まります．これを近接効果と呼びます．

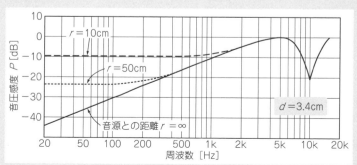

図E　音源とエレメント（音響端子間距離d $= 3.4$cm）の距離rと音圧傾度の関係

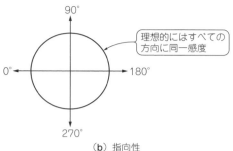

（a）構造

（b）指向性

図10 無指向性コンデンサ・エレメントの構造と指向性

図10（a）構造のラベル：ケース、振動板、空気室内の気圧、空気室、固定極、音圧、音源（スピーカなど）

図10（b）指向性のラベル：90°、0°、180°、270°、理想的にはすべての方向に同一感度

1つです．このエレメントを音圧型と呼びます．単一指向性型や双指向性型は，前後に音の入り口があるエレメントをもっています．このエレメントを音圧傾度型と呼びます．

● 全方向から来る音波に等しく応答する「無指向性」

図10に示すのは，音圧型エレメントの構造と指向性です．振動板と固定極で作られたコンデンサ部分のほかに，固定極の後側に小さな空気室があります．

振動板は，外側の圧力と内側（空気室）の圧力差（駆動力）で変位します．膨らませた風船が，高気圧のときは縮み，低気圧のときは膨らむのと同じです．

エレメントはどちらを向いていても，振動板は外の圧力と中の圧力の差で変位します．その結果どの方向からきた音波にも等しく応答する無指向性を示します．

振動板の動きやすさは，空気室の容積と振動板の張力に依存します．空気室の容積が小さければ空気ばねが硬くなり，振動板は動きにくくなります．振動板の張力が高いときも振動板の弾力が高いので動きにくくなります．空気室の正味の容積は，絶縁座（**写真3**）のくぼみに入っているJFETの体積を差し引いたものです．

● フラットな周波数応答を得やすい

音圧型エレメントは，振動板の内側の圧力が一定なので，外側の音圧に比例して振動板が変位します．音波の周波数が変わっても，加わる音圧が一定なら駆動力は変わりません．その結果低い周波数から高い周波数まで平坦な周波数応答が得られます．

▶大気圧の影響を受けない工夫がされている

市販のユニットは，大気圧が変化したときに振動板が異常に変位しないように，空気室と外気が細いパイプでつながれています．この細いパイプは，可聴帯域より低い音波が通るように設計されます．**写真3**のユニット・ケースにある溝がパイプの役割をはたします．

指向性のある音圧傾度型エレメント

● 双指向性型と単一指向性型のマイクロホンに内蔵されている

前述のように音圧傾度型エレメントは，音の入り口が振動板の前後にあります．図11と図12に，音圧傾度型エレメントの構造と指向性を示します．図11は双指向性エレメント，図12は単一指向性エレメントです．振動板の前後に，時間差を伴って音波が加わると音圧差が生じます．音圧差を音圧傾度，前後の音の入り口を音響端子と呼びます．

● 双指向性型と単一指向性型のエレメントの構造

図11と図12を見比べてください．双指向性では前後に，振動板を制動する布や網［音響抵抗（コラム4）］がありますが，空気室はありません．

単一指向性は，無指向性と双指向性を組み合せたものです．単一指向性では空気室と後側に音響抵抗がありますが，前側には音響抵抗がありません．

● 双指向性のポイントは周波数応答をフラットにする

図11（双指向性エレメント）に示された振動板の前後にある音響抵抗は，周波数応答をフラットにする役割を果たします．これがないと，音響抵抗は振動板と固定極の間の薄空気層抵抗（コラム4）だけになり，中域が強調されます．双指向性を保ったまま周波数応答をフラットにするには，前後に値の等しい音響抵抗を取り付ける必要があります．後側の音響抵抗値が前側より大きいと，図12のように後ろの音響抵抗と固定極の間に空気室が形成されて単一指向性を示します．

● エレメントの感度は2つある音の入口の距離と音波の周波数で大きく変わる

振動板の前後にある音の2つの入り口（音響端子）の間隔（音響端子間距離と呼ぶ）が大きいほど，音波の時

右側縦タブ：ヘッドホン、USB&Bluetooth、音質調整回路、パワー・アンプ、電源&プリアンプ、サウンド回路、マイク&スピーカ

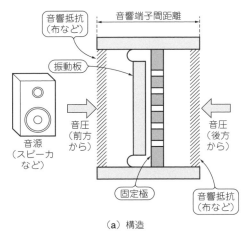
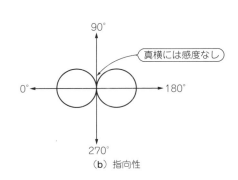

図11 双指向性コンデンサ・エレメントの構造と指向性

(a) 構造

(b) 指向性

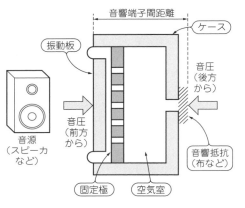
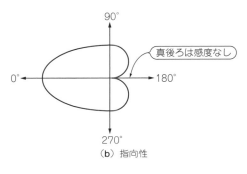

図12 単一指向性コンデンサ・エレメントの構造と指向性

(a) 構造

(b) 指向性

間差が大きくなり，振動板を駆動する力が増します．

図13に示すのは，音波の周波数と音圧差の変化です．P_1は前部音響端子，P_2は後部音響端子に加わる音圧です．波長が音響端子間距離に比べて長いとき[**図13(a)**]では縦軸のP_1とP_2の間隔は狭く振動板の駆動力が低いことを示しています（$d = \lambda/8$ の周波数）．

低い周波数の音波は波長が長いため，音響端子間に音圧の差（音圧傾度）は小さいですが，周波数が高くな

ると音圧傾度は増します．そして次の関係が成立するときに最大になります．

> $d = \lambda/2$
> ただし，λ：音波の波長[m]，d：音響端子間距離[m]

$d = \lambda$のときには音圧傾度による駆動力がなくなります．

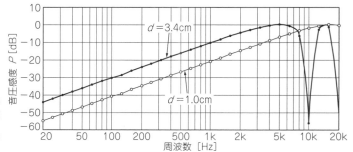

図14 音圧傾度型エレメントの振動板前後にある音の入り口（音響端子）の間隔「音響端子間距離」と音圧傾度の関係
音響端子間距離を大きくすると駆動力は上がるが，特定の周波数で駆動力がガクンと落ちる

▶極端な音圧傾度の落ち込みを避ける

図14に示すのは，音響端子間距離が1.0 cmと3.4 cmのエレメントの音圧傾度の周波数特性です．

$d = 3.4$ cmのエレメントの計算データを見ると，5 kHz以下では，$d = 1.0$ cmのエレメントより約10 dBも高い駆動力があります．しかし10 kHzでは駆動力がストンとなくなります．このように，音響端子間距離を大きくすると駆動力は上がりますが，特定の周波数で駆動力が減少します．AT2020のバッフルの直径は3.0 cmなので，$d = 3.4$ cmの計算データと同じような周波数特性を示します．AT2020では，駆動力が完全になくならないように，**写真10**のようにバッフルに多くの穴が開けられています．

$d = 1.0$ cmのエレメントの周波数特性を見ると，20 kHzまで駆動力があります．このエレメントは会議用のマイクロホン（グースネック・マイクロホン）に使われている直径12 mmの単一指向性型です．

以上から，小型のエレメントは，高い周波数まで音圧傾度が得られますが，感度やSN比が低い傾向があります．逆に大型のエレメントは感度とSN比が高いけれども，高い周波数まで音圧傾度が得られません．

無指向性のCM－102に指向性をもたせる実験

● エレメントの後ろ側に穴を開けてみた

無指向性マイクロホンCM-102の空気室の後側から音波を入れてみます．

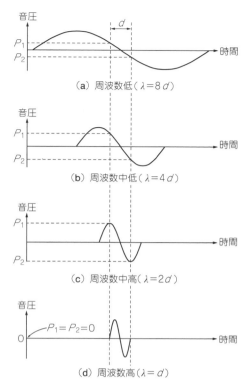

(a) 周波数低（$\lambda = 8d$）

(b) 周波数中低（$\lambda = 4d$）

(c) 周波数中高（$\lambda = 2d$）

$P_1 = P_2 = 0$

(d) 周波数高（$\lambda = d$）

図13 音圧傾度型エレメントに加わる音波の周波数と音圧感度
周波数が高いほど感度が高い

---

column ▶ 04　振動板の動きやすさは空気の流量を調節する部品「音響抵抗」でチューニングできる

秋野 裕

空気には液体と同じように粘性があります．

例えば，細い注射針がついた注射器のプランジャを押すと，細い針の先から少しずつ空気が噴出します．注射器のプランジャを振動板と考えると注射針が太いときには動きやすくなり，注射針が細いほど動きにくくなります．注射針が細いほど空気の粘性による抵抗が高まります．

平らな2枚の板が密着した状態から，急に両者を引き剥がすときにも抵抗を感じます．これは2枚の板の端から空気が流れ込むときに空気の粘性が働くためです．この薄い空気の層の抵抗を薄空気層抵抗と呼んでいます．

薄空気層抵抗は振動板と固定極の間にも形成されます．薄空気層抵抗が高ければ振動板は動きにくくなります．抵抗が低ければ振動板の共振などを適切に制動することができません．このため固定極に穴を開けて薄空気層抵抗を調整しています．薄空気層の抵抗値は，振動板と固定極の間隔だけではなく，振動板の面積に対応する固定極に開ける穴の大きさと数で調節します．もちろん，穴の面積が大きければエレメントの静電容量は小さくなります．

細い隙間に空気を通すときには圧力を加えなければ空気は流れません．音圧を電圧V，単位時間あたりに流れる空気の量を電流Iとすると，音響抵抗は電気抵抗Rと同じになります．

▶音響抵抗の実体は布や網

図11や**図12**に使われる音響抵抗には布，網や不織布などを用います．繊維の隙間を空気が通るために抵抗になります．低雑音電子回路では熱雑音を考えに入れる必要がありますが，雑音レベルの低いマイクロホンでは電子回路と同様に音響抵抗値が雑音源として無視できないことがあります．

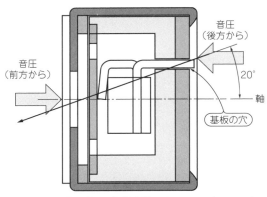

図15 後部に穴を開けた無指向性マイクロホン(CM-102)の構造
基板の穴がユニットの軸に対して少し偏っている

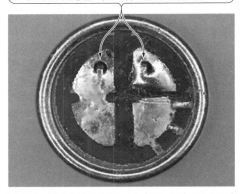

プリント基板に実装されているJFETの端子の周りに付いているはんだを吸い取って音の入る穴を開けた

写真12 無指向性マイクロホン(CM-102)の後ろに穴を開けて音の入り口を2つに増やすと指向性を示すだろうか
プリント基板にあるJFETのドレインとソースを引き出す穴から音波が入るように改造

図15にCM-102の断面図を示します(**写真3**も参照).前後に2つの音の入り口(音響端子)があります.

▶改造

プリント基板に実装されたJFETのドレインとソースを外に引き出す穴(**写真12**)から音波を入れます.これで,前側と後ろ側の2カ所から音波が取り込まれるようになります.2つの入り口に一定の時間差で音波が取り込まれるので,指向性が表れるはずです.

音波導入口からの音圧は,直接振動板の前側に加わります.音波は音速で伝わり,音波導入口に加わる音圧より少し遅れて,プリント基板にある後ろ側の穴に加わります.

---

column ▷ 05 単一指向性は音響抵抗の微妙な調整によって実現されている

秋野 裕

写真Aに示すのは,AT2020の音響抵抗の押さえ金具と音響抵抗です.

音響抵抗の素材は不織布で,6個の穴が開いた音響抵抗押さえ金具と,同じく6個の穴が開いた絶縁座に挟み込まれています.エレメントの後側にある入り口に加えられた音波は,この6個の穴から音響抵抗を介して振動板の裏側に加わります.

見にくいのですが,**写真A(b)**の中心から右上の穴の部分に,接着剤で調整した痕跡があります.単一指向性を出すためには,このように音響抵抗値のシビアな調整が必要です.

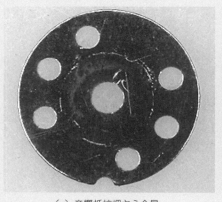

(a) 音響抵抗押さえ金具

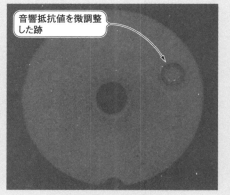

音響抵抗値を微調整した跡

(b) 音響抵抗(不織布)

写真A 単一指向性を実現するには微妙な音響抵抗の調整が必要

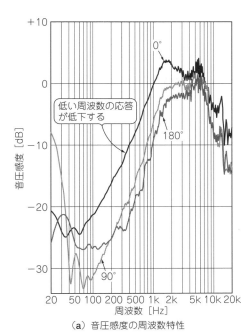

(a) 音圧感度の周波数特性

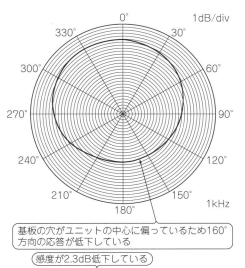

160°方向の応答が低下している

感度が2.3dB低下している

感度：−39.3dBV
インピーダンス：1233.1Ω
自己雑音：25.1dBSPL（A Weighted），−108.2dBV
*SN*比：68.9dB

(b) 指向性

図16 後部に穴を開けて音の入り口を2個に増やした無指向性マイクロホン（CM-102）の音響特性
低域ほど音圧感度が低い．単一指向性のAT2020の周波数応答（図5）に似ている．指向性は約340°方向の応答が少し高く，約160°方向の応答が低い

▶単一指向性を示し，周波数特性が乱れた

図16に，改造して指向性をもたせたCM-102の音響特性を示します．周波数が低くなるほど音圧感度が低下しました．これは単一指向性のAT2020の音圧傾度と同じような特性です．6kHz付近は，改造前の周波数応答（図3）と大きく変わりません．穴を開けても，空気室は機能しています．

ポーラ・パターン［図16（b）］を測定すると，340°方向の応答が少し高く，160°方向の応答が低くなっていました．基板の穴がユニットの軸に対して偏っているために指向軸が約20°回転しています．約20°回転した指向軸の0°と180°のレベル差は約10dBあります．わずかですが，単一指向性をもつようになりました．

このように，プリント基板に穴があるとCM-102は無指向性を失い，さらに周波数応答もフラットではなくなります．

単一指向性マイクロホンAT2020の双指向性成分と無指向性成分を調べる

AT2020は，単一指向性のマイクロホンです．単一指向性と一口に言っても，後述の図21に示すように，無指向性寄りのWide Cardioidから双指向性寄りのHyper Cardioidまでいろいろです．単一指向性は，無指向性と双指向性を足し合わせで実現します．設計現場では，指向性が現れる音圧感度の周波数応答を繰り返し測りながら，エレメントの構造をチューニングし

ています．

ここでは，次の2つの改造実験によって，AT2020の単一指向性が無指向性と双指向性がどのくらいの配分で組み合わされているのかを調べてみます．

［実験1］双指向性になるように改造して周波数応答を調べる
［実験2］無指向性になるように改造して周波数応答を調べる

● ［実験1］単一指向性エレメントの後部の音響抵抗と空気室を取り外して双指向性にする

写真6（a）に示したように，単一指向性のAT2020は，前側と後側の2カ所に音波の入り口があります．双指向性エレメント（図11）は，前後の音波の入り口にある音響抵抗はなくても双指向性を示します．

▶改造

AT2020のエレメントについていた音響抵抗押さえ金具と音響抵抗（写真A）を取り外しました．写真13に改造後のエレメントを示します．絶縁座にある6個の穴から見えるのは，振動板（写真8）の裏側です．

音響抵抗を取り外すと，固定極から音響抵抗までの空間は音波の通路になるので，空気室として機能しなくなります．この状態では，前側と後ろ側の音波の入り口に直接音圧が加わります．繰り返しますが，指向性は前後にある音波の取り入れ口に，時間差のある2つの音波が取り込まれることによって表れます．

▶双指向性になり2kHzにピークのある周波数応答になった

　図17に音響特性を示します．0°と180°の周波数応答は，10kHz以下でほぼ一致しています．ポーラ・パターン[図17(b)]は典型的な双指向性です．90°と270°では応答がありません．これは，前後の音波の入り口にそれぞれ同一のレベルと位相の音圧が加わり，振動板の駆動力がなくなるからです．

　0°と180°の周波数応答は，約2kHzにピークがあり平坦ではありません．これは，振動板の共振を制動する抵抗が薄空気層抵抗だけだからです．

▶近接効果が出た

　音源（直径25cmのスピーカ）との距離を変えながら，近接効果（低域の応答）を測ってみました．スピーカから35cm，50cm，1mと遠ざけるほど，マイクロホンからはスピーカが平面音源に見えるようになり，平面状の音波がマイクロホンに届くようになります．

　図18に周波数応答を示します．音源との距離が近づくほど，500Hz以下でレベルが高くなります．低

域の応答が音源からの距離に依存している（近接効果が表れている）ことがわかります．音源からの距離が100cmのときの傾きは図14とほぼ同じです．この近

写真13　[実験1]単一指向性エレメント後部の音響抵抗と空気室を取り外して双指向性に改造する
AT2020のエレメントに付いていた音響抵抗押さえ金具と音響抵抗を取り外す

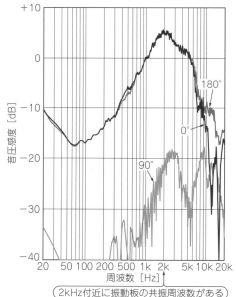

図17　[実験1]双指向性に改造した単一指向性マイクロホン（AT2020）の音響特性
双指向性を示すようになった．0°と180°の周波数応答には約2kHzにピークがある

2kHz付近に振動板の共振周波数がある

（a）音圧感度の周波数特性

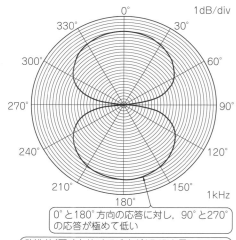

0°と180°方向の応答に対し，90°と270°の応答が極めて低い

改造前（図8）と比べて感度が15dB上昇している

感度：−23.3dBV
インピーダンス：95.0Ω
自己雑音：7.6dBSPL（A Weighted），−109.6dBV
*SN*比：86.4dB
電流：1.8mA

（b）指向性

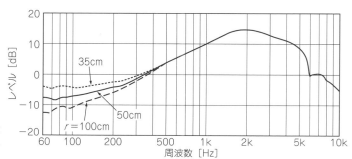

図18　AT2020の音響抵抗押さえ金具と音響抵抗を取り外すと近接効果が出る

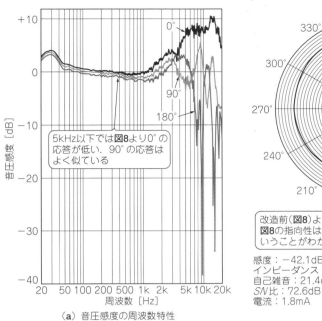

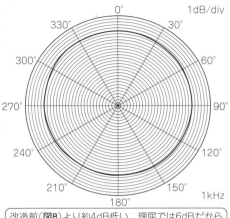

5kHz以下では**図8**より0°の
応答が低い．90°の応答は
よく似ている

改造前（**図8**）より約4dB低い．理屈では6dBだから，
図8の指向性は無指向性寄りの単一指向性だったと
いうことがわかる

感度：−42.1dBV
インピーダンス：66.3Ω
自己雑音：21.4dBSPL（A Weighted），−114.7dBV
*SN*比：72.6dB
電流：1.8mA

（a）音圧感度の周波数特性 　　　　　　　　　　　　　（b）指向性

図19 ［実験2］エレメント後部から音が入らないようにして無指向性に改造する
写真13の改造に加えて絶縁座の開口を粘着テープでふさいだ

---

column ▷ 06 ## コンデンサ・エレメントの等価回路

秋野 裕

図Fに示すのは，無指向性，双指向性，単一指向　　　　性の3種類のコンデンサ・エレメントの等価回路です．

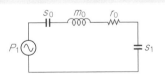

s_0：振動板のスティフネス
m_0：振動板の等価質量
r_0：振動板と固定極との間の
　　薄空気層抵抗
s_1：固定極後部の空気室
P_1：前部音響端子の音圧

（a）無指向性（構造は**図10**）

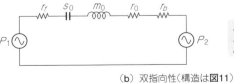

r_f：振動板の前後の音響抵抗
r_b：振動板の後側の音響抵抗
P_2：後部音響端子の音圧

（b）双指向性（構造は**図11**）

r_1：空気室の開口にある
　　音響抵抗

**図F　コンデン
サ・エレメントの
等価回路**

（c）単一指向性（構造は**図12**）

接効果は音圧傾度型(単一指向性と双指向性)の特徴です.

● [実験2]後ろから音が入らないようにして無指向性にする
▶改造

単一指向性のAT2020の後部の音響端子から音波が入らないように,絶縁座の6個の穴(**写真13**)をすべて粘着テープでふさぎました.こうすると,音圧は前部の音響端子だけに加わり,後部の音響端子には加わらなくなります.音響抵抗があった部分と固定極の間には空気室があるので(**図12**),**図10**と同じような構造になります.

▶無指向性を示すようになる

図19に音響特性を示します.ポーラ・パターンは無指向性にきわめて近くなりました.改造前(**図8**)の0°のレベルを比べると4dB低下しています.これは音圧傾度による駆動力がなくなってしまったからです.

● 実験1と実験2からわかったこと
▶AT2020は無指向性寄りの単一指向性である

図20に示すように,単一指向性は,双指向性と無指向性を足し合わせたものです.単一指向性は次の4種類に細かく分類できます(**図21**).

- Wide Cardioid
- Cardioid
- Super Cardioid
- Hyper Cardiod

純粋な単一指向性であるCardioidは180°で応答を持たず,感度の低下は6dBであるべきです.しかしその低下は4dBですから,AT2020はやや無指向性寄りの単一指向性であることがわかります.

▶空気室は周波数応答の平坦化によく効いている

単一指向性マイクロホンAT2020の次の音響特性を比べてみます.

①改造前(**図8**)…単一指向性
②音響抵抗と空気室なし(**図17**)…双指向性
③後部の音響端子を塞ぐ(**図19**)…無指向性

図8を基準に,**図17**と**図19**の周波数応答を重ね描きすると,**図22**のようになります.無指向性と単一指向性は,5kHz以下で応答がほぼ平坦です.無指向性では5kHz以上で単一指向性より感度が高いですが,

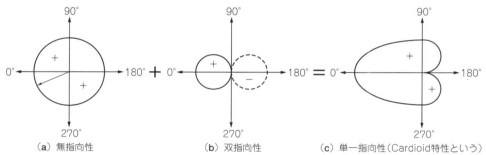

(a) 無指向性   (b) 双指向性   (c) 単一指向性(Cardioid特性という)

図20 単一指向性は無指向性成分と双指向性成分の配合で調節されている
無指向性と双指向性を足し合わせると単一指向性(Cardioid)になる

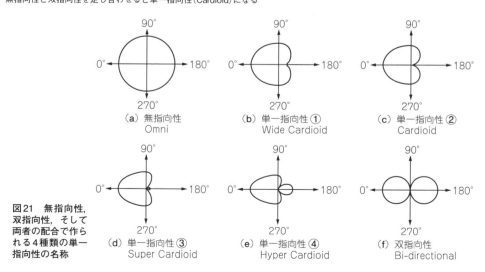

(a) 無指向性 Omni   (b) 単一指向性① Wide Cardioid   (c) 単一指向性② Cardioid

(d) 単一指向性③ Super Cardioid   (e) 単一指向性④ Hyper Cardioid   (f) 双指向性 Bi-directional

図21 無指向性,双指向性,そして両者の配合で作られる4種類の単一指向性の名称

5 kHz以下では約4 dB低くなっています．空気室があることで周波数応答が平坦になっています．

空気室のない双指向性は2 kHzで共振しています．この共振は振動板の硬さ（スティフネス）と振動板と一緒に動く空気の部分と振動板の質量によるものです．振動板と固定極の間には，**写真6(b)**にあるスペーサ（約90 μm）で薄い空気層が作られています．共振を制

動するのは薄空気層抵抗だけです．

◆参考文献◆

(1) Michael Gayford；Microphone Engineering Handbook, 1994, Focal Press
(2) 大賀 寿郎；オーディオトランスデューサ工学，2013年，コロナ社.

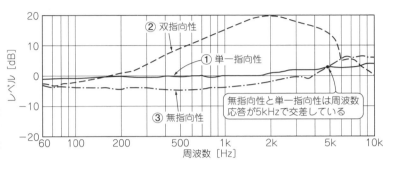

図22　3種類の指向性の音圧感度－周波数特性（AT2020を改造しながら測った）
図8と図17と図19を重ね描きするとこうなる

---

⑤ スペシャル指向性マイクロホン

① 可変指向性コンデンサ・マイクロホン

写真14に示すのは，指向軸を0°と180°に向けた2つの単一指向性エレメントを内蔵し，その出力極性と出力レベルを変えることができるマイクロホン（AT4050，オーディオテクニカ）です．

図23に指向性と周波数特性を示します．単一指向性にするときは，0°方向に向けた単一指向性エレメントの出力だけを利用します．無指向性にするときは，0°と180°に向けた単一指向性エレメントの出力を同相で加算します．近接効果は発生しません．双指向性にするときは，180°に向けたエレメントの出力を逆相にして0°方向のエレメントの出力に加算します．近接効果が発生します．

② 狭指向性コンデンサ・マイクロホン（ガン・マイクロホン）

写真15に示すのは狭指向性マイクロホン（BP4071，オーディオテクニカ）です．単一指向性エレメントに音響管を取り付けて狭指向性にしたものです．**図24**に指向性と周波数応答を示します．

音響管は管壁に穴を開け，ここを音響抵抗材料（不織布など）でふさいだものです．0°以外の方向からの音波は，管壁の音響抵抗を介して管内に入り込むものと管の前端から入り込むものがあります．両者には位相差があるため干渉します．0°からの音波はそのまま，

写真14　可変指向性コンデンサ・マイクロホン AT4050（オーディオテクニカ）
2つの単一指向性エレメントを内蔵し，その出力極性と出力レベルを変えることができる

0°以外の音波は弱められてエレメントの振動板に到達するため，狭指向性にできます．

指向性は音波の波長に依存し，周波数が高くなるほど指向性が鋭くなります．波長の長い低周波数は音響管で位相差を作ることができないため，十分な指向性が得られません．このため，低い周波数では単一指向性マイクロホンとして動作します．

③ ステレオ・コンデンサ・マイクロホン

写真16に示すのは，左右に独立した単一指向性の
エレメントを内蔵したステレオ・マイクロホン
（BP4025，オーディオテクニカ）です．XYステレオ・

マイクロホンと呼びます．左に向けたエレメントから
は左チャネルの信号が，右に向けたエレメントからは
右チャネルの信号が出力されます．図25に指向性と
周波数特性を示します．左右の指向角はエレメントの
角度に依存し，変えることはできません．小型にでき

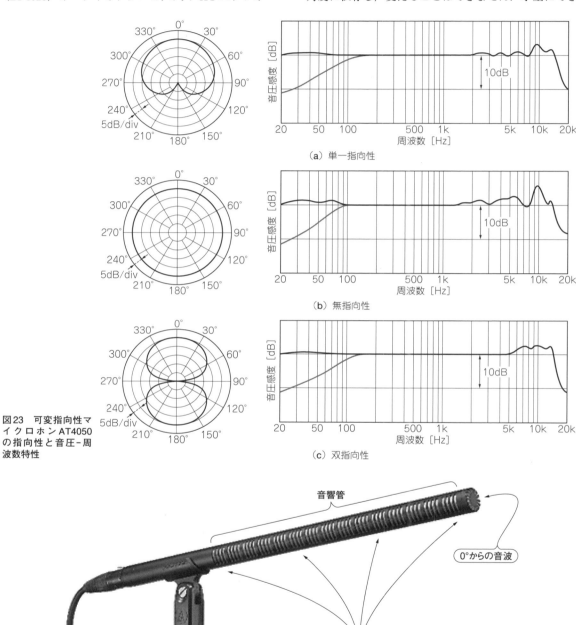

（a）単一指向性

（b）無指向性

図23　可変指向性マ
イクロホン AT4050
の指向性と音圧-周
波数特性

（c）双指向性

音響管

0°からの音波

0°以外からの音波は，波長が短いほどたくさん音響管に
入って干渉するため，高い周波数では指向性が狭くなる

写真15　狭指向性マイクロホン BP4071（オーディオテクニカ）

ることから，屋外のステレオ収音に適しています．

写真17に示すのは別のステレオ・コンデンサ・マイクロホン（AT4050ST，オーディオテクニカ）です．エレメントは前述の可変指向性コンデンサ・マイクロホン AT4050と同じです．ミッド用（0°方向）とサイド用（270°方向）の2つの直交したエレメントを内蔵しています．下側（ミッド用）のエレメントを単一指向性，

上側（サイド用）のエレメントを双指向性で動作させています．

図26に指向性，**図27**に周波数特性を示します．ミッド・サイド（M/S）信号と左右（L/R）信号を切り替えられます．ミッド信号（M）とサイド信号（S），左信号（L）と右信号（R）の間には，次の関係があります．

$$M + S = L$$

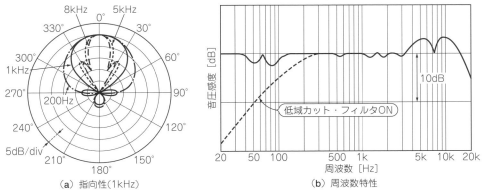

図24 狭指向性マイクロホン BP4071 の指向性と音圧−周波数特性

（a）外観　　　　（b）内観

写真16 左右（L/R）またはミッド・サイド（M/S）の音声を拾って出力するマイクロホン BP4025（オーディオテクニカ）

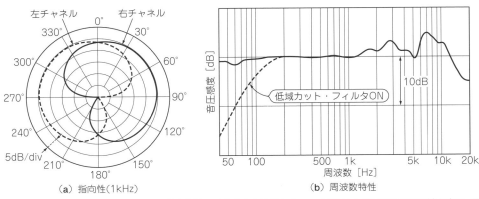

図25 左，右またはミッド，サイドの音声を拾って出力するステレオ・マイクロホン BP4025 の指向性と音圧−周波数特性

171

（a）外観　　　　　　　　　　　　　　　　　（b）内観

写真17　ステレオ・コンデンサ・マイクロホン AT4050ST（オーディオテクニカ）

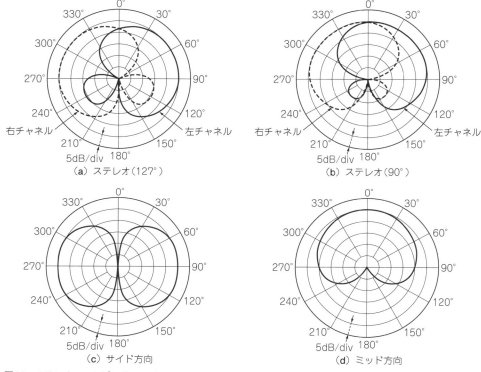

（a）ステレオ（127°）　　　　　　　　　　　（b）ステレオ（90°）

（c）サイド方向　　　　　　　　　　　　　　（d）ミッド方向

図26　ステレオ・コンデンサ・マイクロホン AT4050ST の指向性

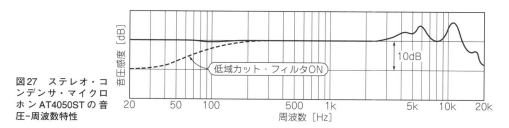

図27　ステレオ・コンデンサ・マイクロホン AT4050ST の音圧-周波数特性

$$M - S = R$$

つまり，正面に向けた単一指向性エレメントの出力に双指向性エレメントの出力を加減算することで左右チャネルのステレオ信号を出力できます．ミキサでこの加減算を行うと，サイド信号のレベルが連続的に変えられるため，左右の広がりを変えることができます．Lチャネル，Rチャネルに加えるサイド信号のレベルに差をつけると左右に音像を移動させることもできます．

⑥ 指向性と周波数特性の制御技術

■ 指向性は調節できる

周波数応答の平坦さが必要なければ，**図18**の実験のように，音響抵抗の値を変えることで指向性を調節できます．指向性は，無指向性成分と双指向性成分の比になっています．**図21**に示すように，0°方向の感度が等しい無指向性と双指向性のマイクロホンがあったと仮定します．両者に音波を加えると，0°方向は無指向性と双指向性が足されて感度は2倍に，90°方向は無指向性による感度だけに，そして180°方向は位相が逆になるので感度がなくなります．このように，180°方向の応答を低くした指向性のことを「Cardioid（カージオイド）指向性」と呼びます．無指向性成分と双指向性成分が1：1で加算されたものです．

なお，振動板が固定極側に変位したときの位相を正としています．双指向性エレメントの振動板は，固定極側から圧力が加わると，固定極とは逆の方向へ変位します．このときの位相を負としています．

■ 周波数応答を平坦にする技術

● 3つの共振を制御する

マイクロホンの周波数応答は，次の3つの共振を制御してフラットにすることができます．

(1) 弾性制御（無指向性の調節）：振動板の共振周波数が収音帯域の上限付近にくる
(2) 抵抗制御（双指向性の調節）：振動板の共振周波数が収音帯域の中央付近にくる
(3) 質量制御（単一指向性の調節）：振動板の共振周波数が収音帯域の下限付近にくる

弾性制御では，共振周波数以下を平坦にする抑制技術です．抵抗制御は，振動板の共振の尖鋭度を抵抗で低くする抑制技術です．質量制御では，共振周波数以上を平坦にする抑制技術です．

具体的には次のような手段で，上記の制御を実現します．

• 振動板の駆動方法：音圧型エレメントを使うか，音圧傾度型エレメントを使うか
• 電気信号への変換方法：コンデンサ型（変位比例型）を使うか，ダイナミック型（速度比例型）を使うか

エレメントの構造を設計するときは，周波数特性のフラット性や感度の増減，そして指向性の仕上がりをイメージしながら，振動板の張りの強さや空気室の大きさ，音響抵抗の高低をどうするかを検討しています．

たとえば，振動板の張りを強めて弾性を上げると，感度一定の帯域が高域まで伸びます．これを弾性制御と呼びます．音響抵抗を高めて抵抗性を上げると，中域の感度の盛り上がりが馴らされて，フラットな帯域が広がります．これを抵抗制御と呼びます．双指向性リボン・マイクロホンでは，弾性制御や抵抗制御とは異なり，質量制御で周波数特性を作り込みます．質量制御では，低域の共振周波数を低くするほどフラットな帯域が広がります．

コンデンサ・マイクロホンでWide Cardioid指向性を実現するときは，弾性制御寄りにチューニングします．Hyper CardioidとSuper Cardioidは抵抗制御寄りにチューニングします．Cardioidは半分ずつです．

Wide Cardioidの低域は平坦ですが，高域の共振周波数でもち上がります．一方，Hyper CardioidとSuper Cardioidでは，低域と高域は主要収音域から遠くなるほど緩やかに低下します．

● 指向性は音圧感度の周波数応答に表れる

マイクロホンの指向性は音圧感度の周波数特性を測りながら作り込んでいきます．

図28に示すのは，音源が遠くにあるときのCardioid単一指向性マイクロホン AT2020の周波数応答です．弾性制御である無指向性成分（**図G**）と抵抗制御である双指向性成分（**図H**）を加算することで，単一指向性が実現できることを示しています．音圧傾度型の駆動力は周波数が高くなるほど大きくなります．一方，音圧型の駆動力は周波数に関係なく一定です．

図28を見ると，高域（7k～8kHz）に共振があります．これは弾性制御（無指向性）が表れているからです．低域で周波数が低くなるに従って，6dB/octで低下しています．これは抵抗制御（双指向性）が表れているからです．振動板の張力が低いほど6dB/octの減衰特性線が低域側に移動しますが，振動板が固定極に静電吸引される可能性が増します．低域は振動板の弾性に，中域の平坦部は空気室の弾性に依存します．

*

無指向性コンデンサ・マイクロホン・ユニットCM-102と単一指向性コンデンサ・マイクロホンAT2020を例にして，実際のマイクロホンの構造や指向性，周波数応答の作り込み方について実験もしながら説明してきました．このようにマイクロホンは，音響振動，機械振動を上手に制御し，電気信号に変換する芸術作品です．

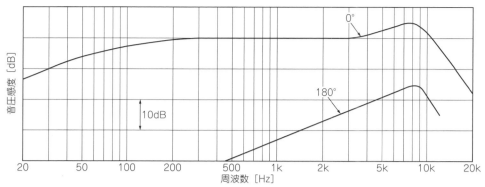

図28　Cardioid 単一指向性マイクロホン AT2020 の周波数応答（音源が遠くにある場合）
単一指向性は無指向性と双指向性を足し合わせたものであることが周波数応答に表れる．指向性を設計するときは，エレメントの構造を変化させながら周波数応答を繰り返し測定して，無指向性成分と双指向性成分がどのくらい含まれているかを判断する．ポーラ・パターンは，カタログ掲載用の指向性をわかりやすく表現する手段である

◆参考文献◆

(1) 立川 巌；FET の使い方 J-FET からパワー FET まで，1975年，CQ出版社．
(2) 漆原 健彦；FET の使い方入門，1978年，日本放送出版協会．
(3) JEITA 規格 RC-8160B「マイクロホン」．
(4) JEITA 規格 RC-8162C「マイクロホンの電源供給方式」．
(5) JEITA 規格 RC-5236「音響機器用ラッチロック式丸型コネクタ」．
(6) 大賀 寿郎；オーディオトランスデューサ工学，2013年，コロナ社．
(7) 溝口 章夫；指向性コンデンサ・マイクロホンの小型化に関する考察，日本音響学会誌，31巻，5号，pp.310-317，1975年．
(8) 溝口 章夫；指向性コンデンサ・マイクロホンの小型化の設計，日本音響学会誌，31巻，10号，pp.593-601，1975年．

column 07　エレメントの指向性は周波数応答を見ながら設計している

秋野 裕

　マイクロホンの設計現場では，まず概略仕様（指向性，感度，周波数応答やダイナミック・レンジ）を基にエレメントを数値設計して，大まかに構造まで決めます．電子回路はエレメントの性能を引き出すように作ります．

　エレメントの指向性は，実際に作って音響特性を測定してみないと，うまくできたかどうかを判断できません．音圧感度の周波数特性の測定を繰り返しながら，仕様を満足するまでエレメントをチューニングしています．そして最後に，正常にできたことを確認するためにポーラ・パターンを測定します．

column▶08　弾性制御と抵抗制御

秋野　裕

● 弾性制御

無指向性エレメントは，次の2つが共振します．

(1) 空気室のばねの固さ（空気室の弾性）と，振動板のばねの硬さ（振動板の弾性）を合わせた弾性

(2) 振動板を含む振動系の質量

共振周波数を高めると，高い周波数まで平坦な応答を得ることができますが，感度が低下します．平坦な周波数帯域と感度はトレードオフの関係です．これを弾性制御と呼んでいます．弾性（スティフネス）が周波数応答と感度に大きく関わります．

図Gに示すのは，弾性制御の感度と周波数応答の関係です．空気室に穴が開いていると低域の応答が低下します．

● 抵抗制御

図Hに示すのは，抵抗制御の感度と周波数応答の関係です．通常，双指向性エレメントの振動板の共振周波数は，収音帯域の中央あたりになるように設計します．音響抵抗で振動板を制動するほど共振鋭度は下がります．

双指向性を得るためには，前後の音響端子に抵抗値の等しい音響抵抗を取り付けます．音響抵抗値が高ければ，平坦な周波数応答の帯域は広がりますが，感度は低下します．

弾性制御と同様，平坦な周波数応答の帯域と感度はトレードオフの関係です．

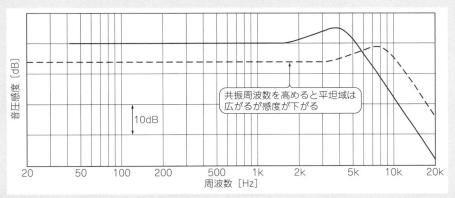

図G　弾性制御（無指向性）が効いている周波数応答
高域（7 k〜8 kHz）に共振がある

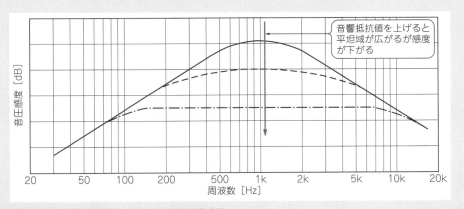

図H　抵抗制御（双指向性）が効いている周波数応答
低域において6 dB/octで低下する

column 09　壊れにくくて電源要らず!ダイナミック型マイクロホン

秋野 裕

写真Bに示すのは，無指向性ダイナミック・マイクロホン（BP4002，オーディオテクニカ）です．図Iに BP4002の指向性と音圧感度の周波数特性を示します．

口元からマイクロホンまでの距離やマイクロホンの方向が変わっても音質は変化しません．ダイナミック型はコンデンサ型と違い電源が不要です．ハンドリング・ノイズも比較的小さいため，街頭インタビューによく用いられます．

写真Cに示すのは単一指向性（Cardioid）のダイナミック・マイクロホン（AE4100，オーディオテクニカ）です．図Jに指向性と周波数応答を示します．

・電源が不要
・ハウリングが発生しにくい

写真Dに示すのは単一指向性（Hyper Cardioid）ダイナミック・マイクロホン（AE6100，オーディオ

写真B　無指向性ダイナミック・マイクロホンBP4002（オーディオテクニカ）

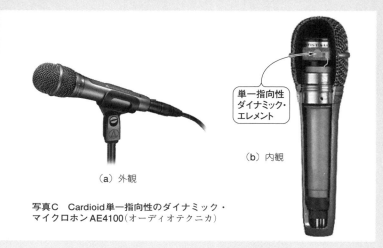

（a）外観　　（b）内観

単一指向性ダイナミック・エレメント

写真C　Cardioid単一指向性のダイナミック・マイクロホン AE4100（オーディオテクニカ）

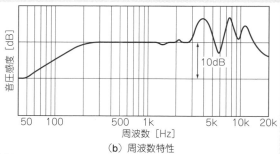

図I　無指向性ダイナミック・マイクロホンBP4002の指向性と音圧-周波数特性

（a）指向性(1kHz)

（b）周波数特性

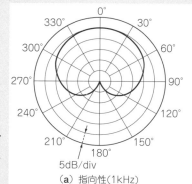

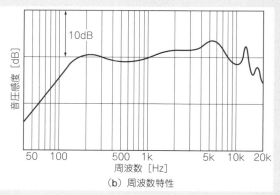

図J　Cardioid単一指向性のダイナミック・マイクロホンAE4100の指向性と音圧-周波数特性

（a）指向性(1kHz)

（b）周波数特性

テクニカ）です．**図K**に指向性を周波数応答を示します．

写真Eに示すのは，双指向性リボン・マイクロホン（AT4080，オーディオテクニカ）です．**図L**に指向性と周波数特性を示します．

音声だけでなく楽器の音の収音にも使われます．厚みが2μmと薄いアルミニウムの振動板を磁極の中に入れただけのシンプルなエレメントを内蔵しています．

写真D　Hyper Cardioid単一指向性ダイナミック・マイクロホンAE6100（オーディオテクニカ）

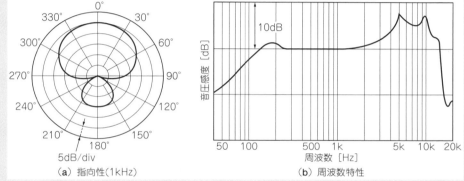

図K　Hyper Cardioid単一指向性ダイナミック・マイクロホンAE6100の指向性と音圧-周波数特性

（a）指向性（1kHz）

（b）周波数特性

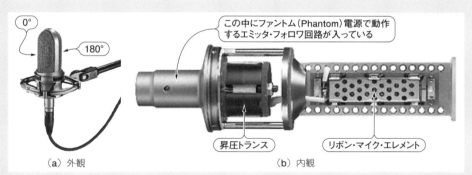

写真E　双指向性リボン・マイクロホンAT4080（ダイナミック型，オーディオテクニカ）

（a）外観

（b）内観

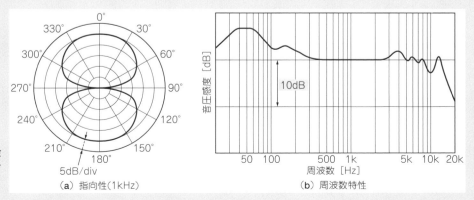

図L　双指向性リボン・マイクロホンAT4080の指向性と音圧-周波数特性

（a）指向性（1kHz）

（b）周波数特性

ヘッドホン

USB&Bluetooth

音質調整回路

パワー・アンプ

電源&プリアンプ

サウンド回路

マイク&スピーカ

マイク用アンプ回路の設計

川田 章弘 Akihiro Kawata

マイク・アンプの設計に挑戦

本稿では，とても小さな信号を増幅するマイク・アンプを作ってみます．

カラオケなどで気軽に使うマイクから出てくる信号って，そんなに小さいの？と思う人も多いと思います．どのくらいの信号が出てくるのか？についても，アンプを設計しながら学んでいきましょう．

● エレクトレット・コンデンサ・マイクロホンを使う

使用するマイクロホンは，写真1に示すようなエレクトレット・コンデンサ・マイクロホン（ECM：Electret Condenser Microphone）です．あまり聞いたことがないと思う人も多いかもしれませんが，実はメジャーなマイクロホンです．秋葉原などの電子部品小売店でも簡単に手に入ります．

● マイクロホンにはいろいろな種類がある

マイクロホンにはいろいろな種類があります．昔からよく目にするのは，ダイナミック・マイクロホンでしょう．皆さんがマイクと聞いて思い浮かべる，あの屋台のアイスクリームのような形をしたマイクロホンは，ほとんどがこのダイナミック型です．このマイクロホンは，コイルと磁石を使ったダイナミック・スピーカと同じ動作原理（磁界の中をコイルが動くことによって発生する起電力を取り出す）のマイクロホンで

す．スピーカと同じ原理ですから，マイクロホンにアナログ信号を加えれば，当然，音が出ます．

一方，ECMは，エレクトレット振動膜（高分子フィルムをコロナ放電などによって帯電させた振動膜）で構成されたコンデンサのあとにハイ・インピーダンス入力のバッファ回路が入っているので，原理的に音は出ません．

■ アンプのゲインを考えるには 音の知識が必要

表1に文献(1)から引用した音圧レベルと実際の音の代表例を示しました．この表から，通常の会話は，およそ70 dBSPL程度だと知ることができます．

● 音の大きさを表すSPLとは

SPL（Sound Pressure Level）とは，$20\,\mu$Paの音圧を0 dBとしたときの音の圧力のことです．単位はdBSPLが用いられます．

dBmやdBVなどの表現をよく目にすることがあると思いますが，これらの単位にも当然基準が存在します．dBmは1 mWの電力を基準とした値，dBVは$1\,V_{RMS}$を基準とした値です．

デシベルにはいろいろな基準がありますので，初めて聞いたdB単位であれば，堂々と基準を聞きましょう．かく言う私も，dBcという単位を初めて知ったと

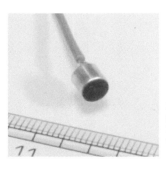

写真1
使用するエレクトレット・コンデンサ・マイクロホンの外観 [KUC1323（ホシデン）]

表1(1) **音圧レベル [dBSPL] と実際の音の例**

音圧レベル [dBSPL]	代表例
140	近くの銃声
120	音の大きなロック・グループの演奏
100	近くの叫び声
80	にぎやかな通り
70	通常の会話
50	静かな会話
30	小さなささやき声
20	夜の田園地帯
6.5	1 kHz での平均絶対閾
0	基準レベル

き，先輩に聞いたものです．ちなみに，dBcは，基準となる信号（キャリア）に対してどのくらいの大きさか？を表しています．高調波ひずみなどのレベルを表すときに使用されます．

● マイクロホンの感度の単位「dB/Pa」

ECMの感度の単位は，dB/Paで記載されています．0 dB/Paは，1 Paの音圧がECMに加わったときの電圧が1 V_{RMS}になることを示しています．

本稿で使用するECMは，KUC1323（ホシデン）です．KUC1323の感度は，－45 dB/Paです．もし，同じECMが入手できなくても，ECMはだいたい同じような感度ですから使えると考えてよいでしょう．

仕様を決める

まずゲインや周波数特性，入力インピーダンスを考えます．

■ マイク・アンプのゲインを決める

● 通常の会話で得られるECMからの出力電圧はとても小さい！

通常の会話の音をECMに加えたときに，ECMから得られる電圧を計算するために，70 dBSPLをPaに換算します．dBSPLの定義から次式のようになります．

$$70 \text{ dBSPL} = 20 \times 10^{-6} \times 10^{70/20} \cdots\cdots\cdots (1)$$
$$\fallingdotseq 63.2 \text{ mPa}$$

また，ECMの感度は－45 dB/Paですから，1 Paの音圧がECMに加わったときに生じる電圧は次式のようになります．

$$1 \times 10^{-45/20} = 5.62 \text{ mV}_{RMS}/\text{Pa} \cdots\cdots\cdots (2)$$

式（1）と式（2）の値から，通常の会話でECMに生じる電圧は，次式のようになります．

$$5.62 \times 10^{-3} \times 63.2 \times 10^{-3} = 355 \text{ } \mu V_{RMS} \cdots\cdots (3)$$

ここで，会話の音圧レベルがランダム（正規分布）に変化すると仮定して，RMS値をピーク・ツー・ピーク値（P-P値）に変換します．RMS値を6.6倍すればよいので，次式のようになります．

$$355 \times 10^{-6} \times 6.6 = 2.3 \text{ mV}_{P-p} \cdots\cdots\cdots\cdots\cdots (4)$$

ちなみに，音楽などの音響信号は，音圧レベルの小さな音ほど発生頻度が高くなりますので，この換算はかなり余裕をみたものです．したがって，この程度の電圧を想定しておけば，ちょっと声が大きかった場合でも，アンプの出力が飽和してしまう可能性は低くなると考えられます．

一方，ECMへの入力信号に正弦波を仮定すると，RMS値を$2\sqrt{2}$倍したのがP-P値ですから，次式のようになります．

$$355 \times 10^{-6} \times 2\sqrt{2} = 1.0 \text{ mV}_{P-p} \cdots\cdots\cdots\cdots (5)$$

● 予想される入力電圧と適切な出力電圧からゲインを求める

これらの結果から，本稿では2.3 mVと1.0 mVの間をとり，通常の会話によってECMからは1.65 mV_{P-p}程度の電圧が生じると考えることにします．

このECMの出力電圧を，＋5 V単電源動作のOPアンプ増幅回路で増幅することを考えます．増幅回路の最大出力電圧を3.3 V_{P-p}（A－Dコンバータへの入力電圧をこのくらいに想定する）とすると，マイク・アンプのゲインGは次のように求まります．

$$G = \frac{3.3}{1.65 \times 10^{-3}} = 2000 \text{倍} \cdots\cdots\cdots\cdots (6)$$

● ゲイン配分を決める

直流も増幅できるアンプ回路であれば，OPアンプ1個で2000倍に増幅するのは賢明とは言えません．それは，図1に示すように，OPアンプのゲインを大きくすると，OPアンプの入力に内部で発生している直流電圧（入力オフセット電圧）もいっしょに増幅してしまうからです．

出力に大きな直流電圧が乗っているなら，コンデンサでカットすればよいじゃないかと思いそうですが，実は，これもうまくいきません．この直流信号は，OPアンプにとってみれば，出力信号に変わりはない

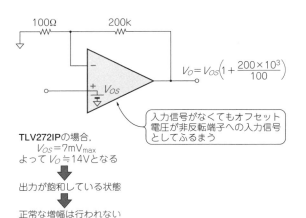

TLV272IPの場合，
$V_{OS} = 7mV_{max}$
よって $V_O \fallingdotseq 14V$ となる

↓

出力が飽和している状態

↓

正常な増幅は行われない

図1 直流アンプは入力オフセット電圧も増幅する

からです．つまり，図2に示すように，この出力オフセット電圧によって出力信号がひずんでしまったり，出力電圧範囲が小さくなってしまうことになります．

それなら，+10倍アンプと同じように，帰還回路に図3のような直流カットのコンデンサを付ければよいのではないか？と思いついた人は回路がわかってきたと思ってよいでしょう．確かに，図3のようなコンデンサを付ければ，OPアンプ1個で2000倍の増幅回路を作ることもできます．

ここでは200倍と10倍のアンプを作り，そして10倍のアンプのゲインを，10倍または1倍に切り替えることができるようにしておきました．

ちなみに，アンプのゲイン配分を考えるときは，低雑音なアンプを使って，初段でなるべくゲインを稼ぐようにしたほうがSNR的に有利になります．

■ マイク・アンプの周波数特性を決める

周波数特性を決めます．音声用のアンプですから，電話の音声帯域と同程度でよいでしょう．ちなみに，電話の音声帯域は，300 Hz ～ 3.4 kHzとされています．可聴周波数帯域は20 Hz ～ 20 kHzですから，ずいぶん狭い帯域だと思いませんか（コラム2を参照）．

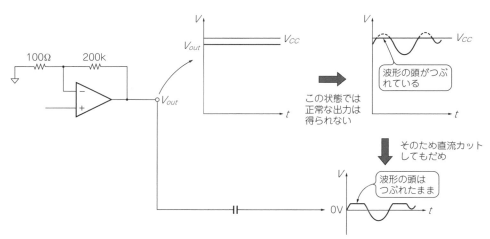

図2 大きな直流オフセットが発生している場合はコンデンサでカットしてもだめ

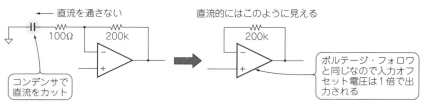

図3 帰還回路にコンデンサを付ければオフセット電圧の影響を小さくできる

■ マイク・アンプの 入力インピーダンスを決める

マイク・アンプの入力インピーダンスを決めます.

ECM内部のバッファ回路へのバイアス(ECMの電源)用として, 2.2 kΩの抵抗を使うことにすると, マイクの出力インピーダンスは2.2 kΩになります. なお, ECMのバイアス用の抵抗としては, 一般的にこの程度の値(数kΩ)が使われることが多くなっています.

そこで, マイク・アンプの入力インピーダンスを, その10倍程度以上にしておけば, 信号の減衰を-1 dB程度以下に抑えることができます. したがって, マイク・アンプの入力インピーダンスは, 22 kΩ以上に決定します.

この入力インピーダンスが小さすぎると, マイクの出力インピーダンスZ_{O_MIC}と, アンプの入力インピーダンスZ_{L_AMP}で, 信号が次のように分圧されて減衰します.

$$L = 20 \log\left(\frac{Z_{L\_AMP}}{Z_{O\_MIC} + Z_{L\_AMP}}\right) \cdots\cdots\cdots\cdots (7)$$

ただし, L：減衰量 [dB]

■ 決定したマイク・アンプの仕様

上記の検討の結果, 製作するマイク・アンプの仕様を次のように決めます.

- ゲイン：+200倍
- 周波数特性：300 Hz程度〜3.4 kHz程度(−3 dB)
- 入力インピーダンス：50 kΩ

---

column▶01 信号と雑音のレベル比「*SNR*」

川田 章弘

● *SNR* とは？

SNR の*S*とは, 信号(Signal)を指します. 一方, *N*とは, 雑音(Noise)を指します. つまり, *SNR*とは, 信号対雑音比(Signal to Noise Ratio)のことです. *SNR*は, *S/N*や*SN*比と呼ばれることもあります. *SNR*をR_{SN} [倍] とおくと, 以下のようになります.

$$R_{SN} = \frac{S}{N} \cdots\cdots\cdots\cdots\cdots\cdots (A)$$

● デシベルを使うと便利

一般に, 信号と雑音の比はとても大きくなりますから, そのままリニアな値で記載するとゼロだらけの数値になってしまいます.

大きな数を小さな数値で扱いたい場合や, 小さな数から大きな数まで一様に扱うには, 数値を圧縮すると便利です. そんなときに, 昔から使われているテクニックがログ圧縮です. そこで, *SNR*のような大きな比を表現するときに, 電子回路の世界ではdB(デシベル)が使われます. 任意の2つの電力P_1 [W] とP_2 [W] の比をR_{12} [dB] とおくと, 次式が成り立ちます.

$$R_{12} = 10 \log\left(\frac{P_1}{P_2}\right) \cdots\cdots\cdots\cdots (B)$$

R_{12}：P_2に対するP_1の比 [dB], P_1, P_2：任意の電力 [W]

電圧で測定された信号レベルや, 雑音レベルを電力換算で比較するには, 電力Pと電圧V, 抵抗Rの間の関係式,

$$P = \frac{V^2}{R} \cdots\cdots\cdots\cdots\cdots\cdots\cdots (C)$$

からわかるように, その電圧値を2乗する必要があります. よって計算は以下のようになります. ここで, V_1 [V] とV_2 [V] は任意の電圧を表しています.

$$R_{12} = 10 \log\left(\frac{V_1}{V_2}\right)^2$$
$$= 20 \log\left(\frac{V_1}{V_2}\right) \cdots\cdots\cdots\cdots (D)$$

よって*SNR*をdBで表現すると, R_{SN} [dB] として,

$$R_{SN} = 20 \log\left(\frac{S}{N}\right) \cdots\cdots\cdots\cdots (E)$$

ただし, S：信号の電圧 [V_{RMS}], N：雑音の電圧 [V_{RMS}]

となります.

● *SNR* が大きいほど信号が目立つ

SNR が大きいということは, 雑音と比較して信号レベルが大きいということです. つまり, *SNR*が大きいほど雑音に対して信号の振幅が大きいということであって, 雑音が絶対値として小さいわけではありません. したがって, *SNR*は実際の使用状態で, 信号が雑音に対してどの程度の大きさになっているかを知るための指標だと言えます.

もし, ある増幅回路で取り扱うことのできる最小の信号レベルが知りたければ, その増幅回路から発生する雑音レベルを知る必要があります.

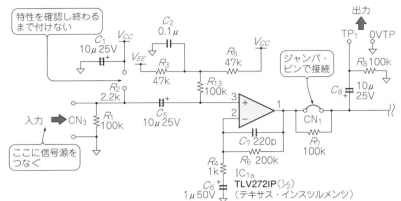

図4
ゲイン200倍のマイク・アンプ

まずはOPアンプ1石から設計してみよう

● 1石のOPアンプをベースにして作る

1石のOPアンプをベースに，マイク・アンプの回路を決めます．ゲインを200倍にするため，抵抗値を変更して図4のような回路にします．正確には，200倍ではなく201倍のアンプになります．

● 高域特性を決めるC7の値を求める

このマイク・アンプの高域 -3 dBカットオフ周波数f_{CH}は次式で求めることができます．

$$f_{CH} = \frac{1}{2\pi C_7 R_6}$$

したがって，f_{CH} = 3.4 kHzとすると，

$$C_7 = \frac{1}{2\pi \times 200 \times 10^3 \times 3.4 \times 10^3} \fallingdotseq 234 \text{ pF}$$

となります．そこで，C_7 = 220 pFに決定しました．

● 周波数特性の測定

周波数特性を測定した結果は，図5のようになりました．約3 kHzでゲインが -3 dB低下していることがわかります．目標仕様の3.4 kHzより若干低いですが，これは，C_7に使用したコンデンサの誤差（±5%）や抵抗の誤差（±5%）から想定される誤差の範囲内ですのでOKとします．低域カットオフ周波数は約180 Hzでしたが，これも今回のマイク・アンプの仕様としては問題ないと判断しました．

● 雑音レベルの測定

ディジタル・マルチメータ34401A（キーサイト・テクノロジー）の交流電圧測定モードを使って雑音レベルを測定してみました．

測定回路は図6のとおりです．ロー・ノイズ・ヘッ

---

column 02　電話の音声帯域はどうやって決められたか

川田　章弘

電話の音声帯域は，昔の先輩技術者方が会話の明瞭度実験（聴覚心理学実験）をしながら決めたものです．なぜ，このような帯域制限をしなければならなかったのかというと，昔は，複数の音声情報を1つの回線で同時に送る（これを多重化という）ために，周波数分割多重（FDM）という方法を使っていたからです．一人が占有する周波数帯域を狭くすれば，そのぶん，多くの人の音声を同一回線に乗せることができます．

現在は，時分割多重（TDMA）や，符号分割多重（CDMA）が使われていますので，FDMは昔話以外の何物でもないかもしれません．しかし，先輩方が挑戦してきた歴史を知るのもよいことです（某テレ

ビ番組のようだが…）．

TDMA，CDMAという専門用語を出してしまったので，簡単に説明します．TDMAとは，複数の会話を時間で区切って行うようなものです．Aさんがしゃべったから，次はBさん…という方法です．一方，CDMAは，会話の言語を変えたと思えばよいでしょう．母国語以外しゃべれない人は，異国の言語，例えば韓国語，中国語，タガログ語，英語，ドイツ語，フランス語…を話されても理解できません．したがって，各国の人が一斉にしゃべっても，母国語以外はただのノイズとして認識されるので，同時に会話することができます．

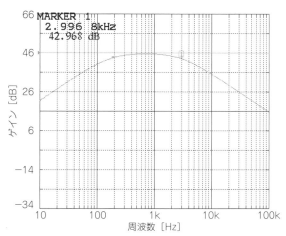

図5 ゲイン＋200倍マイク・アンプの周波数特性

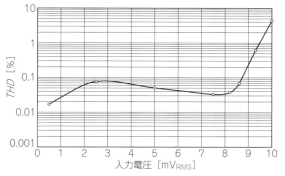

図7 マイク・アンプの*THD*測定結果

ド・アンプの出力に**写真2**のような*RC*1次のフィルタを入れて帯域制限して測定しました．測定に使用した低雑音プリアンプはコラム3に書いたものです．

　測定結果は，マイク・アンプ出力に換算（測定値をヘッド・アンプのゲインで割った結果）して267 μV_{RMS}になりました．ちなみに，アンプから発生するノイズは，出力ノイズ・レベルをアンプのゲインで割って入力換算したものが広く使われます．結果を入力換算すると，$1.33\ \mu V_{RMS}$です．これをP-P値に換算すると，6.6倍の$8.78\ \mu V_{P-P}$となります．

　ここで，ECMから発生する電圧が$1.65\ mV_{P-P}$とすると，*SNR*のR_{SN} [dB] は，

$$R_{SN} = 20 \log\left(\frac{1.65 \times 10^{-3}}{8.78 \times 10^{-6}}\right) \fallingdotseq 45\ dB$$

と計算できます．

● *THD*の測定
　オーディオ・アナライザVP-7721A（パナソニックコネクト）とひずみ率計AD725C（シバソク）を使って，*THD*を測定した結果を**図7**に示しました．

低雑音化してみよう

● OPアンプを変更する
　図8のように，OPアンプをTLV272よりも低雑音なOPA2350（テキサス・インスツルメンツ）に変更して，雑音レベルがどのようになるか確認してみましょう．

　OPA2350を使用したアンプの雑音レベルは，入力換算で$0.955\ \mu V_{RMS}$でした．TLV272よりも低雑音なアンプにすることができました．*SNR*を，先ほどと同じ方法によって求めると，約48 dBになります．

写真2　雑音レベルの測定に使用した*RC*1次ローパス・フィルタの外観

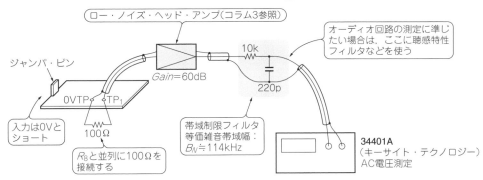

図6　アンプの雑音レベル測定方法

● さらに低雑音化するには帰還抵抗を小さくする

　ここで，さらに低雑音なアンプにしたいときは，OPアンプ周辺の抵抗値を小さくします．特に，R_4の抵抗を下げることは雑音低減に効果的です．OPアンプ周辺の抵抗値がどの程度雑音レベルに影響するかといった定量的な計算については，稿末の文献(2)や文献(3)などを参照してください．

　ここで，R_4を100Ωに，R_6を20kΩに変更します．また，R_6を変更したことによって高域の-3dBカットオフ周波数が変わってしまいますので，C_7も2200pFに変更します．この状態で，再度，雑音レベルを測定してみました．その結果，雑音レベルは入力換算で$0.896\ \mu V_{RMS}$となりました．SNRは約49dBです．TLV272を使用した最初のアンプと比較して，約4dB改善することができました．

● その他の性能確認

　OPA2350を使用したマイク・アンプの周波数特性は，図9のようになりました．また，THDの測定結果は図10のようになりました．この回路をベースに10倍の増幅回路を追加した最終的なマイク・アンプの回路を図11に示します．

◆参考文献◆
(1) Brian C.J.Moore，大串 健吾 監訳：聴覚心理学概論，誠心

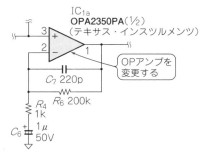

図8　OPアンプを変更して低雑音化する

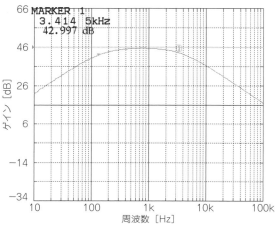

図9　OPA2350を使用したマイク・アンプの周波数特性
帰還回路で決まるのでOPアンプICを換えても周波数特性は変わらない

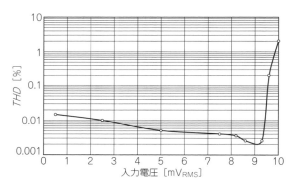

図10　OPA2350を使用したマイク・アンプのTHD測定結果
TLV272のときよりも低ひずみになっている

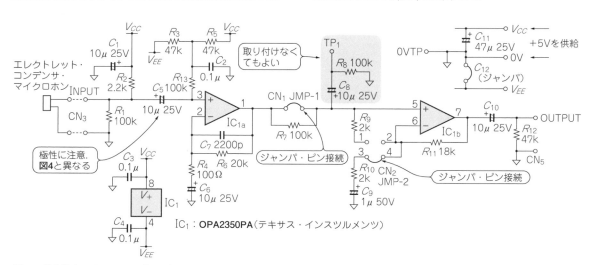

図11　最終的なマイク・アンプの回路

column 03 雑音測定用に製作した治具

川田 章弘

　図**A**の回路は，文献(4)に掲載されている低雑音アンプです．今回の雑音レベルの測定に使用しました．私の製作したアンプの外観は**写真A**のようになっています．

　いろいろな測定器を購入すると，とてもお金が掛かりますから，簡単な測定器や測定治具については自作しておくと良いでしょう．

　測定器や測定治具作りは，回路技術のとても良い勉強になるのですが，文献(4)は絶版になってしまっています．図書館などで見つけたらぜひ読んでみてください．

写真A　ロー・ノイズ・ヘッド・アンプの外観

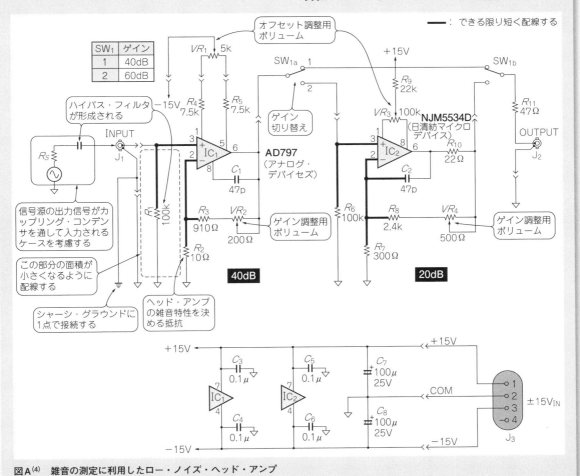

図A(4)　雑音の測定に利用したロー・ノイズ・ヘッド・アンプ

書房，1997年.

(2) 遠坂 俊昭；計測のためのアナログ回路設計, CQ出版社, 1997年.

(3) 川田 章弘；低雑音OPアンプの使い方と最新デバイスの評価,

トランジスタ技術，2003年12月号，pp.205-215，CQ出版社.

(4) 本多 平八郎；低雑音ヘッド・アンプの設計と製作，作りながら学ぶエレクトロニクス測定器，pp.129-139，CQ出版社，2001年.

サイドタブ（右端）：
ヘッドホン／USB&Bluetooth／音質調整回路／パワー・アンプ／電源&プリアンプ／サウンド回路／**マイク&スピーカ**

スピーカの電気-音特性

森田 創一 Souichi Morita

図1に示すように，スピーカのほとんどは，永久磁石とコイルを使って振動板を動かすダイナミック型です．本稿では，ダイナミック型スピーカの基本的な特性や適切な駆動方法について解説します．

① スピーカは定電圧駆動で適切な性能が出せる

● 平行磁界の中に置かれたコイルが動くときのインピーダンス変化

スピーカは，入力されるオーディオ信号の電力を音圧（空気の圧力変化）に変換する素子です．磁界の中にコイルがあり，前後に振動します．

スピーカのインピーダンス特性の例を図2に示す通り，一定ではありません．アンプ側から見たとき，スピーカのインピーダンスは高い周波数方向に行くほど大きくなります．駆動電圧が一定なら，インピーダンスが高くなるほど，スピーカの駆動電流量は低下します．したがって，入力されるエネルギーは高域で低下します．

● 周波数に関わらず常に一定の電圧で駆動するのが原則

インピーダンスが高くなっても電流量は変わらず一定でないと入力電力量が低下し，音圧変換における比例関係が保てないのでは？と考える人が当然いるでしょう．

結論から言えば，スピーカ固有の電気的インピーダンス特性に合わせた電流量（電力）を供給したとき，はじめて周波数方向の音圧特性が入力電力量に比例する形に設計されています．そのようにサスペンション系と振動板がチューニングされています．

定電圧駆動の大前提が崩れると，周波数方向の振動音圧特性が入力電力量に比例しなくなります．定電圧駆動が前提で設計されたスピーカを定電流駆動すると，低音と高音が強調されたいわゆるドンシャリの音質になります．

② 振幅量が最大になる周波数で駆動電流は最小になる

● 振動板質量とサスペンション特性でf_0の値は決まる

入力電力量に比例した音圧に変換できるかどうかは，

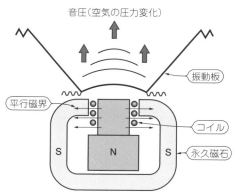

図1 ダイナミック型スピーカの構造

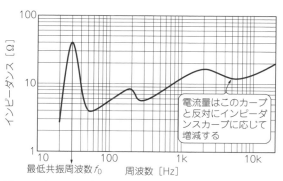

図2 スピーカは周波数によってインピーダンスが変わる
電圧駆動すると周波数によって電流値が変わることになるが，その状態で適切な性能になるように設計されている

スピーカ振動板の移動量次第です.

振動板には質量が存在します. その振動板全体を支えるサスペンションがあり, 当然これにも質量があります. これらは全部まとめて, 機械インピーダンスとして考えることが可能です.

共振周波数 f_0 とは機械的なインピーダンスが最小になる周波数のことです.

エネルギーを加えると振幅量が最大になる共振現象により, 電気的なインピーダンスは逆に最大になります. f_0 の周波数は, サスペンション系の柔らかさ, 振動板質量などの物理量で決まります.

● **共振点では機械振幅が最大となり駆動電流は減る**

f_0 付近では機械的な振動量が最大になります. つまり, 平行磁界が及ぶ範囲内でコイルの移動量が最大になります. これは, 機械系とは逆に, 電気的にはインピーダンスが最大値をもち, 電流は流れにくくなることを意味します.

機械的インピーダンス特性と電気的インピーダンスは逆の相関関係にあります. したがって, 電流が流れないからといって振動量は少ないとは限りません.

③ スピーカの音圧

● **カタログ表記は入力電力1W, 距離1mで測定**

スピーカのカタログを見ると, 「出力音圧87 dB」などと書かれています.

出力音圧はスピーカを評価する上でとても大切な物理指標で, スピーカに入力された電力が, 音響空間に音圧として変換される効率を表します. 能率と呼ぶこともあります.

スピーカのセンタ位置から1 m離れた処にマイクロホンを置いて, 音圧を測定します. この時スピーカに入力する信号は, 1 kHz(メーカの都合で周波数を決める)を使い, 入力する電力は1 Wを加えます. 正弦波でなくピンク・ノイズを使う測定方法もあります.

このとき, 標準マイクロホンで拾った音圧を電圧に変換し, [dB]で表現します. すなわち, 1 Wの電力をスピーカに投入したとき, 1 m離れた位置に配置した標準マイクロホンで音圧を拾い, 電圧を音圧量に変換して能率を表現します.

● **投入電力が増えると音圧は大きくなる**

1 W投入して音圧が80 dBだったと仮定しましょう. 2 Wを投入したときの音圧はどのくらいになるでしょうか.

表1に, 電力比や電圧比に対する音圧上昇の換算を示します. 音圧は電力に比例するので, 電力2倍ならスピーカの音圧は + 3 dBです. 2 W入力時の音圧は

表1 電圧比/電力比と音圧比の関係

倍率	電圧比 [dB]	電力比 [dB]
1	0.00	0.00
2	6.02	3.01
3	9.54	4.77
4	12.04	6.02
5	13.97	6.98
6	15.56	7.78
7	16.90	8.45
8	18.06	9.03
9	19.08	9.54
10	20.00	10.00

83 dBです. 10 W入力すれば電力10倍なので + 10 dBとなり90 dBの音圧が得られます. 100 W入力すれば音圧は20 dB上昇し, 100 dBの音圧がスピーカから1 m離れた位置で得られる, と計算できます.

● **音は距離の2乗に反比例して小さくなる**

点音源からスタートした音波は四方八方に拡散する性格をもっています. 1つの音源から遠くなるにしたがって伝搬していく空間が増します. この伝達する自由空間は, 球面体の表面を伝搬すると考えてよく, 伝達距離を r とすればその表面積は $4\pi r^2$ で表せます.

わかりやすくいえば, 伝搬距離の2乗に反比例して音圧は減少する, と理解してよいでしょう. 音源から1 m離れた場所を L_1 とし, それから任意の離れた場所を L_2 と仮定しましょう. L_1 での音圧を S_1 として, L_2 での音圧を S_2 と仮定すると, 次式で表せます.

$$L_2 - L_1 = -20\log \frac{S_2}{S_1}$$

スピーカに対して距離が2倍になると, 音圧は − 6 dB低下します.

▶能率, 入力電力, スピーカからの距離で音圧が計算できる

スピーカの音圧変換効率, アンプからスピーカへ入力される電力, スピーカからの距離(試聴位置)が分かれば, 試聴位置における瞬間音圧が求まります.

スピーカの音圧変換効率 E [dB/m/W], スピーカへの入力電力 P [W], スピーカから視聴位置までの距離 L [m]のとき, 音圧 A [dB]は以下の式で求められます.

$$A = E - (20\log L) + (10\log P)$$

公称音圧86 dB/m/Wのスピーカがあり, 100 Wの電力を入力, スピーカから4 m離れた位置で聴取する場合の音圧は以下のように計算できます.

$$A = 86 - (20\log 4) + (10\log 100)$$
$$\fallingdotseq 86 - 12 + 20 = 94 \text{ dB}$$

④ スピーカの最低インピーダンスに合わせてアンプを選ぶ

● 製品の公称定格インピーダンスは最低インピーダンスと異なる

現在，定格インピーダンスの値は，製造メーカの都合で規定できることになっています．定格インピーダンスは6Ωとメーカが規定していても，図3の特性では，最低インピーダンスは3.5Ωに低下しています．

過去，この最低インピーダンスを表示しなかったことで，アンプが破壊する事例が頻発しました．一時期，最低インピーダンスは定格インピーダンス値から−20%以内であること，という業界内規制があった時期もありました．しかし，現在では撤廃されているようです．良心的なメーカは，定格インピーダンスと合わせて最低インピーダンスを表示しています．

● パワー・アンプはスピーカの最低インピーダンスを駆動できるように選ぶ

スピーカのインピーダンスによってアンプが供給する最大電力量は違ってきます．図3の場合，最低インピーダンスは3.5Ωに低下するので，4Ω駆動での定格値が表示されたアンプを推奨します．

▶ミュージック・パワー定格

出力定格は6Ωの表示しかなくても，3Ω負荷を動作保証するという記述があるアンプもあります．表示例として，3Ωはミュージック・パワーとの記述があるはずです．ミュージック・パワーとは短時間の動作なら問題ないという表示です．

一般的に6Ω駆動で最大○○Wと表示されれば，6Ω負荷の平均電力は完全保証されます．しかし，この半分の3Ω負荷では短時間の動作だけの保証になるのが通例です．一般的な使い方の動作は保証しますが，連続動作の保証はしない，というのが普通のオーディオ用アンプです．

負荷抵抗が定格値の半分になれば，単純計算で2倍の電力をアンプから引き出すことになります．メーカでは定格負荷条件で平均電力は供給できても，定格の1/2の負荷抵抗のときに2倍の電力を平均電力として供給することはできない，とその設計品質を表明しているのです．

⑤ アンプの出力インピーダンスでスピーカの応答特性は変わる

● 機械的に最も応答が早い臨界制動

スピーカに一度エネルギーを入力した後，入力0に戻したとき，振動板の動きの減衰は，主にスピーカのサスペンション特性，振動板重量，磁力で決まる定数で表せます．それがQ_0です．大口径(振動板質量が重い)で磁石が弱いほど，理論的には制動不足の方向となります．この制動特性が問題になるのは，最低共振周波数の領域だけです．

振動板が最短時間で中性点位置に収まる状態にあることを臨界制動といいます．図4にそのようすを示します．臨界制動は，振動板の応答が速くもなく遅くもなく，共振も起こさない状態です．

● 定電圧駆動のときスピーカは意図した性能になる

一般的に音質を考慮し，スピーカのQ_0は箱を含んだ全体で過制動状態になるように設計されています．

アンプの出力インピーダンスの値はダンピング・ファクタDFで表すことができ，次の式で定義されます．

$$DF = Z_{speaker}/Z_{out}$$
$$Z_{speaker}：スピーカの定格インピーダンス [\Omega],$$
$$Z_{out}：アンプの出力インピーダンス [\Omega]$$

一般的にDFの値が10以上あれば，f_0付近の再生帯域も定電圧駆動が可能です．スピーカは臨界制動で駆動することが最高の音質を得るとは限らないことを知るべきでしょう．

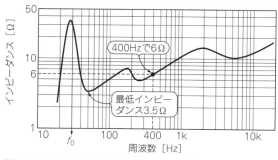

図3　スピーカは公称インピーダンスよりも低いインピーダンスになる周波数がある
どのくらい低いか明記されていない場合もある

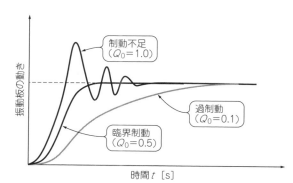

図4　振動板の位置がもっとも早く落ち着くのは臨界制動のとき
多くのスピーカは過制動で設計されており，臨界制動が必ずしも高音質とは限らない．アンプのDFは一般的に10以上あれば十分とされる

⑥ スピーカで再生したい周波数帯域

● 音楽信号はエネルギのピークが数百Hzにある

音楽信号の周波数分布の例を図5に示します．フルオーケストラの周波数対音圧分布特性です．楽器の倍音成分で構成される高域は，20 kHzを越えて広く分布しています．

このオーケストラの例ではエネルギーのピーク周波数はだいたい400 Hz付近にあります．ここで着目して欲しいのは，400 Hz付近のエネルギーを中心に，周波数が低い方向と，高い方向に減衰する特性になっていることです．この減衰カーブは，周波数が高い方向にも低い方向にも，周波数が2倍または半分の時に音圧はおおむね－6 dBで減衰しています．電力でいえば，周波数が2倍になったら反比例の1/2（－3 dB）に減衰する現象です．

このような音圧特性を1/周波数（1/f）特性といいます．この傾向は自然界におけるあらゆる場面で見られます．周波数のピークは音楽ソースによって大きく変化しますが，エネルギーの大半は低い周波数帯に偏ります．

● 全帯域で音響パワーが等しい「ピンク・ノイズ」

ピンク・ノイズは，オーディオ装置を試験するときに使うノイズです．

光パワーが周波数に反比例して揺らぎ，その周波数成分がピンク色に見えることから命名された雑音です．太陽光線のエネルギーもこのルールで揺らいでいます．

このノイズはどの周波数帯域でも音響パワーが同じであるため，スピーカの慣らし運転（エージング）によく使われます．

一方，半導体内で発生するホワイト・ノイズ（白色雑音）は，あらゆる周波数成分を均等に含み，オクターブ・バンドパス・フィルタを通して測定すると，周波数帯域が上がるに従い，右肩上がりになる特性を示します．ホワイト・ノイズをエージングに使うとツィータには大きな負担になり，最悪破損します．スピーカのエージングにはピンク・ノイズの使用をおすすめします．

● 各種楽器の周波数帯域と音質傾向

各種楽器の音域を図6に示します．パイプ・オルガンが最も広い音域をもっていて，低域側ほど音圧が上がる特性を示します．

バス・ドラム（キック・ドラム）の基音は40 Hz付近だといわれていて，その倍音は80 Hz付近です．スタジオのミキシング・エンジニアは，80 Hz付近がピークとなるように信号を加工して低音感を演出することが多いようです．40 Hzを再生できるシステムは少ないので，80 Hzをイコライザでもち上げると，一般的なシステムで聞いた場合に迫力を感じます．

オーディオで特に重要とされるのは200～800 Hz付近です．その理由は図6を見てわかるように，各パートの楽器の音域が重なっているからです．図5の音圧分布ともよく一致します．

200～500 Hz付近は残響成分が豊かなので，特に重要な帯域とされます．音響エネルギーの減衰特性の滑らかさ（ホール・トーン）を重要視します．

2 k～5 kHzは，聴覚感度が最も高い帯域です．この帯域の物理特性が悪いと，騒々しい，固い，疲れる，などの評価を受けるようです．この帯域は楽器の倍音成分を扱うので，中～小レベルにおけるエネルギーの伝送性能が重要です．

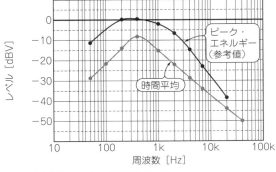

図5　音楽信号のエネルギの周波数分布
フルオーケストラによるクラシック演奏の例．ほかのジャンルでも数百Hzを中心に山なりの傾向は同じ

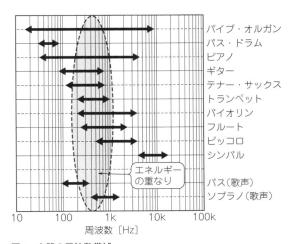

図6　楽器の周波数帯域
200～800 Hzはほとんどの楽器が重なる重要帯域

5 kHzから10 kHzは，キラキラ輝く感じや明るさを表現する帯域です．

● 数百Hzを中心にバランスの良い帯域が欲しい

すべての帯域を見渡したバランスの問題もあります．低音不足を感じる場合は，意図して周波数の高いほうもカットすると，全体のバランスが取れて気持ちよく聞ける，というテクニックがあります．

不必要に高域を欲張ると低音不足に感じます．最低音の再生周波数と，最高音の再生周波数を掛け算した値が30万〜60万だと心地良い，という説があります（例えば30 Hz〜20 kHzとか60 Hz〜10 kHzとか）．真偽は保証しかねますけど…．

---

column⊳01　アンプに必要な出力電力は ①音量 ②試聴距離 ③スピーカの能率で求まる

森田 創一

スピーカに供給すべき電力P [W]は，スピーカからの試聴距離L [m]，スピーカの変換効率E [dB/m/W]，達成したい音圧S [dB] から求められます．これは必要なアンプ出力です．

$$P = 10^{\left(\frac{S + 20\log L - E}{10}\right)}$$

聴取音圧の具体例では，一般家庭内でBGM的に聴くのはだいたい70 dB以下であろうと考えます．疲れない程度の音量で長時間聞くのは，75 dB程度だといわれています．地下鉄の車内程度の大音量に相当するのが81 dB程度だと考えてください．一般家庭では近所への騒音が心配される音量です．

スピーカから4 m離れた位置で85 dBの音圧を得たいとき，スピーカの音圧変換効率が82 dB/m/Wだと，必要な供給電力量は次のように計算できます．

$$P = 10^{\frac{85 + 12 - 82}{10}} = 10^{\frac{-15}{10}} \fallingdotseq 32 \text{ W}$$

▶音楽のピーク値と平均値は電力5倍以上差がある

ここで少々厄介な問題があります．平均電力量とピーク電力量の関係です．

CDの音源ソースを再生する場合，平均的な記録レベルの設定値があります．レコード会社ごとに運用が若干異なるようですが，大半は絶対最大ピーク電圧から約−12 dBの電圧を平均記録レベルとして運用しています．平均レベルに対して+12 dB分の

ピークがある，ということです．

特にクラシック系はピーク音量を勘案して，最大振幅値から−15 dBを基準レベルにすることが多いようです．+15 dB分は倍率で5.6倍です．

▶ピークを考えると意外と大出力が必要になる

長時間聞いて疲れない音圧は75 dB程度以下だと言われています．スピーカとの距離によりますが，おおむね50 W以上のアンプと能率が82 dB/m/W以上あるスピーカで対応可能です．

ある程度大きい音量，具体的には80 dB以上の音圧が欲しい場合，聴取距離3 m，100 Wアンプを使う想定だと，能率86 dB/m/W以上のスピーカが必要です．ピークの余裕を考えると300 W以上のアンプをおすすめします．

スピーカの能率が10 dB高いとアンプのパワーは1/10で済みます．スピーカの効率を上げることが正しい発展の方向だと感じます．

▶スピーカの耐入力もチェック

スピーカにも定格入力電力と最大入力電力があり，カタログまたは製品に表示があります．所望する聴取音圧に必要な電力が，スピーカに表示された最大定格電力を上回らないかを確かめてください．

特に，ツィータに入力できる電力量は厳しい制限があります．貴重なスピーカ装置を壊さないためにも慎重に扱いましょう．

初出一覧

本書の下記の項目は，「トランジスタ技術」誌に掲載された記事をもとに再編集したものです．

〈著者一覧〉 五十音順

秋野 裕	斎藤 直孝	細田 隆之
石井 博昭	佐藤 尚一	松村 南
漆谷 正義	鈴木 雅臣	松本 倫
遠坂 俊昭	田尾 佳也	森田 創一
大藤 武	Takazine	森田 一
小川 敦	田力 基	矢野目 勇士
加藤 大	富澤 瑞夫	山口 晶大
加藤 隆志	中野 正次	渡辺 明禎
川田 章弘	西村 康	
黒田 徹	馬場 清太郎	

●**本書記載の社名，製品名について** ── 本書に記載されている社名および製品名は，一般に開発メーカーの登録商標または商標です．なお，本文中では ™，®，© の各表示を明記していません．

●**本書掲載記事の利用についてのご注意** ── 本書掲載記事は著作権法により保護され，また産業財産権が確立されている場合があります．したがって，記事として掲載された技術情報をもとに製品化をするには，著作権者および産業財産権者の許可が必要です．また，掲載された技術情報を利用することにより発生した損害などに関して，CQ出版社および著作者ならびに産業財産権者は責任を負いかねますのでご了承ください．

●**本書に関するご質問について** ── 文章，数式などの記述上の不明点についてのご質問は，必ず往復はがきか返信用封筒を同封した封書でお願いいたします．勝手ながら，電話でのお問い合わせには応じかねます．ご質問は著者に回送し直接回答していただきますので，多少時間がかかります．また，本書の記載範囲を越えるご質問には応じられませんので，ご了承ください．

●**本書の複製等について** ── 本書のコピー，スキャン，デジタル化等の無断複製は著作権法上での例外を除き禁じられています．本書を代行業者等の第三者に依頼してスキャンやデジタル化することは，たとえ個人や家庭内の利用でも認められておりません．

JCOPY 〈出版者著作権管理機構委託出版物〉
本書の全部または一部を無断で複写複製（コピー）することは，著作権法上での例外を除き，禁じられています．本書からの複製を希望される場合は，出版者著作権管理機構（TEL：03-5244-5088）にご連絡ください．

アナログ回路入門！サウンド＆オーディオ回路集

編 集　トランジスタ技術SPECIAL編集部	2022年10月1日発行
発行人　櫻田 洋一	©CQ出版株式会社 2022
発行所　CQ出版株式会社	（無断転載を禁じます）
〒112-8619　東京都文京区千石4-29-14	
電 話　販売 03-5395-2141	定価は裏表紙に表示してあります
広告 03-5395-2132	乱丁，落丁本はお取り替えします

編集担当者　島田 義人／平岡 志磨子／上村 剛士
DTP・印刷・製本　三晃印刷株式会社
Printed in Japan